Bernhard Hassenstein
Instinkt, Lernen, Spielen, Einsicht

Dieses Taschenbuch stellt den heutigen Kenntnisstand der Verhaltensforschung an Tieren anhand vieler Beispiele anschaulich dar und erarbeitet mit dem Leser die wichtigsten Begriffe und Gesetzmäßigkeiten im Bereich des instinktiven, erlernten, spielerischen und einsichtigen Verhaltens, des Sozialverhaltens, der Verhaltensentwicklung und der Verhaltensstörungen. Es erfüllt damit das wachsende Bedürfnis der verschiedenen Wissenschaften vom Menschen – Psychologie, Medizin, Erziehungs-, Sozialwissenschaften und Philosophie –, aber auch der Lehrer, Studenten und Wissenschaftler des Faches Biologie nach einer übersichtlichen, theoretisch fundierten, doch kurzgefaßten Einführung in die biologische Verhaltensforschung. Die Darstellung ist aus den verhaltensbiologischen Abschnitten der erfolgreichen »Verhaltensbiologie des Kindes« des Verfassers hervorgegangen.

Das vorliegende Buch stellt aber auch eine hohe wissenschaftliche Forderung an sich selbst: Es beansprucht, die Grundbegriffe der Verhaltensbiologie mit einfachen Mitteln der Systemtheorie in einer Form darzustellen, die den Widerspruch zwischen den einander ursprünglich befehdenden Schulen der Ethologie und des (Neo)Behaviorismus überwindet und aufhebt.

Prof. Dr. Bernhard Hassenstein ist seit 1960 Inhaber eines Lehrstuhls für Biologie an der Universität Freiburg. Seine eigenen Forschungen wie auch die seiner Arbeitsgruppe reichen von der messenden Verhaltensforschung an Tieren über das Studium des Farbensehens des Menschen bis zur Verhaltensbiologie des Kindes. Er veröffentlichte die Bücher »Biologische Kybernetik – eine elementare Einführung« (1965, 5. Auflage 1977); »Verhaltensbiologie des Kindes« (1973); und – zusammen mit seiner Frau Helma Hassenstein – »Was Kindern zusteht« (1978). In der Öffentlichkeit fanden seine Bemühungen Beachtung, einen verstärkten rechtlichen Schutz für gewachsene Eltern-Kind-Bindungen (»faktische Elternschaft«) zu erreichen und – als Vorsitzender der Kommission »Anwalt des Kindes« des Kultusministeriums Baden-Württemberg – darauf hinzuwirken, daß unser Schulwesen der Gesamtpersönlichkeit des Kindes besser als bisher gerecht wird.

Serie Piper:

Bernhard Hassenstein

Instinkt
Lernen
Spielen
Einsicht

Einführung
in die
Verhaltensbiologie

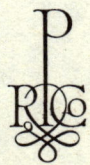

R. Piper & Co. Verlag

ISBN 3-492-00493-8
© R. Piper & Co. Verlag, München 1980
Umschlag Zembsch' Werkstatt, München
Gesetzt aus der Times-Antiqua
Gesamtherstellung Clausen & Bosse, Leck
Printed in Germany

Inhalt

Vorwort 9

I. Verhaltensweisen des Individuums 11
A. *Angeborenes Verhalten* 11
  A 1. Reaktion und spontane Aktion 12
  A 2. Schnelle Schutzreflexe 13
  A 3. Verhaltenssteuerung durch äußere Reize und
     innere Bedingungen 15
  A 4. Auslösende Reize, angeborener auslösender
     Mechanismus 21
  A 5 Appetenzverhalten 24
  A 6. Endhandlung, Erbkoordination, antriebsbedingter
     Ruhezustand 26
  A 7. Versorgungszustand und Bereitschaft (Antrieb) 29
  A 8. Rückwirkung der Endhandlung auf die Bereitschaft
     (den Antrieb) 30
  A 9. Höchstwertdurchlaß 35
  A 10. Antriebssenkende und antriebssteigernde
     Außenreize 39
  A 11. Sonderformen angeborenen Verhaltens 42
  A 12. Aktivitätsperiodik, innere Uhr 48

B. *Erfahrungsbedingtes Verhalten (Lernen)* 55
  B 1. Bedingter Reflex 56
  B 2. Auf Wahrnehmung folgt gute Erfahrung:
     Bedingte Appetenz 63
  B 3. Auf ein Verhaltenselement folgt gute Erfahrung:
     Bedingte Aktion 74
  B 4. Auf eine Wahrnehmung folgt schlechte Erfahrung:
     Bedingte Aversion 81
  B 5. Auf ein Verhaltenselement folgt schlechte Erfahrung:
     Bedingte Hemmung 85
  B 6. Lernen aus guter und schlechter Erfahrung:
     Kombinierte Lernformen 88
  B 7. Lernen aus Erfahrung: Bedingungen des
     Lernerfolgs 95
  B 8. Umgang mit Symbolen 97
  B 9. Prägung 99

B 10. Motorisches Lernen   103
B 11. Soziale Anregung und Nachahmung   104
B 12. Grenzen des Lernvermögens   107
B 13. Gedächtnis und Vergessen   108

C. *Erkunden, Neugierde, Spielen*   112
  C 1. Erkunden   112
  C 2. Neugierverhalten   113
  C 3. Spielen   114
  C 4. Verhaltensweisen des Spielbereichs:
    Zusammenfassende Betrachtung   119

D. *Engramm-Wirkungen in nicht gelernten*
  Zusammenhängen   125
  D 1. Anwendung von Orts- und Geländekenntnis   125
  D 2. Vergleich von Engramm und Wahrnehmung   126
  D 3. Zielbedingt neukombiniertes Verhalten   126
  D 4. Verhaltenswirksames Engramm vom
    eigenen Körper   129
  D 5. Grenze der Fähigkeit zur Problemlösung   131

II. Verhaltensbeziehungen zwischen Artgenossen
  (Tiersoziologie)   133
A. *Soziale Auslöser, Ritualisierung*   133
B. *Kampf, Drohung, Tötungshemmung*   136
C. *Revierverhalten und Bevölkerungsdichte*   143
D. *Balz und Paarbildung*   146
E. *Betreuen von Jungen*   151
  E 1. Pflegebereitschaft   152
  E 2. Fokussierung auf das selbstgeborene
    eigene Junge   154
F. *Rangordnung*   157
G. *Gruppenbindung aufgrund individuellen Kennens*   161
H. *Anonyme Scharen und kollektive Staaten*   164

III. Entwicklung des Verhaltens (Verhaltens-Ontogenie)   167
A. *Biologischer Jungentypus*   167
  A 1. Nesthocker, Nestflüchter und Tragling   167
  A 2. Das Menschenkind: Ehemaliger Tragling
    und sekundärer Nesthocker   169

B. *Verhaltensentwicklung der Tierjungen* 173
  B 1. Geburt und erste Betreuung 173
  B 2. Nahrungsaufnahme 174
  B 3. Verhalten gegenüber Elterntieren 179
  B 4. Individuelle Bindung an Elterntiere 182
  B 5. Selbständigwerden durch Erkunden, Neugierde,
       Spielen, Nachahmen 189
  B 6. Sexualentwicklung 192
  B 7. Übergang zum Erwachsensein 197
  B 8. Beziehungen der Jungen zu den Erwachsenen 198

IV. Verhaltensstörungen bei Tieren
    (Verhaltens-Pathologie) 201
  A. *Nachteilige Umwelteinflüsse auf das
     Antriebsgeschehen* 202
    A 1. Einengung des Bewegungsspielraums,
         Stereotypien 202
    A 2. Aktionen am Ersatzobjekt 203
    A 3. Ersatzbefriedigung am eigenen Körper:
         Retrojektion 205
    A 4. Versiegen von Bereitschaften; Partnerverlust 208

  B. *Nachteilige Auswirkungen von Lernprozessen* 212
    B 1. Überforderungskrisen 212
    B 2. Auswirkung chronischer Konfliktsituationen:
         Rituale, Fehlreaktionen und körperliche
         Symptome 213
    B 3. Traumatische Wirkung einzelner Vorfälle 214
    B 4. Irrwege bedingter Aktionen 216

  C. *Beeinträchtigte Verhaltensentwicklung* 220
    C 1. Entwicklungsverlangsamung und Entwicklungs-
         rückschritte: Retardation und Regression 220
    C 2. Fehlprägung 221
    C 3. Fehlender Elternkumpan 223
    C 4. Spätere Folgen isolierter Aufzucht 225
    C 5. Aggressives Muttertier anstelle von Spielgefährten 228

  D. *Gestörte Verhaltensbeziehungen zwischen Artgenossen* 230
    D 1. Krisen aufgrund von frühzeitiger Teilreifung 230
    D 2. Disharmonie zwischen angeborener Verhaltens-
         struktur und individueller Verhaltensanpassung 231

D 3. Disharmonisches Sozialverhalten von
     Artbastarden   232
D 4. Soziale Krisen bei Übervölkerung   233

Anmerkungen   237
Zitierte und weiterführende Lehr- und Handbücher (Auswahl) 248
Kurzgefaßte Einführungen in die Verhaltensbiologie (Auswahl) 249
Nachwort   250
Register   252

Vorwort

Dieses Taschenbuch will sowohl Biologen als auch Leser *ohne spezielle biologische Vorbildung* ansprechen. Es will Dolmetscher sein für diejenigen, die um ein tieferes Verständnis des Wesens der *Menschen* bemüht sind, dabei aber Anregungen und Formulierungshilfen aus der besseren Einsicht in das *Verhalten der Tiere* erhoffen – sei es, daß sie in dessen Elementen etwas Verwandtes oder etwas Gegensätzliches, etwas zu Bejahendes oder etwas zu Überwindendes sehen wollen. Einem entsprechenden Anliegen diente der Text dieses Taschenbuches auch bei seinem ersten Erscheinen in Form zweier Kapitel des Buches »Verhaltensbiologie des Kindes« (1973). Im Vergleich zur damaligen Fassung ist der Text jedoch durch das Einfügen zahlreicher neuer Ergebnisse erweitert und durch intensive Überarbeitung auf den neuesten Stand gebracht worden.

Ein besonderes Anliegen des Buches besteht darin, möglichst viele funktionelle Zusammenhänge und Hauptbegriffe der Verhaltensbiologie außer in Worten auch in *Funktionsschaltbildern* und – in zwei Abschnitten – auch in *logischen Formeln* auszudrücken. Hierdurch läßt sich jeweils völlig zweifelsfrei klarmachen und abgrenzen, was mit den verwendeten sprachlichen Formulierungen gemeint ist. Leser jedoch, denen diese Denkweise weniger liegt, können die betreffenden Abschnitte (die weniger als ein Zwanzigstel des Buches ausmachen) auch ohne Verlust überspringen.

Dieses Taschenbuch verzichtet auf Tierillustrationen. Es könnte in dieser Hinsicht niemals mit dem überaus reich und sinnvoll bebilderten und viel ausführlicheren Grundriß der vergleichenden Verhaltensforschung von I. Eibl-Eibesfeldt konkurrieren, auf den zur weiteren Einarbeitung in das Gebiet besonders hingewiesen sei.

Freiburg, im September 1979   Bernhard Hassenstein

I. Verhaltensweisen des Individuums

Die Darstellung beginnt mit einfachsten Verhaltenszusammenhängen und geht dann Schritt für Schritt zu komplizierteren über. Vielfach kehren die einfacheren Zusammenhänge später als Anteile von übergeordneten Funktionsbeziehungen wieder. – In manchen Fällen geht die Beschreibung von der *biologischen Bedeutung* der Verhaltensweisen aus; warum das möglich ist, wird zu Beginn der Besprechung der Lernprozesse (Abschnitt I B) genauer begründet werden.

A. Angeborenes Verhalten

Die embryonale Entwicklung aller Lebewesen wird letztlich von ihren Erbanlagen (Genen) gesteuert. Hierdurch entsteht auch das Gehirn, ein Netzwerk aus Nervenbahnen und Schaltstellen. Viele Nervenbahnen und Schaltstellen sind nach ihrer Entwicklung sogleich voll betriebsbereit. Beispielsweise beginnt ein gesunder Säugling sofort nach der Geburt ein- und auszuatmen: Während der Entwicklung des Kindes im Mutterleib haben sich Blutgefäße, Herz und Lungen, die Atemmuskeln zum Heben und Senken des Brustkorbs, das Zwerchfell als Abschluß des Brustraums gegen den Bauchraum, ebenso aber – zur *Steuerung* der Atmung – bestimmte Sinnesorgane, Nervenbahnen und zentralnervöse Schaltstellen ausgebildet. Im Verlauf der Geburt tritt die erste »Atemnot« ein, und der vorgebildete Mechanismus reagiert darauf sofort mit funktionsreifen lebenserhaltenden Atembewegungen. Die Aussage: Die Atemreaktion »*ist angeboren*«, ist einfach eine verkürzte Form der Feststellung, daß alle genannten Funktionsglieder für die Atemreaktion schon durch die körperliche Entwicklung ausgebildet werden und darum bei Bedarf sofort in voll betriebsfertigem Zustand zur Verfügung stehen.

Doch bezeichnet man in der Verhaltensbiologie nicht nur solche Verhaltensweisen als »angeboren«, die sofort nach der Geburt perfekt ablaufen, sondern auch solche, die erst später reifen – sie müssen nur von den *Erbanlagen* des Lebewesens abhängen, nicht von seinen individuellen Erfahrungen. »Angeboren« hat demnach in der Verhaltensbiologie dieselbe Bedeutung wie »genetisch bedingt«. Beispielsweise entsteht angeborenes – also genetisch bedingtes – Sexualverhalten in der Pubertät, einem Reifungsprozeß.

Erfahrungsbedingtes Verhalten hängt dagegen davon ab, was das Lebewesen individuell erlebt und was es dadurch *lernt*. Ein Buchfinkenpärchen fliegt zum Nest, um die Jungen zu füttern: Nestbau und Brutpflege sind ihnen angeboren: Sie können es als erwachsene Tiere »von allein«, auch wenn sie es niemals bei einem anderen Tier gesehen haben, um es durch Nachahmen zu lernen. Aber den *Ort* des Nestes und den *Weg* dorthin haben die Tiere *gelernt*.

Man kann den Unterschied zwischen angeborenem und erfahrungsbedingtem Verhalten auch mit Hilfe des *Informations*begriffes beschreiben: Jede Verhaltensweise eines Lebewesens wird unmittelbar durch diejenigen Signale verursacht, die vom Zentralnervensystem her auf den Nervenbahnen zu den Muskeln eilen: Drückt sich in diesen Signalen – außer den auslösenden Reizen – ausschließlich genetische Information des Organismus aus, so handelt es sich um genetisch bedingtes = *angeborenes* Verhalten. Spielen jedoch auch Gedächtnisspuren aus früheren Erfahrungen eine Rolle, so nennt man das Verhalten *erfahrungsbedingt* (Abschnitt I B).

A 1. Reaktion und spontane Aktion

Eine Verhaltensweise kann die *Antwort* auf äußere Einflüsse sein – z. B. Menschen und Tiere streifen ein Insekt ab, das sich auf die Haut gesetzt und gestochen hat. Dies ist eine *Reaktion*. Eine Verhaltensweise kann aber auch *ohne äußeren auslösenden Anlaß* einsetzen, also allein *von inneren Bedingungen*, z. B. einem erwachenden Antrieb, in Gang gesetzt werden. Ein Beispiel ist das Aufwachen aus dem Schlaf: Würde man ein Lebewesen (einen Menschen oder ein Tier) in einer völlig reizlosen Umgebung, z. B. in einer schalldichten

Kammer ohne Licht bei gleichbleibender Temperatur, schlafen lassen, so würde es doch nach einer bestimmten Zeit von selbst aufwachen und aktiv werden. Dieses Erwachen erfolgt, ohne daß irgendein äußerer Weckreiz auf den Schläfer einwirken müßte; es ist daher eine *spontane Aktion* (spontan = lat. aus eigenem Antrieb).

Beim Unterschied zwischen Reaktionen und Aktionen geht es also allein um die *momentan auslösenden* Ursachen des Verhaltens, also um diejenigen, die den *Zeitpunkt* des Auftretens bestimmen. Jedes Verhalten beruht natürlich noch auf vielen anderen Voraussetzungen; die Unterscheidung Reaktion / Aktion bezieht sich jedoch allein auf die unmittelbar zeitbestimmende *auslösende* Ursache. Wirkt diese *zeitbestimmende Ursache* von *außen* auf den Organismus ein, so spricht man von einer *Reaktion*; befindet sie sich in seinem *Inneren*, so nennt man das Verhalten eine (spontane) *Aktion*.

A 2. Schnelle Schutzreflexe

Bei der Berührung mit einem heißen Gegenstand ziehen Menschen und höhere Tiere blitzartig den berührenden Körperteil zurück; wird die Hornhaut des Auges durch eine mechanische Berührung gereizt oder werden die Augen plötzlich durch helles Licht geblendet, so schließen sich die Augenlider; gelangt ein Fremdkörper in die Luftröhre, so wird der Hustenreflex ausgelöst. Diese »schnellen Schutzreflexe« haben eine klare biologische Bedeutung: Bei Wahrnehmung einer Gefahr bringen sie den gefährdeten Körperteil aus der Gefahrenzone oder bewahren ihn auf sonstige Weise vor Schaden. Es ist einleuchtend, daß die Schutzreflexe *stets funktionsbereit* sind. Solange die beteiligten Organe unbeschädigt sind, ist ihr Ablauf *allein* von den auslösenden Reizen abhängig.

Das Urbild eines stets funktionsbereiten Reflexes kann man beim Menschen am *Lidschlagreflex* des Auges demonstrieren: Ein Partner stellt sich mit dem Rücken an eine Wand. Der andere stellt sich etwa 1 m vor ihn, mit dem Gesicht zu ihm gewendet, und hebt seine geöffneten Hände in Augenhöhe, die

Fingerspitzen nach oben und die Handflächen dem Gesicht des Partners zugekehrt; die Daumen liegen parallel aneinander. Zunächst hält er die Hände dicht vor sein eigenes Gesicht, bewegt sie dann aber schnell in Richtung auf das Gesicht und die Augen des an der Wand stehenden Partners zu. Erst ganz kurz vor dessen Gesicht nimmt er die Hände auseinander und führt sie beidseitig am Kopf vorbei an die Wand. Der Anblick der auf ihn zukommenden Handflächen löst nun bei dem an der Wand stehenden Partner mit absoluter Sicherheit einen Schutzreflex aus: Die Lider werden geschlossen. Es ist unmöglich, diese Reaktion willentlich zu unterdrücken und die Augen offenzuhalten. – Dieser Schutzreflex hat die biologische Bedeutung, die empfindliche Hornhaut des Auges vor Verletzungen zu bewahren, wenn ein Gegenstand schnell auf das Auge zufliegt.

Ein schneller Schutzreflex bedarf zu seiner Durchführung eines Sinnesorgans, einer Übertragungsstrecke für Signale (Nervenbahn, die in der Regel über das Zentralnervensystem führt) und eines Ausführungsorgans. Dies ist in Abb. 1 schematisch dargestellt.

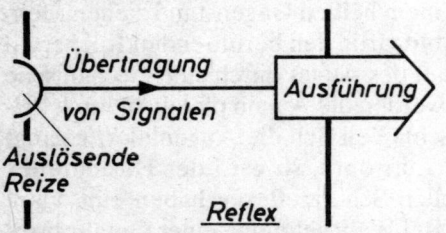

Abb. 1 Vereinfachtes idealisiertes Funktionsschaltbild eines von keiner veränderlichen Bereitschaft abhängigen Reflexes. Die dicken senkrechten Striche sollen die Begrenzung des Organismus andeuten. Über die verwendeten graphischen Symbole siehe Abschnitt B 2, letzter Absatz. In der Darstellung wird nicht angegeben, wie viele Schaltstellen (Synapsen) in den Übertragungsweg eingefügt sind.

Der Begriff »Reflex« wird meist als Unterbegriff von »Reaktion« betrachtet. Als Reflexe bezeichnet man vor allem *einfache* und *schnell ablaufende* Reaktionen. Reflexe können auch Anteile von übergeordneten Steuersystemen sein: So ist der *Kniesehnenreflex* Anteil eines Verstärkungskreises, der den Anspannungsgrad der Oberschenkelmuskeln bei der Ausführung der vom Zentralnervensystem kommenden Bewegungskommandos bestimmt[1]. Der *Schluckreflex* sowie die *Speicheldrüsen-* und *Verdauungsdrüsenreflexe* sind Teile der Endhandlung des angeborenen Ernährungsverhaltens.

A 3. Verhaltenssteuerung durch äußere Reize und innere Bedingungen

Schnelle Schutzreflexe sind – vorausgesetzt, alle anatomischen Funktionsglieder sind unbeschädigt – immer betriebsbereit; das ist verständlich, denn der Körper muß sich *jederzeit* vor Gefahren schützen können. Viele andere Reaktionen werden aber von den zugehörigen äußeren Sinneswahrnehmungen *nicht immer* ausgelöst. Gibt man einem Hund eine Schüssel mit Wasser, so kann es vorkommen, daß er sofort trinkt; wir sagen: »Er hat Durst.« Es kann aber auch sein, daß er nicht trinkt, vielleicht weil er kurz zuvor, als wir ihn nicht beobachteten, schon anderweitig seinen Durst gelöscht hatte; infolgedessen nimmt er das Wasser zwar mit seinen Sinnesorganen wahr, aber er reagiert nicht darauf.

Während also bei den schnellen Schutzreflexen außer der allgemeinen Funktionsfähigkeit nur *eine* Voraussetzung für die Reaktion besteht, die auslösenden Sinnesreize, müssen in dem eben genannten Beispiel *zwei* Bedingungen für den Ablauf des Verhaltens gegeben sein: die äußeren auslösenden Sinneswahrnehmungen und zusätzlich ein innerer Zustand der Bereitschaft. Dies gilt für die große Mehrzahl aller Reaktionen: Sie brauchen zu ihrer Auslösung bestimmte *äußere Reize* und setzen außerdem bestimmte *innere Bedingungen* voraus.

Doppelte Quantifizierung der Reaktionsstärke. Äußere Reize und innere Bedingungen bestimmen auch die Reaktions*stärke*: Tier und Mensch verzehren um so mehr von verfügbarer Nahrung, je besser sie schmeckt (höherer Reizwert) *und* je größer der Hunger ist (größere Bereitschaft). Das allgemeine Prinzip lautet: Die Reaktionsstärke ergibt sich aus zwei Bedingungen, der Reizbeschaffenheit und dem Aktivierungsgrad der Bereitschaft. Diesen Sachverhalt bezeichnet man seit den Anfängen der Verhaltensforschung als *doppelte Quantifizie-*

rung der Reaktionsstärke durch äußere Reize und innere Bedingungen[1]. Dieses Prinzip ist in Abb. 2 als Funktionsschaltbild dargestellt.

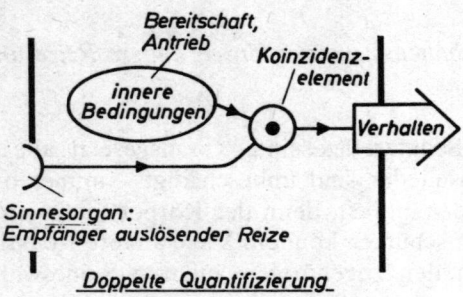

Abb. 2 Idealisiertes Funktionsschaltbild für den Tatbestand, daß Ablauf und Intensität vieler Verhaltensweisen von *zwei* Variablen abhängen, von auslösenden Reizen und inneren Bedingungen. Die Sinneselemente übersetzen physikalische oder chemische Größen in Signale, die auf Nervenbahnen ins Gehirn geleitet werden. Die Instanz »innere Bedingungen« ist definiert als Träger derjenigen inneren Zustandsvariablen, die die Reaktionsstärke auf äußere Reize bestimmt (oder auch spontanes Verhalten in Gang setzt); sie ist selbst von anderen Variablen, z. B. Hormonspiegel, abhängig. Koinzidenzelement = Funktionsglied mit 2 Eingängen und einem Ausgang, das nur beim *gleichzeitigen* Eintreffen von Signalen aus beiden Eingangskanälen selbst Signale aussendet; der Signalausstrom ist von beiden Eingangs-Signalströmen abhängig, ohne daß dabei eine *bestimmte* Verrechnungsweise, z. B. Multiplikation, vorausgesetzt wäre; siehe Abschnitt B 2, letzter Absatz.

Aus diesem Prinzip folgt: Weil sich sowohl der Reizwert als auch die Höhe der Bereitschaft auf die Reaktion auswirken, kann eine *mittlere* Reaktionsstärke herrühren von
– mittlerer Bereitschaft und mittlerer Reizgüte
– hoher Bereitschaft und geringer Reizgüte
– geringer Bereitschaft und hoher Reizgüte.
Anders ausgedrückt: Höhere Bereitschaft kann geringere Reizgüte ausgleichen, und umgekehrt. Hat beispielsweise ein Hund lange Zeit nichts gefressen und ist darum besonders hungrig (hohe Bereitschaft), so frißt er auch Nahrung, die für ihn einen sehr geringen Reizwert hat, z. B. Brot. Ist er dagegen gesättigt (geringere Bereitschaft), so läßt er das Brot lie-

gen; aber einen Leckerbissen mit hohem Reizwert, z. B. eine Scheibe Wurst, wird er auch nach reichlicher Sättigung, also trotz geringer Bereitschaft, noch verzehren.

Ersatzbefriedigung. Je stärker eine Bereitschaft, desto geringerwertige Reize können die zugehörige Reaktion auslösen; dies folgt, wie eben gezeigt, aus dem Prinzip der doppelten Quantifizierung. Im Zustand erhöhter Bereitschaft ist daher ein Tier hinsichtlich seiner Antriebsziele weniger wählerisch. Damit können schließlich auch solche Reize zur Wirkung kommen, die gar nicht mehr das Erreichen des Funktionsziels gewährleisten: Mit erhöhter Antriebsstärke neigen die Lebewesen dazu, mit Ersatzreizen (Ersatzobjekten) und Ersatzbefriedigungen vorlieb zu nehmen. Diese Auswirkung des Prinzips der doppelten Quantifizierung wird in den Abschnitten IV A 2 und IV A 3 ausführlich zur Sprache kommen.

Innere Bedingungen dafür, ob und wie stark ein Lebewesen auf bestimmte auslösende Reize reagiert, können von sehr verschiedenen Körperzuständen abhängen:

– vom Versorgungszustand mit Wasser, Nahrung und Luft zum Atmen (Beispiele: trinkendes Tier, Atemdrang)

– vom Hormonspiegel, insbesondere im Fall von Sexualhormonen (Beispiel: Brunftzeit)

– vom Stand der Entwicklung (der Saugreflex ist nur beim Säugling vorhanden und verschwindet später; er kann bei bestimmten Nervenkrankheiten des Erwachsenen wieder erscheinen)

– vom vorangegangenen Verhalten (beispielsweise sinkt bei vielen Tieren nach einer Paarung die Bereitschaft zu einer erneuten Paarung zunächst auf Null ab, um danach nur langsam wieder anzusteigen, Abschnitt A 7)

– von vorausgegangenen Sinnesreizen (Schreckreize lösen nicht nur sofortige Flucht aus, sondern steigern manchmal *für längere Zeit* die Fluchtbereitschaft)

– Reaktionsbereitschaften können in manchen Fällen *spontan*, d. h. ohne Einfluß von Reizen oder sonstigen äußeren Bedingungen zunehmen, z. B. die gegen Morgen wachsende Bereitschaft eines schlafenden Tieres oder Menschen, auf Weckreize zu reagieren.

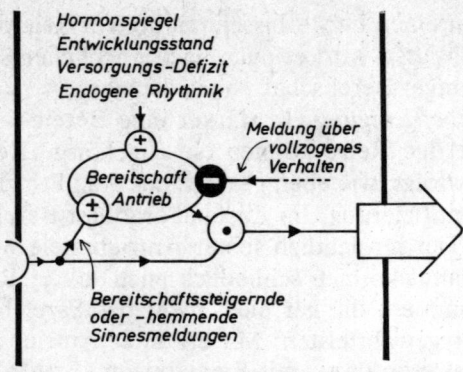

Abb. 3 Funktionsschaltbild für das Zusammenwirken von auslösenden Reizen und Bereitschaft wie Abb. 2, aber ergänzt durch die Einflüsse, die den Aktivierungsgrad der inneren Bedingungen (Bereitschaft, Antrieb) verändern können. Siehe auch Abb. 6 bis 8, 11, 12 und 16.

Auf Abb. 3 sind die unterschiedlichen Einflüsse auf die Bereitschaft (den Antrieb) für eine Verhaltensweise übersichtlich zusammengestellt.

Entwicklungsbedingte Bereitschaftsänderungen: Ein Beispiel: In Newark im Staate New York befaßte sich ein ganzes Institut unter der Leitung von D. LEHRMAN vorwiegend mit Verhaltensstudien an der *Lachtaube*, einer nahen Verwandten der *Türkentaube*, die in den letzten Jahrzehnten aus Südosteuropa nach Deutschland eingewandert ist. Die Lachtaube zeigt ihr gesamtes Fortpflanzungsverhalten mit fast uhrwerkartiger Präzision unter einfachsten Laboratoriumsbedingungen. Dadurch ist sie ein klassisches »Modellbeispiel« für wechselnde Reaktionsbereitschaften geworden[1].

Setzt man ein Weibchen und ein Männchen der Lachtaube in einem kleinen Käfig zusammen, so reagiert das Männchen sofort auf seine Partnerin: Es beginnt vor dem Weibchen zu balzen: durch Verbeugungen, Rufe, Aufblasen des Kropfes usw.

– Die Wahrnehmungen, die beide Partner hierbei machen, lösen die Ausschüttung von Sexualhormonen *(Oestrogenen)* in die Blutbahn aus. (Dies geschieht auch, wenn die Tiere in nahe benachbarten Käfigen sind, also einander nur hören und sehen, aber nicht berühren können.)

– Die Oestrogene bringen die *Nestbaubereitschaft* hervor: Das Männchen reagiert jetzt (was es vorher noch nicht tat) auf Nistmaterial, nimmt es in den Schnabel und bringt es zum Weibchen; dieses verfertigt daraus ein Nest, und es verteidigt dessen Platz (vorher ist es leicht zu verscheuchen).

– Die Oestrogene lösen ferner beim Weibchen die Ovulation (Austritt von Eizellen aus dem Eierstock) aus und erwecken bei beiden Tieren die *Bereitschaft* zur Paarung. Es kommt zur Paarung, zur Befruchtung des Eies, schließlich zum Eierlegen in das inzwischen fertige Nest.

– Die Wahrnehmung des entstehenden Nestes führt zur Ausschüttung von *Progesteron* ins Blut (wenn Nistmaterial fehlt, unterbleibt das). Das Progesteron ruft die *Bereitschaft* hervor, auf Eiern (eigenen oder fremden) *zu brüten*. Ohne dieses Hormon im Blut brüten die Tiere nicht. Künstlich injiziertes Progesteron veranlaßt sie zum Brüten auch auf Eiern, die sie selbst nicht gelegt haben.

– Das *Brüten* hat zur Folge, daß ein drittes Sexualhormon, *Prolaktin*, ins Blut ausgeschüttet wird. Dieses bringt den Kropf der Tauben zur Entwicklung und läßt die *Fütterungsbereitschaft* entstehen: Jetzt lösen der Anblick und die Rufe von hungrigen frischgeschlüpften Jungen angeborenermaßen die Reaktion des Futtergebens aus. Zu dieser Zeit schlüpfen auch die eigenen Jungen. Sie treffen somit auf fütterungsbereite Elternvögel.

– 10 bis 15 Tage später beginnt sich der Kropf zurückzubilden, desgleichen *schwindet die Bereitschaft* zu füttern. Nach 20 bis 25 Tagen füttern die Eltern nicht mehr, auch wenn man ihnen bettelnde Junge vorsetzt. Sie beginnen statt dessen zu balzen, und es setzt, falls Männchen und Weibchen weiter zusammenbleiben, ein neuer Fortpflanzungszyklus ein.

Wie das Studium all dieser ineinandergreifenden Prozesse lehrt, bilden Verhaltensweisen (z. B. Balzen, Nestbau, Brüten, Füttern) und Entwicklungsvorgänge (z. B. Eireifung und Kropfbildung) ein zusammenhängendes System, und zwar nicht nur beim einzelnen Individuum, sondern auch beim Zusammenwirken zwischen Männchen und Weibchen sowie zwischen den Alttieren und den Jungen. Entscheidende Bindeglieder sind dabei jeweils die neu in die Blutbahn tretenden *Hormone*, die neue *Reaktionsbereitschaften* hervorrufen. Sie veranlassen die Tiere, auf Wahrnehmungen zu reagieren, die sie sonst, wie das Experiment offenbart, unbeachtet lassen.

Durch Gehirnreizung veränderte Verhaltensbereitschaft: Auch elektrische Reizung von bestimmten Stellen innerhalb des Gehirns kann Verhaltensbereitschaften hervorrufen. Durch Untersuchungen des Nobelpreisträgers W. R. HESS ist die Katze in dieser Hinsicht besonders gut bekannt[1]. Er konnte durch elektrische Reizung beispielsweise die Reaktionsbereitschaft *»Heißhunger«* hervorrufen. Nach Einschalten des Stromes reagierte das Versuchstier auf fast sämtliche Gegenstände mit dem Versuch, sie zu verzehren, auch wenn sie dazu gänzlich ungeeignet waren. – Diese Art des Heißhungers kommt beim Menschen als Symptom von zentralnervösen Störungen vor.

Bereitschaft für mehrere Verhaltensweisen zugleich. Die Bereitschaft der *Glucke*, Junge zu führen, ist nicht immer vorhanden, sondern nur in der Zeit nach dem Brüten; zu anderen Zeiten werden Küken weggejagt. Für die Änderung der Reaktionsbereitschaft auf Küken ist ein Hormon verantwortlich, das Prolaktin, das zu dieser Zeit im Blut erscheint. Man hat nun im Experiment einem Haus*hahn* Prolaktin injiziert, das sonst bei ihm nicht vorkommt; daraufhin begann der Hahn, Gluckenverhalten zu zeigen, was er anderenfalls sein Leben lang niemals getan hätte. Dieses Verhalten besteht aus einer ganzen Reihe von einzelnen Reaktionen, und sie alle wurden beim Hahn von dem *einen* Hormon aktiviert: Wie die Glucke blieb er bei der Nahrungssuche in der Nähe der Schar der Kleinen; er nahm sie unter sein Gefieder und hudert sie; er warnte sie, wenn er eine Gefahr bemerkte; und er verteidigte sie, wenn sie angegriffen wurden.

Bei vielen Tierarten bringen *männliche* Sexualhormone zugleich *zwei* Bereitschaften hervor, *weibliche* Artgenossen zu umwerben, *männliche* aber zu bekämpfen. Hat beispielsweise ein *Stichlings*männchen ein Nest gebaut, so ist es in einem ganz bestimmten, durch seine Sexualhormone gesteuerten Bereitschaftszustand: Allen Artgenossen, die sich seinem Nest nähern, schwimmt es entgegen. Erweist sich ein Artgenosse durch sein Aussehen und sein Verhaltens als Weibchen, so vollführt das Männchen seinen Balztanz und lockt den Partner zum Nest; erweist er sich als Männchen, so greift er ihn an und versucht ihn zu verjagen. Die sexuelle Bereitschaft wirkt also als innere Bedingung für zwei so verschiedene Verhaltensweisen wie die Balz vor einem Weibchen und das Kämpfen gegen ein Männchen.

Bereitschaft und Antrieb: zwei Ausdrucksformen der inneren Bedingungen. Spontanes Verhalten wird – seiner Definition gemäß – allein von *inneren* Bedingungen ausgelöst (Abschnitt I A 1). Ein Beispiel dafür ist das Erwachen aus dem Schlaf, ein anderes der Beginn der Nahrungssuche, wenn ein Tier hungrig geworden ist. In vielen Fällen wirkt sich nun eine und dieselbe innere Verhaltensbedingung je nach der äußeren Situation *entweder* als Antrieb zu spontanem Verhalten *oder* als Bereitschaft zu Reaktionen aus: Eine und dieselbe innere Ursache ist beispielsweise dafür verantwortlich, wenn ein Raubtier aus Hunger auf Nahrungssuche geht oder – ebenfalls aus Hunger – auf den Anblick eines Beutetiers hin mit der gezielten Jagd beginnt. So unterschiedlich die beiden Begriffe Antrieb und Reaktionsbereitschaft auch sind – sie können also, biologisch gesehen, zwei situationsgemäß unterschiedliche Äußerungen desselben inneren Zustands sein. Auf Abb. 5 ist dies auch im Funktionsschaltbild dargestellt.

A 4. Auslösende Reize, angeborener auslösender Mechanismus

Viele angeborene Verhaltensweisen werden durch ganz einfache, ja elementare Reize ausgelöst: Bei manchen Tieren sondern die Weibchen einen bestimmten *chemischen Stoff* ab, der für die Männchen als Lockduft und als Orientierungsmerkmal für das Auffinden des Weibchens dient. Die Männchen vieler *Mücken*arten richten sich allein nach einem *Ton*, dem Flugton der Weibchen. Der *Truthahn* reagiert bei seinen Attacken vorwiegend auf eine *Farbe*: rot.

In anderen Fällen sind die auslösenden Reize weniger einfach: Wie der Ornithologe O. HEINROTH berichtete, zog er einen *Wanderfalken* mit mehreren Vögeln anderer Art gemeinsam auf, ohne daß der Raubvogel jemals einen von diesen angriff. In freier Natur jagen Wanderfalken ausschließlich fliegende Beute. Als nun ein Vogel plötzlich erstmalig aufflog, stürzte sich der Falke sofort auf ihn. Die *schnelle Bewegung* hatte sein Jagdverhalten ausgelöst[1]. – Wenn *nestjunge Singvögel* merken, daß ein Elterntier mit Futter geflogen kommt, so betteln sie mit aufgesperrtem Rachen ihm entgegen. Sie erkennen seine Gestalt aber nur schemenhaft: Das kann man daran feststellen, daß die Jungen auch eine kleine Pappscheibe anbetteln, die man in ihr Gesichtsfeld hält[2].

Attrappenversuch. Einen Gegenstand, der eine Instinkthandlung auslöst, ohne der biologisch normale auslösende Reiz zu sein – also beispielsweise die eben genannte kleine Scheibe, mit der man das Sperren nestjunger Vögel auslöst –, nennt man eine *Attrappe*. Durch *Attrappenversuche*, bei denen man im Verhaltensversuch immer wieder abgeänderte Attrappen anbietet, bekommt man heraus, welche Reize in der Gesamtwahrnehmung die *eigentlich auslösenden* Reize (= die *Schlüsselreize*) sind.

Angeborener auslösender Mechanismus. In den zuletzt genannten Beispielen reagierten die Tiere zwar nicht auf alle Merkmale, die der Mensch erkennen kann; aber es waren auch keine elementaren Einzelreize, sondern bestimmte *Kombinationen* von Einzelreizen (wahrgenommene Bewegung, dunkle Fläche vor hellem Hintergrund). Wenn Tiere auf bestimmte Reizkonstellationen reagieren, auf andere aber nicht, dann muß das Nervensystem die Meldungen der Sinneszellen entsprechend analysieren und dann ausschließlich die betreffende Reizkombination zur Wirkung kommen lassen. Ein solches analysierendes Teilsystem des Zentralnervensystems, das die reaktionsauslösenden Reize von den übrigen unterscheidet, bezeichnet man als *angeborenen auslösenden Mechanismus* (AAM). Eine andere Ausdrucksweise lautet: Ein Tier besitzt für die betreffende Reaktion ein *angeborenes Schema*. – Abb. 4 stellt diesen Zusammenhang auf einfachste Weise in einem Funktionsschaltbild dar.

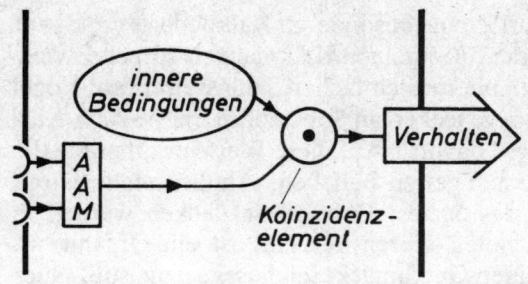

Abb. 4 Idealisiertes vereinfachtes Funktionsschaltbild für eine Reaktion, die nicht durch elementare Einzelreize, sondern durch eine bestimmte Reizkombination ausgelöst

wird. Die mit AAM bezeichnete Instanz hat die Aufgabe, die von vielen Sinneszellen (hier sind stellvertretend nur zwei davon eingezeichnet) eintreffenden Meldungen daraufhin zu analysieren, ob die reaktionsauslösende Reizkombination vorliegt. Nur wenn das der Fall ist, wird ein Signal erzeugt und ans Zentrum weitergegeben.

Überoptimale Attrappen. In manchen Fällen kann man im Versuch Attrappen herstellen, die stärker wirken als die natürlichen Reize, wenn man sie mit diesen in Konkurrenz setzt. So kann man bodenbrütenden Vögeln Holzeier neben das Nest legen, die größer oder greller gefärbt sind als die eigenen; dann rollen die Vögel die künstlichen Eier ins Nest, um auf ihnen zu brüten, und beachten ihre eigenen Eier nicht mehr[1]. Man spricht in solchen Fällen von *überoptimalen oder »übernormalen« Attrappen.*

Reaktionen auf »Attrappen« in freier Natur. Gelegentlich hört man den Einwand: Reaktionen von Tieren auf Attrappen seien Kunstprodukte des Laboratoriums und kämen in freier Natur nicht vor. Jeder Tierbeobachter kann von Gegenbeispielen berichten: Die Anflug- und Nachfolgereaktion männlicher Tagfalter kann ausgelöst werden nicht nur von den Weibchen der eigenen Art, sondern für eine oder ein paar Sekunden auch durch andere Schmetterlinge, durch Singvögel, durch fallende Blätter oder sogar durch den eigenen Schatten[2]. Am bekanntesten aber ist in diesem Zusammenhang der junge Kuckuck: Durch das Aufsperren seines innen blutrot gefärbten Rachens sowie durch sein lautes Betteln bringt er seine Pflegeeltern dazu, ihn zu atzen; ja sogar auch andere Singvögel, die gerade mit Futter vorbeikommen, beteiligen sich an seiner Fütterung.

Spezialhunger. In Zeiten besonderen Kalkbedarfs (z. B. vor dem Eierlegen) oder allgemeinen Kalkmangels sprechen viele Tierarten auf einen überaus einfachen Schlüsselreiz an: Vögel picken und Säugetiere lecken an Substanzen mit *weißem* Aussehen und probieren davon[1]. Auf diese Weise erhöhen sie die Chance, den Kalkmangel zu beheben. Ähnlich steht es mit dem Geschmack des *Salzes*: Etwaige Salzlecken werden in freier Natur von vielen Tieren besucht. Ist ein Organismus gierig auf irgendeinen Geschmack, sei dieser salzig, süß, sauer oder bitter, so besteht der Verdacht, daß ein entsprechender Mangel bzw. Bedarf in seinem Stoffwechsel vorliegt.

A 5. Appetenzverhalten

Wenn ein Lebewesen lange Zeit hungern oder dursten muß, so steigt seine Bereitschaft, auf Nahrung oder Wasser zu reagieren (Abschnitt A 3). Was aber geschieht, wenn beides nicht zur Verfügung steht? Dann hat die wachsende Reaktionsbereitschaft eine ganz andere Auswirkung: Das Tier wird unruhig und sucht herum. Ein Raubtier etwa durchstreift sein Jagdrevier. Dadurch erhöht es die Wahrscheinlichkeit, einer Beute zu begegnen. Geschieht das, so ändert sich das Verhalten sofort: Die Beute wird angezielt und gejagt. Gelingt die Jagd, so folgt die Nahrungsaufnahme. – Der erste Teil dieser Verhaltensfolge, das Unruhigwerden und Suchen, braucht von keinem Außenreiz ausgelöst zu werden. Ein Tier beginnt bei wachsendem Hunger mit dieser Verhaltensweise, auch ohne daß irgendein Umweltereignis es dazu veranlaßt, also allein aufgrund der inneren Bedingungen.

In einem ganz ähnlichen Verhaltensablauf finden sich die Geschlechter. Beim *Kaisermantel* beispielsweise, einem unserer schönsten Tagschmetterlinge, fliegt das Männchen während der Balzzeit zunächst ziellos weite Strecken, ohne sich an ein bestimmtes Revier zu halten. Wird es dabei eines Lebewesens ansichtig, das seinem angeborenen Schema entspricht, so fliegt es sofort dorthin. Die Kaisermantel-Weibchen sind durch einen bestimmten Duft kenntlich; nimmt das Männchen diesen Duft wahr, so balzt es vor dem Weibchen und versucht, die Paarung mit ihm zu vollziehen[1].

Die Abfolge dreier Verhaltensphasen ist typisch für instinktive Verhaltensweisen aus den Bereichen der Ernährung und der Fortpflanzung: Zunächst durchstreift das Tier seinen Lebensraum, ohne das Ziel seines Verhaltens ausgemacht zu haben; nimmt es dabei den Gegenstand seines Suchens wahr, so versucht es, ihn zu erreichen; gelingt dies, so kann die Reaktion, zu der die Bereitschaft besteht, vor sich gehen. Die ersten beiden Phasen – ungerichtetes Suchen und gezielte Annäherung – nennt man *Appetenzverhalten*, die abschließende Reaktion *Endhandlung*.

Die *erste Phase des Appetenzverhaltens* ist bei verschiedenen Tierarten sehr unterschiedlich ausgebildet. Sie besteht nicht immer darin, daß das Tier sich bewegt. Lauernde Räuber, wie z. B. der Hecht, streifen nicht in der Umgebung herum, sondern beziehen eine Warteposition. Die Kreuzspinne baut ihr Fangnetz und setzt sich in dessen Zentrum. Das Grillenmännchen sitzt still und singt und lockt dadurch paarungsbereite Weibchen zu sich heran. Der männliche Storch erobert ein Nest, bleibt auf ihm stehen, und das Weibchen fliegt hinzu[2]. Das Gemeinsame der ersten, *spontan beginnenden* Phase des Appetenzverhaltens besteht somit darin, daß das Lebewesen durch sein Verhalten – jedes auf seine Art und Weise – die Begegnung mit den Gegenständen (Nahrung, Nistmaterial) oder Lebewesen, auf die sich der betreffende Antrieb (= die Bereitschaft) bezieht, *wahrscheinlicher macht*.

Die *zweite Phase des Appetenzverhaltens* besteht in der Regel in der *gezielten Annäherung* an den Gegenstand oder das Lebewesen, auf das das Verhalten zugeschnitten ist. Dabei kann der Reiz, auf den das Tier reagiert, sehr einfach sein. Die Kreuzspinne beispielsweise nimmt die Erschütterung des Netzes wahr, ermittelt aus ihr die Richtung und steuert danach auf die gefangene Beute zu. Der oben erwähnte Kaisermantel reagiert auf die Farbe der Flügel, auf die Frequenz, mit der die Helligkeit wegen des Flügelschlages variiert[3], und auf den Lockduft des Weibchens.

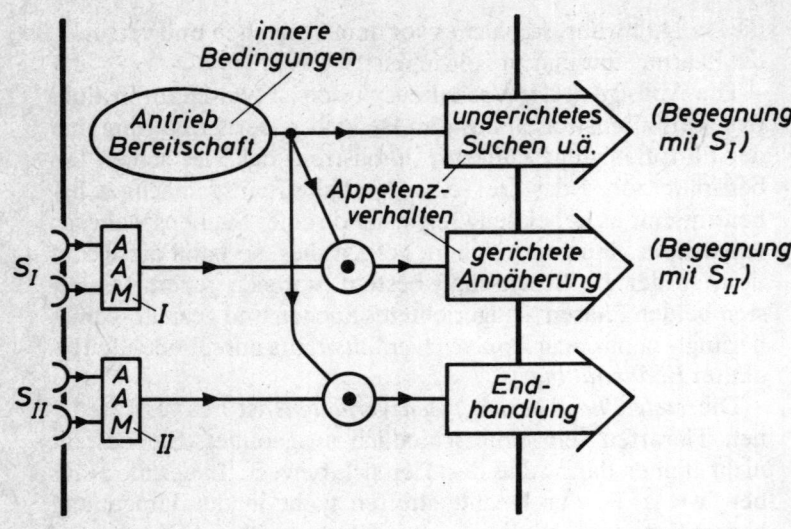

Abb. 5 Idealisiertes vereinfachtes Funktionsschaltbild für den Zusammenhang zwischen den beiden Phasen des Appetenzverhaltens und der instinktiven Endhandlung. In der Regel sind alle drei Verhaltensweisen von derselben
Bereitschaftsinstanz abhängig. Für die meist spontane erste Phase des Appetenzverhaltens spielt sie die Rolle des Antriebs, für die gezielte Annäherung
und die Endhandlung die Rolle der Reaktionsbereitschaft. Der Buchstabe S
bedeutet: auslösender Reiz (»stimulus«) für die gerichtete Annäherung bzw.
für die instinktive Endhandlung.

A 6. Endhandlung, Erbkoordination, antriebsbedingter Ruhezustand

Die *Endhandlung* wird schließlich dadurch ausgelöst, daß das
Tier mit dem Gegenstand oder Partner, dem es sich angenä-
hert hatte, in Berührung kommt. Beispiele für instinktive
Endhandlungen sind das Trinken und das Verzehren von Nahrung, sowie – aus dem Bereich der Fortpflanzung – die Paarung und das Füttern der Jungen. Manche Endhandlungen bestehen aus einer fest programmierten Folge von Einzelbewe-
gungen (Erbkoordination): Berühmt ist der Kokonbau der

Seidenraupe, eine zusammenhängende, rund 24 Stunden dauernde Bewegungsfolge von uhrwerkartiger Präzision, wobei
das Tier 3 km Seidenfaden um sich herum verlegt. – Eine instinktive Endhandlung, die man häufig beobachten kann, ist
bei vielen Hunden das Scharren mit den Hinterbeinen, nachdem sie Kot abgegeben haben. Es wird auch auf dem Straßen-
pflaster und auf anderem festen Untergrund durchgeführt, wo
es keinerlei Effekte hat, und zeigt damit anschaulich, wie starr
eine Erbkoordination festgelegt sein kann.

Wenn es noch eines unmittelbaren Beweises für die Aussage bedurft hätte, daß sich verhaltenssteuernde Instanzen des
Nervensystems durch die von den Genen gesteuerte (Embryo-
nal-)Entwicklung bilden können, dann wäre diese durch folgendes Experiment der Zoologen G. ANDRES und R. ROESS-
LER endgültig belegt worden[1]:

Es gelang ihnen, das Gehirnbildungsgewebe aus Larven
(Kaulquappen) einer *Krallenfroschart* in die Larven einer anderen Art zu verpflanzen, wo es – wie bei Amphibien möglich
– völlig einheilte. Wenn die Larven der »Spender«-Art größer
werden, vollführen sie mit ihren Mund- und Kiemenorganen
dauernde rhythmische Bewegungen, etwa 60 pro Minute, um
Wasser durch ihre Kiemenreusen hindurch zu bewegen und
Schwebestoffe als Nahrung abzufiltern. Die Empfängerart dagegen lebt räuberisch, fixiert kleine Beutetiere mit den Augen
und schnappt sie mit einer schnellen Bewegung. Als nun *diese*
Kaulquappen mit dem Gehirn der *anderen* Art das entsprechende Alter erreichten, vollführten sie mit den gar nicht hierfür »vorgesehenen« Mundorganen rhythmische Bewegungen
von 60 Perioden pro Minute! Mit dem Nervengewebe war die
Anlage übertragen worden, eine bestimmte Erbkoordination
auszubilden.

Die einfachste und in sehr vielen Fällen verwirklichte Organisation der drei Phasen des Instinktverhaltens ist auf Abb. 5
angedeutet: Gewöhnlich, wie dort angegeben, ist es dieselbe
Instanz, von der alle drei Phasen des Instinktverhaltens funktionell abhängen. Immer wenn der spontane Drang zur ersten
Phase des Appetenzverhaltens zunimmt, steigt auch die Reaktionsbereitschaft auf die auslösenden Reizsituationen für die

gerichtete Annäherung ans Antriebsziel und für die Endhandlung.

Doch gibt es auch Beispiele dafür, daß einzelne Anteile des Appetenzverhaltens je ihre eigene zusätzliche Motivation besitzen, also auch nach voller Befriedigung des zugrundeliegenden Hauptbedürfnisses noch auslösbar sind. So kann eine Katze noch so satt sein: Eine in ihre Reichweite geratende Maus wird sie noch jagen und töten (wenn auch nicht mehr fressen) oder sie zumindest aufmerksam belauern[1].

Antriebsbedingte Ruhezustände. Nicht zu jedem Instinktverhalten gehören alle drei Phasen: Suchen, gerichtete Annäherung und Endhandlung. Beispielsweise besitzt die Instinkthandlung des *Vogelzugs* keine Endhandlung; sie spielt sich allein auf der Ebene des gerichteten Appetenzverhaltens ab: Den Abschluß des instinktiven Ablaufs bildet kein Verhalten, sondern ein Zustand, die Anwesenheit am angestrebten Ort. Auch der *Schlaf* ist ein solcher *antriebsbedingter Ruhezustand*[2]: Ihm geht als Appetenzverhalten die Suche bzw. das Aufsuchen eines Schlafplatzes voraus. Das Zufallen der Augen kann man als instinktive Endhandlung ansehen, die den Ruhezustand einleitet. Ein weiterer antriebsbedingter Ruhezustand ist das *Brüten* der Vögel.

Das Flüchten als angeborene Reaktion. Schließlich ist auch das Flüchten eine angeborene Reaktion ohne Endhandlung. Auch sie zielt auf einen *Zustand:* außer Reichweite des Feindes zu sein oder einen schützenden Ort oder Partner erreicht zu haben. Im ersten Fall tritt an die Stelle des gerichteten *Appetenz*verhaltens (Zuwendung und Annäherung) *Ab*wendung und Sich-Entfernen; die Flucht ist gleichsam ein Appetenzverhalten mit negativem Vorzeichen. Im zweiten Fall besteht die Flucht darin, einen Hort der Geborgenheit, also ein Ziel, zu erreichen; in diesem Fall ist die Flucht ein gerichtetes Appetenzverhalten wie jedes andere: mit positivem Vorzeichen.

Valenz. »Abwendung und Zuwendung sind die Grundreaktionen, welche den Tieren ermöglichen, das Schädliche zu meiden und das Nützliche aufzusuchen.«[3] Die Eigenschaft von Reizen, ein reagierendes Lebewesen abzustoßen oder anzuziehen, bezeichnet man als ihre *Valenz* (negative oder positive

Valenz). Welche Valenz ein Reiz hat, ist vielfach angeboren: Beispielsweise haben starke *Schmerz*reize wohl immer eine *negative* Valenz.

A 7. Versorgungszustand und Bereitschaft (Antrieb)

Essen, Trinken, Atmen – diese Verhaltensweisen dienen bei Menschen und Tieren der Versorgung des Körpers mit lebensnotwendigen Stoffen: Nahrung, Wasser, Sauerstoff. Die Bereitschaft zu den drei Verhaltensweisen ist abhängig vom jeweiligen *Versorgungszustand*. Für den Menschen ist dieser Zusammenhang selbstverständlich: Je größer beispielsweise der Wasserverlust an einem heißen Tag ist, desto mehr steigert sich auch der Antrieb, etwas zu trinken und damit den Wasserverlust auszugleichen.

Ein Beispiel aus dem Tierreich, das für viele stellvertretend sein soll: Räuberisch lebende Tierarten greifen im Normalfall Beutetiere einer bestimmten Größe und Stärke an; größere lassen sie unbehelligt oder fliehen vor ihnen. Je hungriger die Räuber aber werden, desto mehr verschiebt sich die Grenze, und desto größere Beutetiere werden angegriffen, Zeichen eines gesteigerten Antriebs.

Können die drei Verhaltensweisen – Essen, Trinken, Atmen – regelrecht vor sich gehen, so hat das zur Folge, daß die etwaigen Mangelzustände aufgehoben werden: Nach einem reichlichen Mahl geht dann manch ein Raubtier (z. B. der Löwe) stunden- bis tagelang nicht mehr auf die Jagd: Der Versorgungszustand ist oberhalb des Solls, folglich ist der Antrieb zur Nahrungsaufnahme gleich Null. Es ist also ein echter *Regelkreis* geschlossen, innerhalb dessen die Reaktionsbereitschaft als Funktionsglied wirkt: Der schlechter werdende Versorgungszustand aktiviert eine stärkere Reaktionsbereitschaft, und diese fördert den Ablauf des Verhaltens; das Verhalten seinerseits verbessert dann wieder den Versorgungszustand. Abb. 6 zeigt diesen Zusammenhang schematisch.

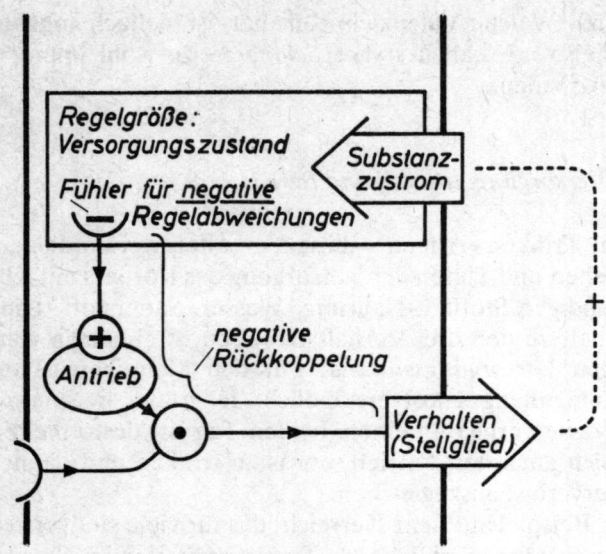

Abb. 6 Vereinfachtes idealisiertes Funktionsschaltbild für den Zusammenhang zwischen Versorgungszustand, Verhaltensbereitschaft, Schlüsselreiz und Verhalten. Das Rechteck stellt die »Regelgröße«, den Versorgungszustand mit Nährstoffen, Wasser oder Sauerstoff im Organismus dar. Das Zeichen für »Sinnesorgan« im Rechteck symbolisiert dasjenige Organ im Sinnesbzw. Nervensystem, das für den jeweiligen Versorgungszustand empfindlich ist und einen etwaigen Mangel an das Zentralnervensystem meldet (regeltheoretisch: der Fühler). Daß die Meldung über den *Fehlbetrag* des Versorgungsgutes eine *Verstärkung* der Bereitschaft zur Folge hat, ist durch das Minuszeichen im Symbol für den Fühler angedeutet. Dadurch ist ein Regelkreis gebildet (negative Rückkoppelung). Das Verhalten (Trinken, Atmen), das zum Ausgleich des Mangels führt, entspricht regeltheoretisch der *Stellglied*funktion des Regelkreises. – Dieses Schaltbild ist unvollständig: Siehe Abb. 8.

A 8. Rückwirkung der Endhandlung auf die Bereitschaft (den Antrieb)

Ist eine instinktive Endhandlung vor sich gegangen, so ist danach meist die Bereitschaft (= der Antrieb), dieses Instinktverhalten erneut auszuführen, geringer. Das rührt nicht unbe-

dingt davon her, daß die Endhandlung einen Versorgungs-
mangel ausgeglichen hat: Vielmehr kann der *Akt der Durchführung des Verhaltens selbst* einen abschwächenden Einfluß
auf die Bereitschaft bzw. den Antrieb ausüben. Man hat bild-
lich von der »antriebsverzehrenden Endhandlung« gesprochen und sich vorgestellt, der Antrieb sei ein Reservoir, das
mit seinem Inhalt die Endhandlung speist und seinerseits
durch die Endhandlung entleert wird. Doch ist das nur ein
Gleichnis; denn im Schaltwerk des Nervensystems geht das
Geschehen auf der Basis von *Signalen* vor sich, nicht von Substanzen.

Abnahme sexueller Bereitschaft durch die Paarung. Das be-
kannteste Beispiel für das Abnehmen einer Bereitschaft nach
der Durchführung des angeborenen Verhaltens ist die *Paarung*: Nach der Begattung ist der Drang zu erneutem Sexualverhalten für kürzere oder längere Zeit erst einmal abgesun-
ken. Das könnte man an beinahe jedem beliebigen Lebewesen demonstrieren. Ich wähle ein uns sehr fernstehendes Tier,
weil an ihm dieses Geschehen besonders gut *gemessen* wurde
und weil uns diese Messungen noch in einem späteren Zusammenhang gute Dienste leisten können (Abschnitt A 8). Es
handelt sich um die Untersuchungen des Zoologen O. DREES[1]
über *Springspinnen*; diese Tiere spinnen keine Netze, sondern
laufen herum und jagen ihre Beute im Sprung, daher der
Name.

Die Springspinnen-Männchen führen bei der Balz einen regelrechten »Liebestanz« vor ihren Weibchen aus. Diesen Tanz
kann man auch künstlich hervorrufen, indem man dem Männ-
chen ein auf weißem Grund aufgemaltes Weibchen, also eine
Weibchen-»Attrappe« zeigt. Nach einer Weile bricht das
Männchen aber die Balz vor solch einer Attrappe , die ja nicht
auf seine Bemühungen reagiert, wieder ab und geht seiner
Wege. O. DREES stoppte nun die Zeitdauer des Balztanzes
und fand: Hat sich das Männchen lange Zeit mit keinem
Weibchen paaren können, so balzt es vor einer bestimmten
Attrappe etwa 3 Minuten lang. War es aber zuvor zu einer
Paarung, also zur *instinktiven Endhandlung*, gekommen, so
balzte das Tier zunächst vor der Attrappe überhaupt nicht;

31

nach einer Pause von 3 Tagen tat es das rund 15 sec lang, nach einer Pause von 5 Tagen rund 60 sec lang, nach 8 Tagen rund 80 sec, nach 10 Tagen rund 155 sec lang; und erst nach einer Pause von etwa 15 Tagen war die volle Balzdauer wieder erreicht. – Falls man nun die Balzdauer als Maß für die Antriebskräfte auffassen darf – daran ist wohl kaum zu zweifeln –, dann heißt das: Die Bereitschaft zur Balz sinkt nach einer Paarung auf den Wert Null und steigt dann von selbst (spontan) allmählich wieder an.

Abb. 7 soll die Rückwirkung der Endhandlung auf die Bereitschaft in einem Funktionsschaltbild darstellen. Diesem liegt also die Vorstellung zugrunde: Eine *Rückmeldung* von der *Endhandlung* an die Antriebsinstanz vermindert die Antriebsstärke. Mit anderen Worten: Der Betrag der Rückmeldung wird vom Betrag der Antriebsstärke *subtrahiert*. Abb. 7 zeigt drei Möglichkeiten, wie solch eine Rückmeldung entstehen könnte.

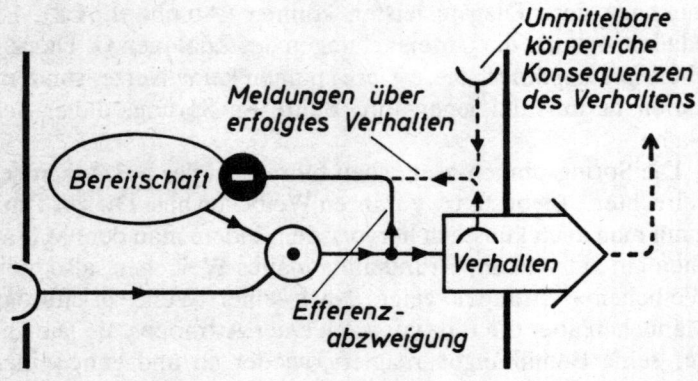

Abb. 7 Verminderung einer Bereitschaft durch Rückmeldung über die Endhandlung. Die Rückmeldung könnte von der Kommandobahn abzweigen oder (gestrichelte Linien) von Sinnesmeldungen, die entweder den *Ablauf* oder das *Ergebnis* der Endhandlung registrieren. Vermutlich kommen alle drei Möglichkeiten vor. Eindeutig nachgewiesen ist – an Tieren – bisher nur die Möglichkeit *drei*.

Zweifache Rückwirkung auf die Bereitschaft bei der Nahrungsaufnahme und beim Trinken. Haben die instinktiven (End-)Handlungen den Versorgungszustand auf den Sollwert gebracht, so führt dies zur Antriebsverringerung. Gibt es hier noch zusätzlich eine Antriebsverminderung durch die Endhandlung als solche? Diese Frage ist für die Verhaltensdynamik im Bereich »Ernährung« von großer Bedeutung. Wie der berühmte russische Forscher I. PAWLOW gezeigt hat, ist die Frage für *Säugetiere* eindeutig *zu bejahen*.

Bei Versuchstieren (Hunden) wurde die Speiseröhre am Hals chirurgisch mit einer Öffnung nach außen versehen, so daß alles, was der Hund aufnahm, dort wieder herauskam und nicht in den Magen gelangte. Durch die Öffnung konnten aber auch Nahrung und Wasser künstlich unmittelbar in den Magen gebracht werden. Fraß oder trank der Hund, so hatte dies somit keinerlei Einfluß auf den Versorgungszustand seines Körpers mit Nährstoffen und Wasser. Trotzdem fraßen und tranken die so operierten Hunde nicht unaufhörlich; sondern sie hörten jeweils zu dem Zeitpunkt mit der Mahlzeit auf, zu welchem das *derzeitige* Defizit an Nährstoffen und Wasser ausgeglichen gewesen wäre, falls das Aufgenommene den Magen hätte erreichen können. Daraus folgt, daß die Nahrungsaufnahme schon als Vorgang (als Verhalten) und nicht erst durch die zugeführte Nahrung auf den Antrieb einwirkt und ihn vermindert. – PAWLOWS Hunde wurden natürlich nach ihrer Scheinmahlzeit viel schneller wieder hungrig und durstig als nach einer normalen Fütterung.

In Abb. 8 sind beide Wege der Antriebsverminderung – durch den *Effekt*, die Normalisierung des Versorgungszustands, und durch *Verhaltens-Rückwirkung* – eingetragen. Abb. 8 kombiniert somit Abb. 6 und Abb. 7.

Biologische Bedeutung der Verhaltens-Rückmeldung bei der Nahrungsaufnahme. Hat ein Lebewesen seinen Magen gefüllt, so ist damit das Defizit des *Stoffwechsels* noch nicht ausgeglichen. Zuerst muß die Nahrung verdaut und resorbiert sein. Das dauert eine halbe Stunde oder noch länger. Die Meldung über den Ausgleich des Fehlbetrags im Stoffwechsel käme also viel zu spät, um die Mahlzeit (= den Vorgang der Nah-

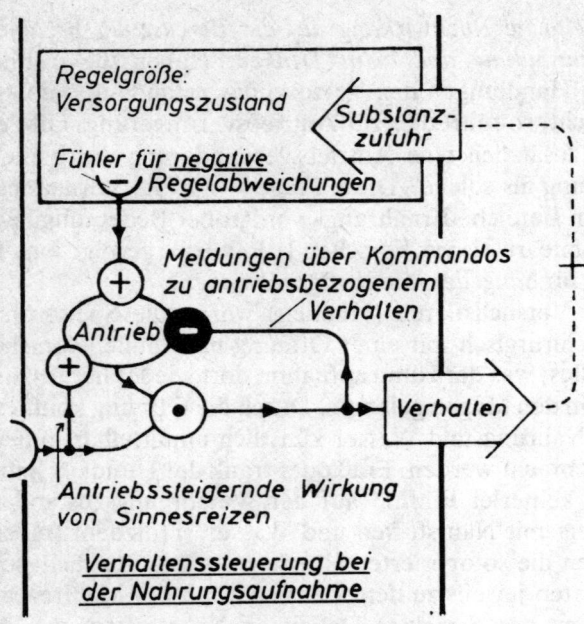

Abb. 8 Vereinfachtes idealisiertes Funktionsschaltbild für die Verhaltenssteuerung bei der Nahrungsaufnahme z. B. eines Hundes. Zusätzlich zur
Abb. 6 enthält es die unmittelbare Rückmeldung von der Endhandlung. Die
Forschung hat noch nicht geklärt, ob die aus Abb. 7 gewählte *Art* der Rückmeldung die richtige ist oder ob diese durch Sinnesmeldungen entsteht. Ferner ist die antriebssteigernde Wirkung von Sinnesreizen eingezeichnet (siehe
Abb. 12).

rungsaufnahme) rechtzeitig zu beenden. Hier springt der zusätzliche »kurz geschlossene« Signalweg ein und liefert gleichsam eine *Vorwegmeldung*, die die Bereitschaft rechtzeitig ab-
senkt. Deren Wirkung klingt schneller ab, überbrückt aber
den Zeitraum der Verdauung und Resorption der Nahrung.
Im Regelfall wird die »Vorwegmeldung« später durch die
Normalisierung des Stoffwechsels »bestätigt«.

A 9. Höchstwertdurchlaß

Lebewesen befriedigen kaum jemals zwei Antriebe zugleich.
Das ist nicht selbstverständlich; denn die Umwelt bietet vielfach gleichzeitig die auslösenden Reize für mehrere Verhaltensweisen, und auch im Bereich der Antriebe dürfte es eher
die Ausnahme als die Regel sein, daß nur einer von ihnen aktiviert ist. Wie kommt es also, daß jeweils nur eine Art des
Verhaltens die Szene beherrscht, daß also Nahrungsaufnahme, Balz, Flucht, Körperpflege, Spielen, Schlafen usw. einander kaum je überlagern, sondern meist säuberlich von einander getrennt *nach*einander ablaufen?

Die Antwort auf diese Frage folgt aus der Beobachtung, daß
so gut wie alle Verhaltenstendenzen zueinander im Verhältnis
der *gegenseitigen Hemmung* stehen: Die jeweils am stärksten
aktivierte Verhaltenstendenz unterdrückt alle schwächeren,
und zwar völlig. Ein Paradebeispiel hierfür liefert die zuvor zitierte Springspinne nach den Untersuchungen von O. Drees[1].

Der Vorteil dieser Tierart für die Beobachtungen besteht darin, daß man die Männchen mit einer und derselben künstlichen
Reizanordnung zu ganz verschiedenen Reaktionen veranlassen
kann: Ihre Beutetiere, z. B. Fliegen, sind an Größe und Form
nicht allzu verschieden von ihren Weibchen. Drees konnte daher Attrappen herstellen, die gestaltlich in der Mitte zwischen
dem Beute- und dem Weibchen-Schema standen; und diese Attrappen lösten je nach dem inneren Zustand der Männchen entweder Beutefangverhalten oder Balz aus: Je länger ein Männchen vor dem Experiment gehungert hatte, desto häufiger erfolgte – im Vergleich zur Balz – das Beutefangverhalten; je länger es nicht zur Paarung mit einem Weibchen zugelassen worden
war, desto häufiger erfolgte die Balz. Drees konnte so bei seinen
Spinnen die Antriebsstärken nach Belieben vergrößern und ver-
kleinern. Wenn *beide* Bereitschaften *zugleich* aktiviert waren,
so löste die beschriebene Attrappe manchmal Beutefang und
manchmal Balz aus. Dabei erfolgte jedoch niemals ein aus Beu-
tefang- oder Balzelementen *gemischtes* Verhalten. Das Tier war
stets für eines von beiden entschieden; das andere Verhalten war
stets völlig unterdrückt.

Höchstwertdurchlaß. Wenn erwiesenermaßen mehrere Verhaltenstendenzen aktiviert sind, aber immer nur eine im Verhalten zum Ausdruck kommt, so setzt das im Rahmen der Verhaltenssteuerung eine besondere »Entweder-Oder-Schaltung« voraus (Abb. 9): In diese treten alle physiologischen Signale ein, die eine »Verhaltenstendenz« repräsentieren; doch läßt sie jeweils nur *den stärksten* dieser Impulsströme hindurch, und zwar *ungeschwächt,* und dieser unterdrückt alle anderen. Solch ein Filtersystem trägt den Namen »Höchstwertdurchlaß« oder »Maximalwertdurchlaß«.

Ist eine Verknüpfung von Nervenbahnen, die diese ganz spezielle Filterleistung ausführen kann, notwendigerweise sehr verwickelt? Nein, sie kann ganz einfach sein: Abzweigungen mit *hemmender* Signalwirkung müssen von jeder Bahn zu jeder anderen führen, damit jede der Bahnen, wenn gerade sie den stärksten Impulsstrom führt, die Impulsströme aller anderen blockieren kann. Dafür gäbe es zwei Möglichkeiten: Die hemmenden Verbindungen zu den Nachbarbahnen könnten abzweigen, *bevor* oder *nachdem* die entsprechenden Zweige von den Nachbarbahnen auf die eigene Bahn treffen. Die zweite dieser beiden einfachsten Möglichkeiten hat bereits die gewünschte Eigenschaft, sie ist ein Höchstwertdurchlaß (Abb. 9 unten).

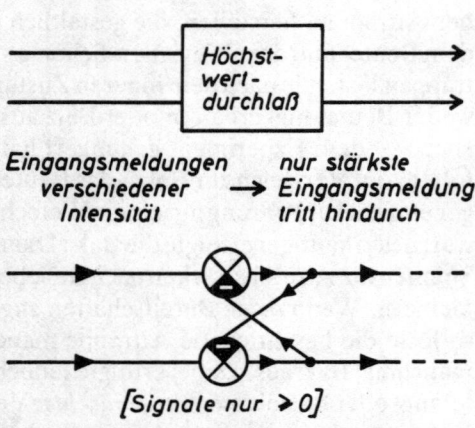

Abb. 9 Höchstwertdurchlaß, Darstellung des Funktionsprinzips und seiner einfachsten Verwirklichung. An den schwarzen Sektoren mit weißem Minuszeichen wird der Betrag der dort eintreffenden Signalströme *subtrahiert*, so daß nach rechts die *Differenz* beider Signalströme weitergemeldet wird. Doch kann diese Meldung nicht kleiner als null werden, weil es auf Nervenfasern keine negativen Signale gibt.

Diese Schaltung heißt »laterale subtraktive Rückwärts-Inhibition«; ihr wurde einst als erstem neuentdeckten kybernetischen Prinzip die Ehre eines Nobelpreises – an H. K. HARTLINE – zuteil (er hatte sie allerdings in einem ganz anderen Zusammenhang als dem hier besprochenen entdeckt[1]). Als Höchstwertdurchlaß wirkt diese Schaltung dann, wenn die hemmenden Signale stark genug sind; das ist der Fall, wenn sie – wie auf Abb. 11 unten angenommen – nach der Verzweigungsstelle weder abgeschwächt noch verstärkt werden. Ein Rechenbeispiel: Die Verhaltenstendenz A sei von der Stärke 2, Verhaltenstendenz B von der Stärke 3. Darauf wird an der oberen Subtraktionsstelle Signalbetrag 3 von 2 subtrahiert, d. h. kein Signal läuft weiter (Signale mit negativem Vorzeichen sind unmöglich). Folglich wird keine Hemmwirkung von der oberen Signalleitung auf die untere ausgeübt. Somit erfolgt allein das Verhalten B, und zwar mit der ungeschwächten Intensität 3.

Wie man leicht nachrechnen kann, leistet die subtraktive Rückwärtsinhibition das gleiche auch bei mehr als zwei Bahnen. Wir können uns daher vorstellen, daß alle Verhaltensweisen des Organismus, die nicht gleichzeitig ablaufen können, auf der Ebene ihrer Verhaltenstendenzen miteinander durch Hemmwirkungen verknüpft sind. Dieses funktionelle Teilsystem der Verhaltensorganisation gewährleistet, daß jeweils die am stärksten aktivierte aller Verhaltensmöglichkeiten zum Zuge kommt und dabei alle anderen unterdrückt. Es werden aber nicht die Bereitschaften oder Antriebe selbst unterdrückt, sondern erst die von Bereitschaft *und* Reiz abhängigen *Verhaltenstendenzen*. Darum ist, wenn ein Antrieb befriedigt ist, sofort der nächste in Bereitschaft, die Führung des Verhaltens zu übernehmen.

Im Organismus sind die Prinzipien von doppelter Quantifizierung (Abschnitt A 3) und Höchstwertdurchlaß so kombiniert, wie es Abb. 10 darstellt. Die beiden Teilsysteme verwandeln das *Neben*einander mehrerer aktivierter Verhaltenstendenzen in ein *Nach*einander der zugehörigen Verhaltensweisen. Viele Verhaltenstendenzen nehmen *allmählich* zu, z. B. die zur Harn- oder Kotabgabe. Irgendwann werden sie stärker als alle anderen; dann setzen sie sich für eine kurze

Weile *vollständig* durch, um nach der Befriedigung des betreffenden Bedürfnisses auf Null zurückzugehen. Das auf Abb. 10 dargestellt System gewährleistet dreierlei: daß kein Misch-

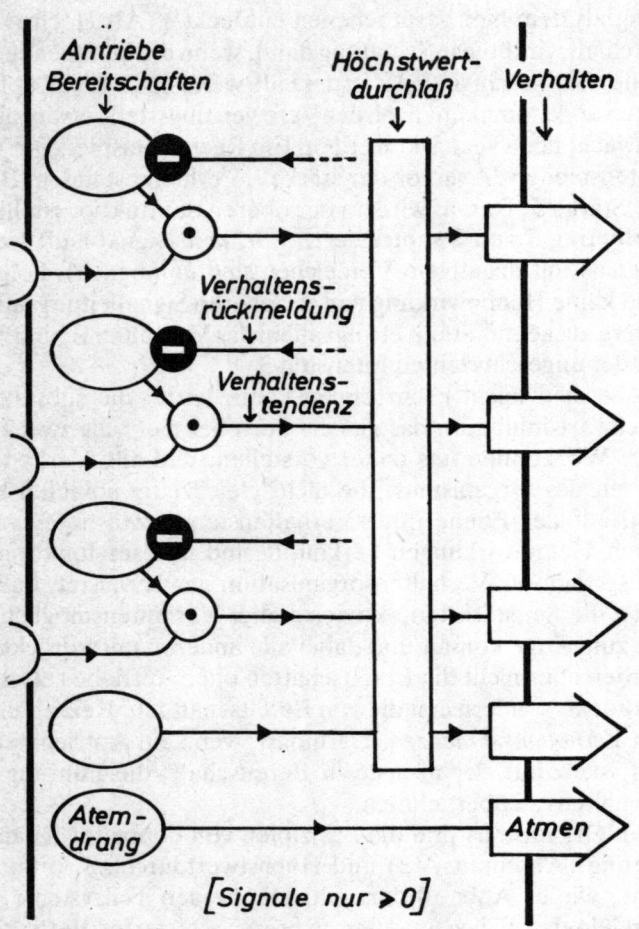

Abb. 10 Vereinfachtes idealisiertes Funktionsschaltbild für ein Teilsystem der Verhaltenssteuerung, das aus einem Nebeneinander vieler Verhaltenstendenzen ein Nacheinander der Verhaltensweisen je nach ihrer aktuellen Wichtigkeit macht. Einzelheiten bei Abb. 2 und 9, aus denen diese Abbildung kombiniert ist.

verhalten vorkommt, daß alle notwendigen Verhaltensweisen zu ihrer Zeit »drankommen«, aber auch, daß der Organismus jeweils das für ihn aktuell Wichtigste tut.

Nur eine Verhaltensweise macht bei all dem eine Ausnahme: das Atmen. Es läuft normalerweise neben allen anderen Verhaltensweisen her, ohne sie zu hemmen oder von ihnen gehemmt zu werden. Doch gilt das nicht im Falle der Atemnot, also des überstark aktivierten Atemdranges; dieser kann alle anderen Verhaltensweisen auf den zweiten Platz verweisen und allein die Führung des Verhaltens übernehmen.

A 10. Antriebssenkende und antriebssteigernde Außenreize

Die Reaktionsbereitschaft bzw. der Antrieb kann – außer vom Versorgungszustand oder vom Ablauf von Endhandlungen – auch von Sinnesreizen abhängig sein. In einigen Fällen *senken*, in den meisten *steigern* diese Sinnesreize die zugehörige Bereitschaft (»aufladende« Reizwirkung).

Antriebssenkende Reize. Viele Jungtiere, insbesondere Nestflüchter und Traglinge, lassen Rufe ertönen, wenn sie keine Anwesenheitszeichen des Muttertieres empfangen. Das weltbekannte Gössel Martina[1] äußerte nachts etwa alle 45 Minuten sein »Weinen des Verlassenseins«, das nach einer kleinen Bewegung oder einem Kontaktlaut seines »angenommenen Mutterkumpans« Konrad LORENZ sofort wieder verstummte. Entsprechendes gilt vielfach für das Weinen eines Säuglings, der seine Betreuerin nicht wahrnimmt; bewegt sie das Bettchen, spricht oder singt sie oder nimmt das Kind zu sich, so hemmt sie durch diese Anwesenheitszeichen das Weinen (sofern es sich, biologisch gesehen, um solch ein »Verlassenheits-Weinen« gehandelt hatte).

Abb. 11 zeigt – für das Beispiel des Kontaktrufs – das Organisationsschema für einen Antrieb, der durch die zugehörigen Reize *gesenkt* wird. Hier ist das spontane Ansteigen des Antriebs bei fehlenden Reizen unerläßlich, weil das eigene Rufen ja gerade beim Ausbleiben von Antwortreizen am stärksten sein muß.

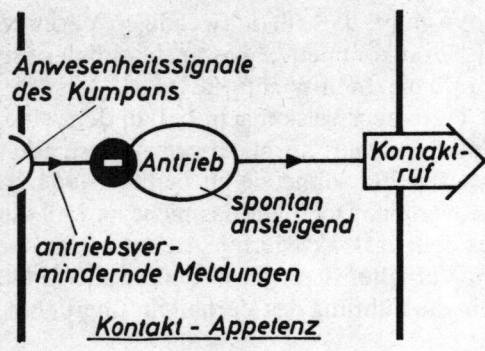

Abb. 11 Vereinfachtes idealisiertes Funktionsschaltbild für eine Antriebshandlung (Kontaktruf), die durch das *Ausbleiben* des zugehörigen Reizes ausgelöst wird.

Antriebssteigernde Reize. Zunächst zwei Beispiele aus dem Bereich der Jungenfürsorge: Ein Hamster-Weibchen hatte außerhalb seines Nestes ein Junges gefunden, das der Experimentator dort hingelegt hatte. Daraufhin trug es das Junge ins Nest, begab sich danach aber gleich wieder an dieselbe Stelle und lief dort suchend hin und her. Offensichtlich hatte der Anblick des Jungen ihre *Eintragebereitschaft* so stark angeregt, daß diese nach dem Eintragen dieses einen Jungen noch nicht abgeklungen war und nochmaliges Suchen in Gang setzte[1].

Affenjunge werden von ihren Müttern aufs sorgfältigste betreut. Dabei trägt das Verhalten der Jungen entscheidend dazu bei, daß die Betreuungsbereitschaft der Muttertiere erhalten bleibt; denn fehlen dem Muttertier die Eindrücke bzw. Reize seitens des Jungen, so verschwindet die Pflegebereitschaft im Laufe einiger Tage. Gibt man verwaiste Affenkinder zu erwachsenen Weibchen, die selbst gerade kein Junges nähren, so beginnen bei ihnen bald die Milchdrüsen aktiv zu werden und Milch zu bilden (nach Untersuchungen an Rhesusaffen)[2]. Weitere Beispiele bringt Abschnitt II E 1.

Eine besondere Domäne der außenreizabhängigen Reaktionsbereitschaft ist naturgemäß das *Feindverhalten*: Angriff und Flucht. Viele gesellig lebende Tierarten, z. B. in Kolonien brütende Möwen, haben einen »Alarmruf«: Wenn er ertönt, so steigert dieses Signal (ein Sinnesreiz) bei allen Tieren die Bereitschaft zum Angriff oder zur Flucht, und andere Verhaltensweisen werden unterdrückt. Ist ein Tier in einen Kampf verwickelt, so heißt das nicht nur, daß durch Sinnesreize Reflexe ausgelöst werden. Auch die »Bereitschaft zum Feindverhalten« erhöht sich. Das läßt sich besonders deutlich erkennen, falls die Kämpen durch irgendein Ereignis plötzlich voneinander getrennt werden, z. B. wenn einer von ihnen flieht: In diesem Fall greift dann der frühere Kämpfer häufig irgendein anderes Lebewesen an, das diesen Angriff keineswegs provoziert hatte – Zeichen einer vom vorangegangenen Kampf noch vorhandenen *Kampfbereitschaft*. – Nimmt ein vor einem Feind fliehendes Tier wahr, daß keine Chance zum Entkommen besteht, z. B. weil der Fluchtweg abgeschnitten ist oder weil der Verfolger schneller war und die kritische Distanz unterschritten hat, dann veranlaßt *diese Sinneswahrnehmung* eine Änderung der Bereitschaft: Das Tier wendet sich um und greift an (»kritische Reaktion«, Abschnitt II B). Alle diese Beispiele veranschaulichen die Möglichkeit, daß Außenreize die Bereitschaft zu Verhaltensweisen steigern können. Eine entsprechende funktionelle Verbindung ist in Abb. 12 eingezeichnet.

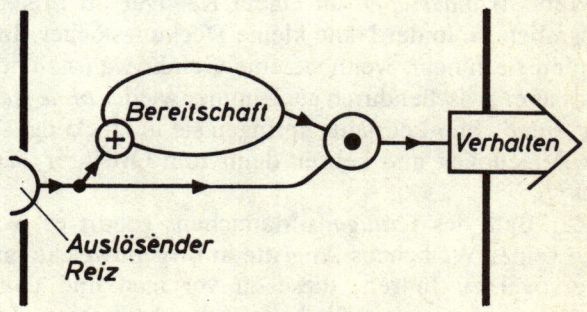

Abb. 12 Vereinfachtes Funktionsschaltbild für eine Bereitschaft, die durch Außenreize gesteigert wird.

Der systemtheoretisch interessierte Leser sei darauf hingewiesen, daß das abgebildete Teilsystem die Möglichkeit zur
Instabilität in sich trägt: Falls nämlich das ausgelöste Verhalten aus äußeren Gründen *nicht* die Außenreize mindert (Beispiel: Flucht unmöglich, ängstigende Reize bleiben also bestehen), so können Bereitschaft, Reaktion und Empfindlichkeit
in einen Teufelskreis der gegenseitigen Steigerung geraten.
Um beim Beispiel der Angst zu bleiben: Der ängstigende Reiz
steigert die Angst; die Angst steigert die Empfindlichkeit; dadurch steigert der ängstigende Reiz die Angst stärker; das steigert wieder die Empfindlichkeit noch mehr usw. Dieses Geschehen (kybernetisch: positive Rückkoppelung) könnte (mit)-
verantwortlich sein für den milieubedingten kindlichen Au-
tismus[1].

A 11. Sonderformen angeborenen Verhaltens

Einige Arten von angeborenem Verhalten haben besondere
Bezeichnungen erhalten: Leerlaufaktionen, Intentionsbewegungen, umorientiertes Verhalten und Übersprungverhalten.

Verhalten im Leerlauf. Manche Reaktionen, die an sich von
bestimmten auslösenden Reizen abhängen, finden unter Umständen auch bei Abwesenheit dieser Reize statt. Hierfür drei
Beispiele:

– Wenn *Wanderratten* an einem Kadaver im Freien tätig
sind, graben sie in der Nähe kleine Deckungslöcher. In diese
schlüpfen sie hinein, wenn sie eine Gefahr wahrnehmen. Sie
tun das aber zwischendurch auch immer wieder *ohne jeden äußeren Anlaß*: Im »Leerlauf« springen sie in Deckung, sichern
einen Augenblick und kehren dann zum Ort ihrer Tätigkeit
zurück[2].

– Zur Balz des *Graugans*-Männchens gehört es, vor den
Augen seines Weibchens Angriffe auf irgendwelche anderen
Wasservögel zu führen, diese zu verjagen und dann mit
»Triumphgeschrei« zum Weibchen zurückzukehren. Ist aber
ausnahmsweise absolut kein Angriffsobjekt in der Nähe, so
vollführt der Ganter unter Umständen alle Angriffshandlun-

gen im Leerlauf: Er greift einen nicht vorhandenen Gegner an, dreht sich um, kehrt zum Weibchen zurück und vollführt sein Triumphgeschrei[1].

– Die »Endhandlung« des Sexualvorgangs beim Mann, die Ejakulation des Samens, kommt nach längerer Enthaltsamkeit auch im Schlafe vor – ohne auslösenden Außenreiz (Pollution).

Fragt man sich bei diesen drei Verhaltensweisen nach den Gründen dafür, daß sie – außer als Antwort auf Reize – auch »im Leerlauf« vorkommen, so kommt man auf unterschiedliche Antworten: Das spontane Fluchtverhalten der Ratten könnte wohl eine eigene biologische Bedeutung haben: Die Strategie ungedeckt in freiem Gelände tätiger Tiere, von Zeit zu Zeit in Deckung zu laufen und von dort aus zu prüfen, ob die Luft rein ist, dürfte darum *als solche* in die angeborene Verhaltenssteuerung einprogrammiert sein. Das funktionelle Mittel zur Verwirklichung wäre der spontane Bereitschaftsanstieg für das Fluchtverhalten, der jeweils so weit geht, daß kein fluchtauslösender Außenreiz mehr nötig ist. – In den beiden anderen Beispielen liegt es weniger nahe, der jeweiligen Leerlaufhandlung einen eigenen Selektionswert zuzuschreiben; doch der Mechanismus dürfte der gleiche sein: Bereitschaftsanstieg so weit, daß die Schwelle zur spontanen Aktion überschritten wird. Die Leerlaufaktion wäre somit als Grenzfall des Prinzips der doppelten Quantifizierung zu verstehen: Bei extrem zunehmender Bereitschaftsstärke wird der zur Auslösung nötige Reiz schließlich gleich null bzw. so geringfügig, daß er nicht mehr nachzuweisen ist (Abb. 13). Wir haben es also mit einem in sich einheitlichen Prinzip der Verhaltenssteuerung zu tun, innerhalb dessen reaktives und spontanes Verhalten kombiniert sind.

Derartige Funktionsprinzipien sind auch in anderen Lebensprozessen verwirklicht: Beispielsweise werden die Herzmuskelzellen der Wirbeltiere und des Menschen durch bioelektrische Signale, die sie von ihren Nachbarzellen erhalten, zu ihren Kontraktionen veranlaßt. Bleiben diese Signale aus, so entsteht die Erregung (mit Kontraktion) spontan. Bei bestimmten Herzmuskelzellen ist dies sogar die Regel, nämlich

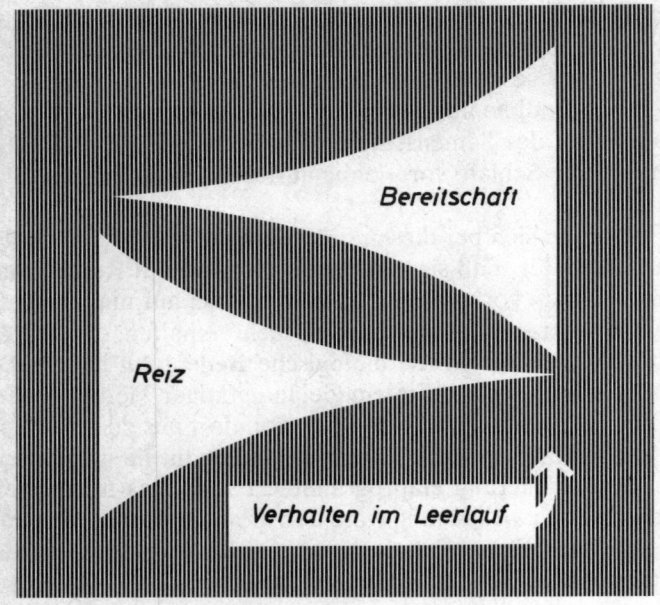

Abb. 13 Graphische Veranschaulichung: Je größer die Bereitschaft wird (von links nach rechts), desto geringere Reize genügen zum Auslösen der Reaktion. Im Extremfall der Leerlaufaktion ist überhaupt kein auslösender Reiz mehr erforderlich.

beim Schrittmacher (im Sinusknoten): Diese Zellen haben die höchste spontane Eigenfrequenz, erhalten folglich keine Signale von schneller agierenden Nachbarzellen und führen deshalb selbst den Herzrhythmus an (»Führung durch den schnellsten Prozeß«).

Intentionsbewegungen. Nähert man sich einem Singvogel, der auf einem Zweig sitzt, beunruhigt ihn aber nicht so stark, daß er wegfliegt, so kann man doch manchmal die *Andeutung* von Abflugbewegungen beobachten. Der Vogel zeigt gleichsam seine *Intention* abzufliegen, ohne es dann aber wirklich durchzuführen. – Intentionsbewegungen sind demnach beginnende Verhaltensweisen, die entweder ins eigentliche Verhalten übergehen oder aber in ihren Ansätzen steckenbleiben.

Umorientiertes Verhalten. Läuft ein Nashorn auf einen Gegner zu, der sich beim Näherkommen als zu gefährlich erweist, so kann es im Angriff innehalten und stehenbleiben; oft bearbeitet es dann mit seinem Horn anstelle des Gegners einen Termitenbau oder einen Strauch: Sein Angriff ist »umorientiert«. – Ähnlich verhalten sich kämpfende Blau- und Kohlmeisen. Sie fliegen miteinander hoch, um sich gegenseitig in der Luft anzugreifen, setzen sich zwischendurch aber etwas entfernt voneinander auf Zweige und picken leidenschaftlich auf die Unterlage. – In besonderen Fällen kann ein Verhalten seine Zielrichtung sogar gleichsam um 180° ändern und auf den eigenen Körper zurückwirken. Beispielsweise saugen hungrige Affenbabies an ihren Fingern, verängstigte beißen in den eigenen Arm (Abschnitt IV A 3).

Umorientiertes Verhalten ist damit gekennzeichnet als Reaktion, die ihre ursprüngliche *Richtung* nicht beibehält, sondern auf ein Ersatzziel *umgelenkt* wird. Es gehört somit zu den Reaktionen auf Ersatzobjekte (Abschnitt I A 3); zusätzliches Merkmal ist aber die ausgeprägte *Richtungsänderung* der Reaktion.

Übersprungverhalten. Bei vielen Vögeln lösen sich die beiden Eltern gegenseitig beim Brüten ab, meist zu bestimmten Tageszeiten. Der Antrieb zum Brüten ist hormonell bedingt; er geht mit körperlichen Erscheinungen einher, z. B. dem Federloswerden bestimmter Stellen an der Bauchhaut, den »Brutflecken«. Nun kann es vorkommen, daß eine Möwe anfliegt, um den Gemahl beim Brüten abzulösen, daß dieser aber nicht fortgeht. In diesem Fall drängt die anfliegende Möwe den Ehepartner manchmal einfach mit Gewalt vom Gelege. Das eben angeflogene, noch nicht zum Brüten zugelassene Tier kann aber auch etwas tun, das aus dem Rahmen fällt: Es vollführt Nestbauhandlungen, obwohl das zur Zeit der Brut längst nicht mehr notwendig ist; es fliegt beispielsweise fort und holt Nistmaterial[1]. – Dies ist ein Beispiel für *Übersprungverhalten.* Aus allen Umständen – Tageszeit der Brutablösung, gleich danach erfolgendes und dann eventuell »mit Gewalt« durchgesetztes eigenes Brüten – ist zu entnehmen, daß bei dem anfliegenden Tier eigentlich der Antrieb *zum Brüten* aktiviert ist, nicht etwa der zum Nestbau, schon weil die Zeit dafür längst vorbei ist; das Tier würde sich sofort auf die Eier setzen, wenn diese frei wären. Das Tier ist also in einem Konflikt zwischen dem Drang zum Brüten und einer Hemmung, dem noch brütenden Ehepartner zu nahen. Darauf vollführt das Tier eine Handlung aus *einem ganz anderen Verhaltensbereich*: weder Brüten, noch Sozialkontakt zum Partner, sondern Nestbau.

Bei manchen Säugetieren, vornehmlich bei Affen, löst der Konflikt zwischen Angriffs- und Fluchttendenz – subjektiv: zwischen Wut und Angst – vielfach sexuelle Erregung aus, zumindest bei männlichen Tieren, an denen man dies äußerlich leicht erkennen kann (Erektion). Als wildlebende Schimpansen auf ihrem täglichen Weg zu einer Nahrungsquelle plötzlich einen (vom Experimentator A. KORTLANDT[1] dorthin gebrachten) ausgestopften Leoparden erblickten, gerieten sie in höchste Erregung, hielten sich aber in angemessener Entfernung; sie schrien, sprangen wild herum, rissen Zweige von Sträuchern, und bei mehreren der Männchen zeigte sich sexuelle Erregung.

Enthemmungs-Hypothese. Läßt sich das Übersprungverhalten aus schon zuvor beschriebenen Funktionszusammenhängen herleiten und verstehen? Wie in Abschnitt A 9 dargestellt, hemmen sich die verschiedenen Verhaltensweisen gegenseitig mit dem Effekt, daß die jeweils stärkste von ihnen das gesamte Verhalten beherrscht. Sind nun die beiden stärksten Verhaltenstendenzen gerade gleich stark, so hemmen sie sich gegenseitig; beider Intensität muß folglich abnehmen, damit aber auch ihre Hemmwirkung auf alle übrigen Verhaltenstendenzen. Es ist nun denkbar, daß diese Schwächung der Hemmung diejenige Verhaltenstendenz zum Durchbruch kommen läßt, die als drittstärkste aktiviert war. Zumindest vermutet dies die *Enthemmungs-Hypothese* des Übersprungverhaltens von VAN IERSEL und BOL[2]. Sie ist in Abb. 14 dargestellt. Eine quantitative Theorie der Enthemmungs-Hypothese existiert jedoch noch nicht.

Übersprung-Hypothese. Die in den Anfängen der Verhaltensforschung ausgebildete *Übersprung-Hypothese*[3], der das Übersprungverhalten auch seinen Namen verdankt, lautet an-

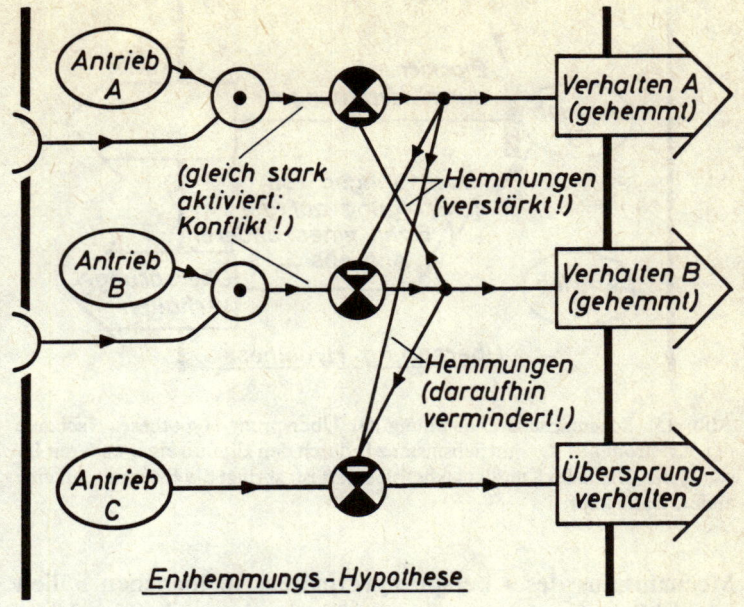

Enthemmungs - Hypothese

Abb. 14 Darstellung der Enthemmungshypothese des Übersprungverhaltens. Antrieb A und Antrieb B sind beide gleich stark aktiviert. Sie hemmen sich gegenseitig, dadurch werden die Verhaltenstendenzen A und B schwächer. Folglich verringert sich auch ihre Hemmung auf die anderen Verhaltenstendenzen, und der an sich geringere Antrieb C setzt sich im Verhalten durch.

ders: Nach der damaligen Vorstellung stellt der Antrieb ein Reservoir von Erregungspotential dar, das die Endhandlung speist und dadurch selbst entleert wird. Wird die Handlung verhindert, so ist der Ausstrom blockiert. Die Erregung springt auf eine andere Bahn über und äußert sich in dem zu dieser Bahn gehörigen Verhalten. – Diese Vorstellung ist in Abb. 15 schematisch dargestellt.

Nach der Enthemmungs-Hypothese wäre eine Übersprunghandlung »autochthon«, d. h. von der ihr zugehörigen Erregung gespeist; nach der Übersprung-Hypothese dagegen ist das Übersprungverhalten »allochthon«, es wird von einer fremden Erregung in Gang gesetzt. – Daß der *Enthemmungs-*

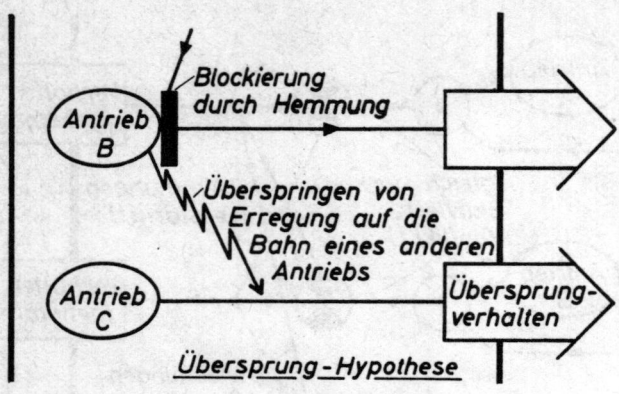

Abb. 15 Schematische Darstellung der Übersprung-Hypothese. Nachdem der Ausstrom aus der Antriebsinstanz B durch den Einfluß einer anderen Instanz, mit der sie im Konflikt steht, blockiert ist, springt die Erregung auf eine andere Bahn über.

Mechanismus des Übersprungverhaltens in manchen Fällen verwirklicht ist, kann wohl als sicher gelten; ob in anderen Beispielen der Übersprung-Mechanismus verwirklicht ist, läßt sich zur Zeit noch nicht beurteilen.

A 12. Aktivitätsperiodik, innere Uhr

Es gibt kaum ein höheres Lebewesen, dessen Aktivität nicht irgendwie im Zusammenhang mit dem Tageslauf gegliedert wäre: Die Tagfalter fliegen bei Tage, die Schwärmer während der Dämmerung, die Nachtfalter bei Nacht. Die Fledermäuse sind abends und nachts aktiv und schlafen am Tage; Raubvögel jagen tags, Eulen in der Nacht. Unter den Pflanzen gibt es viele, deren Blätter tags und nachts verschieden gestellt werden. – Richten sich die Organismen bei der Einteilung ihres Tageslaufs nach äußeren Zeitgebern, etwa nach Sonnenauf- und -untergang, oder besitzen sie den Zeitmaßstab in sich? Das Experiment der Wahl, um dies zu entscheiden, besteht darin, die Organismen in *zeitlich konstante Bedingungen* zu versetzen, so daß keine Zeitgeber mehr da sind, nach denen sie sich richten können, und dann zu beobachten, ob die Aktivitätsperiodik erhalten bleibt.

Einzelne Mäuse wurden in Käfigen gehalten. Ihnen stand stets ein Überfluß von Nahrung und Getränk zur Verfügung, so daß keine bestimmten Fütterungszeiten als Zeitgeber dienen konnten. In den Käfigen herrschten stets gleiche Beleuchtungsverhältnisse. Die Lufttemperatur wurde auf ½° konstant gehalten. Die Käfige waren schalldicht von der Umgebung abgeschirmt. So konnte keine Ab- und Zunahme der Helligkeit, der Temperatur oder des Geräuschpegels als Zeitgeber für die Mäuse dienen. Auch zeigte sich kein Mensch als Beobachter an den Käfigen: Die Aktivität der Tiere wurde automatisch – durch Messung und Aufzeichnung kleinster Schwingungen des Käfigs – registriert. Die Tiere lebten also vollkommen unbeeinflußt in einer zeitlich konstanten Umwelt. Sie konnten sich ihren Tag nach Belieben einteilen, konnten wachen und schlafen, wann sie wollten. Dieses Experiment der »zeitgeberlosen Existenz« hatte folgende Ergebnisse[1]:

1. Die Mäuse offenbarten weiterhin einen ausgeprägten Rhythmus von Ruhe und Aktivität. Es war dies kein Nachklingen eines Rhythmus, der ihnen etwa früher aufgeprägt worden war, sondern erwies sich als erblich festgelegt: Drei Generationen von Mäusen wurden in der geschilderten Weise ohne Zeitgeber gezüchtet, und immer zeigte sich der gleiche Rhythmus wie zuvor. – Besitzen die Versuchstiere also einen inneren Zeitmaßstab, oder war trotz aller Vorsicht irgendein äußerer Zeitgeber nicht ausgeschaltet? Dies entschied sich durch das zweite Ergebnis:

2. Der von den Mäusen selbst gestaltete Tag war nicht mehr genau 24 Stunden lang! Von sechs Mäusen, die unter Dauerlicht gehalten wurden, verhielt sich jedes Exemplar etwas anders: Keine Maus zeigte eine Periodik von genau 24 Stunden. Drei Tiere bestimmten ihren Rhythmus zu 25 bis 25¼ Stunden, die drei anderen zu 25¼ bis 25½ Stunden. Die inneren Uhren der verschiedenen Mäuse hatten also unterschiedliche Ganggeschwindigkeiten! Dadurch war gesichert: Es wirkt kein unbemerkt gebliebener »universeller« Zeitgeber. Denn

es ist undenkbar, daß für jede Maus ein anderer derartiger Zeitgeber gültig wäre.

3. Die innere Uhr läßt sich durch Außenbedingungen in ihrer Ganggeschwindigkeit beeinflussen: Im Dauer*licht* ist die Zeiteinheit der Mäuse länger; im Dauer*dunkel* geht ihre Uhr schneller. Von sieben Mäusen im Dauer*dunkel* zeigte keine eine Periodik von 24 Stunden oder mehr: Der Tagesrhythmus dreier Tiere lag zwischen 23 und 24 Stunden, der von vier Tieren zwischen 22 und 23 Stunden. Man konnte also die Ganggeschwindigkeit der Uhr durch Dunkelheit erhöhen. – Allgemein scheint die Regel zu gelten: Gibt man diejenigen Beleuchtungsverhältnisse dauernd, bei welchen ein Tier normalerweise aktiv ist, so beschleunigt dies seine Uhr; gibt man ihm die Beleuchtung, bei der es normalerweise ruht, so verlangsamt dies den Gang der »inneren Uhr«. Deswegen geht bei Mäusen die Uhr bei Dauerlicht langsamer, bei Dauerdunkel schneller; bei Eidechsen – diese sind Tagtiere – ist es umgekehrt (»ASCHOFFsche Regel«).

Ihre vom astronomischen Tageslauf unabhängige Ganggeschwindigkeit offenbart die innere Uhr der Tiere jedoch nur, wenn die Tiere ohne Zeitgeber sich selbst überlassen sind. Sonst wird der Lauf täglich durch die natürlichen Zeitgeber – wie z. B. Sonnenauf- und -untergang – korrigiert. Wie weit geht der Einfluß dieser äußeren Zeitgeber? Versetzt man Mäuse in eine künstliche Beleuchtungsperiodik von kürzeren oder längeren »Tagen«, so zeigt sich: Bis zum 21- und 27-Stundentag paßten sich die Mäuse den abnormen Tageslängen an; bei noch kürzerem oder noch längerem Kunsttag machten sie sich vom künstlichen Hell-Dunkel-Wechsel frei und folgten ihrem inneren Rhythmus von – unter diesen Bedingungen – rund 25 Stunden.

Wenn eine innere Uhr vorhanden ist, so können manche Organismen mit ihrer Hilfe auch lernen, zu bestimmten Tageszeiten etwas Bestimmtes zu tun (»Zeitsinn«). Hat man *Bienen* mehrfach zu einer bestimmten Tageszeit an einem bestimmten Ort gefüttert, so suchen sie dort auch weiterhin *nur zu dieser Zeit* nach Nahrung. Transportiert man sie mit dem Flugzeug unter einen anderen Längengrad, so richten sie sich zumindest am ersten Tag nicht nach den Zeitgebern des neuen Ortes, sondern folgen den Weisungen ihrer weiterlaufenden inneren Uhr[1].

Auch der Mensch ist in seinem Verhalten von einer inneren Uhr beeinflußt. Im Experiment der »zeitgeberlosen Existenz« erweist sich bei den meisten die »physiologische Tageslänge« als etwas länger als 24 Stunden. In Abhängigkeit von der Tagesperiodik schwanken beim Menschen viele physiologische Werte, z. B. die Körpertemperatur, die Harnbildung und der Gehalt mancher Hormone im Blut. Da dies auch für Tiere gilt, muß jeder, der physiologische Untersuchungen an Tieren oder Menschen macht, mit der Möglichkeit rechnen, daß seine Daten von der Tageszeit abhängig sind, weil sie von der »physiologischen Uhr« beeinflußt werden. Der Zwang zu einem von der 24-Stunden-Periodik stark abweichenden Verhaltensrhythmus kann im Laufe der Zeit zu schweren neurovegetativen Störungen führen, z. B. bei den Besatzungen interkontinentaler Düsen-Verkehrsmaschinen. – Sitz, Wesen und Funktion der physiologischen Uhr in Tieren und Pflanzen sind trotz fieberhafter Forschung heute noch unbekannt.

Aktivitätsperiodik im Stundenbereich. Nicht nur der Tages-Rhythmus gliedert das Verhaltensgeschehen der Lebewesen; auch kürzerdauernde regelmäßige Perioden kommen vor. Hier liefert der *menschliche Säugling* das bestuntersuchte Beispiel, und zwar im endogenen Rhythmus seines Nahrungsverlangens[2].

Hat ein Säugling eine Mahlzeit erhalten, ist er zufrieden eingeschlafen und wird von seiner Mutter nicht geweckt, so erwacht er doch in der Regel von sich aus nach 3½ bis 4½ Stunden und meldet sich. Erscheint dann die Mutter nicht, so fängt er an zu weinen. Die Mutter nimmt dies mit Recht als ein Zeichen dafür, daß er Hunger hat, und der Säugling bestätigt das: Er trinkt begierig und sinkt danach wieder in ruhigen Schlaf. Füttert eine Mutter den Säugling regelmäßig »nach Bedarf«, also immer, wenn dieser es will, so wiederholt sich dieses Geschehen, und die Mahlzeiten folgen beim jungen Säugling durchgehend etwa alle 4 Stunden aufeinander, also 6-mal in 24 Stunden. Hier liegt die Deutung nahe: »Hunger und Sättigung zerlegen das Leben des jungen Säuglings in mehr oder weniger regelmäßige Zeitabschnitte«[1].

Doch die Vorstellung, Hunger und Sättigung seien die eigentlichen Zeitgeber für den Aufwachrhythmus des Säuglings, hat sich in jüngster Zeit als unrichtig erwiesen[2]. Zwar kann starker Hunger einen Säugling wecken; aber bei normal verlaufender Ernährung hängt das Aufwachen im 4-Stunden-Rhythmus nicht jedesmal vom ansteigenden Hunger ab, sondern vom Gang einer *inneren biologischen Uhr*. Diese besitzt eine Periodendauer von etwa 4 Stunden. Die genaue Periodik ist aber von Säugling zu Säugling verschieden und kann zwischen dreieinhalb und 5 Stunden liegen. Im Regelfall weckt diese innere Uhr den Säugling. Ihre Laufzeit und die jeweilige Trinkmenge sind so eingerichtet, daß sie die zuträgliche Ernährung des Säuglings gewährleisten.

Diese Auffassung beruht u. a. auf folgendem Befund: Wenn man einen Säugling bereits 2 Stunden nach einer normalen Nahrungsaufnahme aus dem Schlafe weckt und ihm Milch bietet, dann nimmt er nicht so viel zu sich wie nach einer *vier*stündigen Pause. Nach der Mahlzeit schläft der Säugling ein. Wann wird er wieder aufwachen? Nach 4 Stunden, also der sonst üblichen Pausendauer, oder schon nach 2 Stunden, was einer unabhängig von der Einzelmahlzeit durchlaufenden Periodik entspräche? Die Erfahrung zeigt: Der Säugling wacht nach 2 Stunden wieder auf und verlangt nach Nahrung. Eine Zwischenmahlzeit, auch wenn sie das in zwei Stunden entstandene Stoffwechseldefizit auffüllt, läßt die durchlaufende Periodik unbeeinflußt.

Der Organismus verlangt im ersten Lebensmonat seine Nahrung etwa alle 4 Stunden *rund um die Uhr*. Das Nahrungsbedürfnis des neugeborenen Säuglings ist in der Nacht nicht reduziert! Eine Nachtpause gleich nach der Geburt einzulegen oder aufzuzwingen entspricht dem Bedürfnis des Organismus nicht. Später aber beginnt der Säugling von selbst mit einer längeren Nachtpause. Dies geschieht nicht schrittweise durch Verlängern der jeweils in die Nacht fallenden 4-Stunden-Pausen, sondern in einem großen Sprung durch das Auslassen einer Mahlzeit – derjenigen, die gerade in die Nacht fällt. Dadurch entsteht auf einen Schritt eine freiwillige 8-Stunden-Pause. Einige Wochen später lassen die nach Bedarf gestillten Säuglinge noch eine zweite Nachtmahlzeit aus, so daß sich die aus eigenem Antrieb eingehaltene Nachtpause auf durchschnittlich 12 Stunden verlängert. – Diese Beschreibung gilt für den ungestörten Regelfall. Die Zeitangaben gelten nicht ganz genau; doch das Häufigkeitsdiagramm der Intervalle zwischen den Mahlzeiten zeigt ganz klare Gipfel bei 4, bei 8 und bei 12 Stunden. – Es sei noch nachgetragen, daß der 4-Stunden-Rhythmus vermutlich nicht, wie man zunächst annahm, einen Unterrhythmus der 24-Stunden-Periodik darstellt: Gelegentlich setzt die beschriebene Nachtpause (als Ausdruck der 24-Stunden-Periodik) schon ein, bevor sich der 6mal-4-Stunden-Rhythmus auf *genau* 24 Stunden synchronisiert hat. Dann springt die Nachtpause gelegentlich von einer zur nächsten 4-Stunden-Periode. Hierin liegt ein Beweis dafür, daß beide Rhythmen selbständig sind und im Verhältnis zueinander »frei laufen« können. – All dies läßt sich ermitteln, wenn die Säuglinge über Wochen und Monate immer dann gefüttert werden, wenn sie es selbst verlangen.

Die beschriebenen Zusammenhänge machen auf den ersten Blick einen komplizierten Eindruck. Auf funktioneller Ebene, also in der Sprache der Funktionsschaltbilder, sind die Verhältnisse viel einfacher: Das in Abb. 8 auf Seite 34 dargestellte Regelsystem braucht lediglich durch zwei unabhängige Periodengeber ergänzt zu werden, deren Signale sich den Meldungen des Fühlers additiv überlagern (Abb. 16). Geringe relative Amplitudenänderungen der Schwingungen reproduzieren alle beschriebenen Zusammenhänge.

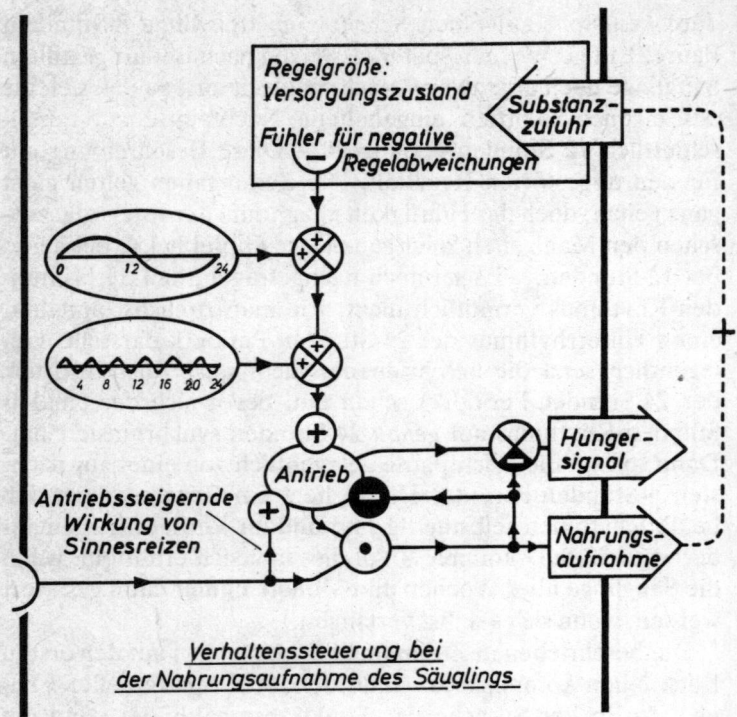

Abb. 16 Vereinfachtes idealisiertes Funktionsschaltbild für die Steuerung des periodischen Nahrungsverlangens des Säuglings und das Eintreten einer Nachtpause von 8 oder 12 Stunden. Die beiden Ellipsen mit den eingezeichneten Schwingungen im 24-Stunden-Rhythmus (oben) und im 4-Stunden-Rhythmus (unten) geben Signale nach rechts ab, deren Betrag dem jeweils gerade bestehenden Amplitudenwert der Schwingung entspricht. – Zusätzlich ist berücksichtigt, daß der Säugling nach dem Erwachen zunächst ein Hungersignal gibt; dieses wird aber gehemmt, sobald die Gelegenheit zum Trinken gegeben ist. Nach MORATH (1977) verändert.

B. Erfahrungsbedingtes Verhalten (Lernen)

Kommt ein Lebewesen mehrmals in gleichartige Lebenssituationen, so kann es sich in den Wiederholungsfällen entweder genauso wie beim erstenmal oder aber anders verhalten. Treten Verhaltensänderungen auf, so können sie unbeständig sein – etwa wenn sie auf Ermüdung oder vorübergehender Erregung beruhen. Sind Verhaltensänderungen dagegen für längere Zeit beständig, so betrachtet man sie als Ergebnis von *Lernen.*

Die Sprache des täglichen Lebens bezeichnet bisweilen auch das *Reifen* von Verhaltensweisen als »Lernen« und spricht z. B. vom »Fliegenlernen« junger Vögel. Hierbei ist es jedoch nicht die frühere *Erfahrung*, welche die Verhaltensänderung nach sich zieht, sondern die *organische Entwicklung*; das Flugvermögen junger Vögel reift auch, wenn ihnen die Gelegenheit zum »Üben«, d. h. zum Gewinnen von Erfahrung, vor dem ersten Flugversuch versagt bleibt. Auch beim Menschen bilden sich manche Fähigkeiten nicht durch Lernen aus, sondern durch Reifung.

Angenommen, ein Tier habe eine Erfahrung gemacht, z. B. ein Pferd sei einmal an einer bestimmten Wegstrecke erschreckt worden: Seitdem scheut es jedesmal, wenn es hier vorbeikommt. Also hat sich etwas in seiner Verhaltenssteuerung geändert. Eine Gedächtnisspur des vorangegangenen Erlebens, ein *Engramm*, muß entstanden sein, und dieses bedingt nun ein neuartiges Verhalten. Welcher Natur sind Engramme? Entschieden ist das zur Zeit (1979) noch nicht.

Teleonomische Betrachtungsweise. Eigenschaften und Fähigkeiten von Lebewesen sind so beschaffen, daß sie das Überleben der Art in deren natürlicher Umwelt ermöglichen: Der *teleonomische* Aspekt einer Betrachtung besteht darin, zu ermitteln und zu beschreiben, *inwiefern* die gegebenen Eigenschaften zum erfolgreichen Überleben beitragen. Dabei wird jedoch nicht (wie bei der teleo*logischen* Betrachtungsweise) vorausgesetzt, daß eine *vorgegebene Tendenz zur Erfüllung der biologischen Aufgaben* bei der *Entstehung* der betreffenden Eigenschaften mitgewirkt haben müsse. – In der folgenden Besprechung der verschiedenen Arten von Lernvorgängen soll mehrmals deren teleo*nomischer* Aspekt zum Ausgangspunkt dienen.

Eine erste allgemeine teleonomische Überlegung lautet: Für die Lebewesen läge kein Vorteil darin, unterschiedslos alles in ihrem Gedächtnis zu speichern, was ihnen an Wahrnehmungen begegnet und was sie an Verhaltensweisen durchführen. Vielmehr ist zu vermuten, daß die Lebewesen bevorzugt solche Informationen aus ihren Wahrnehmungen und über ihr eigenes Verhalten speichern, die später zum Überleben in ihrer Umwelt beitragen können. Welche funktionellen Prinzipien des Lernens wären dazu geeignet?

B 1. Bedingter Reflex

Schnelle Schutzreflexe – wie das reflektorische Zurückziehen der Hand bei schmerzhafter Berührung oder das Schließen der Augenlider bei einem plötzlichen Luftstrom auf die Hornhaut des Auges – sind auslösbar durch Schmerzreize oder durch andere Sinnesmeldungen, die eine Gefährdung des betreffenden Körperteils anzeigen (Abschnitt A 2). Die Schutzreflexe entfernen das gefährdete Organ aus dem Gefahrenbereich, oder sie schützen es auf sonstige Weise. Werden nun Reize, die einen Schutzreflex auslösen, *regelmäßig durch bestimmte andersartige Wahrnehmungen angekündigt*, so erscheint es sinnvoll, diese Beziehung auszunutzen und *bereits auf diese ankündigenden Wahrnehmungen* mit dem Schutzreflex zu antworten; denn dann könnte die schützende Reaktion womöglich rechtzeitiger erfolgen und darum wirksamer sein.

Damit ist – zunächst hypothetisch – ein erstes spezielles teleonomisches Prinzip formuliert, das einen bestimmten Lernvorgang funktionell sinnvoll erscheinen ließe. Diesem teleonomischen Prinzip entspricht eine tatsächlich bestehende Lernweise, die des *bedingten Reflexes*. – Es folgen zwei Beispiele, in denen man bedingte Reflexe unter kontrollierten Laboratoriumsbedingungen entstehen ließ:

Bedingter Lidschlußreflex. Dicht vor dem Auge einer Versuchsperson oder eines Versuchstieres wird eine feine Düse angebracht, aus der kurze Luftstöße austreten können, die auf die Hornhaut des offenen Auges treffen. Ein solcher Luftstrahl löst, wenn er stark genug ist, einen angeborenen Schutzreflex des Auges aus: den schon erwähnten Lidschlußreflex. Die *Reflexzeit* (Zeitintervall zwischen Reiz und Reaktion) beträgt dabei 0,25 bis 0,4 sec. *Akustische* Reize (falls sie nicht überlaut sind), z. B. ein Summerton, lösen keinen Lidschluß aus. Folgt aber auf bestimmte akustische Reize häufig oder regelmäßig ein reflexauslösender Luftstrahl, so reagiert das Nervensystem auf diese wiederholte Erfahrung, indem es einen *neuen Reflexzusammenhang* entstehen läßt: Auch dem Gehörsreiz, z. B. dem Summerton, wird nun die Fähigkeit zuteil, fortan den Lidschlußreflex auszulösen – selbst wenn der Luftstrahl *nicht* folgt. Man kann das so deuten: Das Nervensystem hat gleichsam zur Kenntnis genommen, daß der an sich neutrale akustische Reiz mehrfach einem reflexauslösenden Reiz vorausging, ihn also *ankündigte*. Es reagiert mit der Ausbildung einer neuen »Reflexschaltung«. Diese bewirkt, daß fortan bereits der *ankündigende* Reiz die Reflexantwort auslöst. Das kann vorteilhaft sein, weil dann der Organismus bereits früher reagiert.

Bedingter Rückenmarksreflex. Nicht nur das Gehirn, sondern auch das Rückenmark ist fähig zur Bildung bedingter Reflexe. Auch hier ist es der *zeitliche Zusammenhang*, auf welchen der Organismus mit der Bildung funktioneller Verbindungen antwortet. Berührt man den Fuß eines Frosches, so zieht er die berührte Extremität zurück; dies ist ein Schutzreflex vom Typ der polysynaptischen Reflexe (Fremdreflexe). Berührt man nun jedesmal gleichzeitig auch irgendeine andere Hautpartie, etwa des Rumpfes, so bildet sich im Laufe der Wiederholungen ein bedingter Reflex aus, der darin besteht, daß schließlich allein die Berührung der Rumpfhaut das Zurückziehen des Beines auslöst. Daß hieran nur das Rückenmark beteiligt zu sein braucht, ergibt sich daraus, daß sich die bedingten Reflexe im Experiment auch bei chirurgisch durchtrennter Verbindung zwischen Gehirn und Rückenmark bilden können[1].

Das *allgemeine Prinzip eines bedingten Reflexes* läßt sich hiernach wie folgt formulieren: Geht dem auslösenden Reiz für einen Reflex, insbesondere einen Schutzreflex, mehrfach ein sonst neutraler Reiz unmittelbar voraus, so kann dies einen Lernvorgang verursachen mit dem Ergebnis, daß fortan auch der zunächst nur ankündigende Reiz die Reaktion auslöst. – Eigentlich ist das eine erstaunliche Lebenserscheinung: Zunächst kann ein bestimmter Reiz eine Reaktion nicht auslösen, und später kann er es. Es muß sich also etwas im Zentralnervensystem geändert haben. Aber dafür, daß diese Änderung vor sich geht, ist nichts Materielles und kein Energiebetrag, sondern ein *Zeitverhältnis* maßgebend. Entscheidend sind nicht die Reize an sich; denn wenn sie in anderen Zeitverhältnissen eintreffen, z. B. der sekundäre Reiz *später* als der primäre, dann bildet sich der bedingte Reflex *nicht*. Das ist biologisch gesehen überaus sinnvoll; doch ist damit noch nicht erklärt, wie der Organismus das Kunststück fertigbringt, ein *Zeitverhältnis* zur Ursache für eine biologisch sinnvolle *Strukturänderung* im verhaltenssteuernden Teil des Zentralnervensystems zu machen.

Folgender Schluß ist zwingend: Es muß Stellen im Zentralnervensystem geben, die auf das zeitlich zusammenhängende Eintreffen von Signalen zweier Bahnen empfindlich sind und daraufhin eine bleibende signalleitende Verbindung zwischen den beiden Bahnen entstehen lassen. Dies ist auf Abb. 18 dargestellt. – Im folgenden soll ausführlich – und zum Teil in mathematischer Sprache – dargelegt werden, wie man zu dieser Folgerung kommt. Die mathematische Formulierung ist notwendig, weil wir uns jetzt dem Überschneidungsgebiet von Instinktlehre (Ethologie) und Lerntheorie (Behaviorismus) nähern und eine Sprache ohne theoriengeprägte Fachausdrücke brauchen. Wer für solche mehr theoretischen Überlegungen jedoch weniger Interesse hat, möge nur noch den folgenden Absatz über die notwendigen Fachausdrücke lesen und dann gleich zum nächsten Abschnitt über die bedingte Appetenz (B 2) übergehen. Die folgenden Überlegungen sind gedacht für denjenigen, der die jahrzehntelangen Kontroversen zwischen Ethologie und Behaviorismus sowie zwischen Psychoanalyse und Verhaltenstherapie kennt und sich ein genaues Bild darüber machen will, wie weit die gemeinsame Wahrheit reicht.

Fachausdrücke der Lerntheorie. Der ursprünglich auslösende Reiz oder »primäre Reiz« wird in der Lerntheorie auch »unbedingter Reiz« S_u genannt (Buchstabe S von stimulus = lat. Reiz). Den zunächst nur ankündigenden, später dann sekundär auch selbständig die Reaktion auslösenden Reiz bezeichnet man als »sekundären« oder (besonders *nach* dem Lernen) als »bedingten Reiz« S_b. *»Bedingt«* bedeutet in der Lerntheorie stets *»erfahrungsbedingt«.* Die *zeitliche Nachbarschaft* von sekundärem und primärem Reiz, die für die Bildung von bedingten Reflexen notwendig ist, nennt man *Kontiguität.* Es handelt sich dabei nicht um genaue Gleichzeitigkeit, sondern um einen geringen Zeitabstand: zuerst der sekundäre (weil ankündigende), dann kurz danach der primär auslösende Reiz.

Vereinfachte Voraussetzungen für die mathematische Darstellung. Für die mathematischen Darstellungen sollen einige Vereinfachungen gelten. Diese können bei realen Lernvorgängen zutreffen, brauchen es aber nicht. Sie seien hier und auch bei allen folgenden Lernprinzipien angewendet, weil sie besonders einfache Formulierungen gestatten, ohne dabei das Prinzipielle zu beeinträchtigen, auf das es bei den behandelten Lernarten ankommt. Die Vereinfachungen lauten:

– Es seien nur die beiden Zustände »nicht gelernt« und »gelernt« vorgesehen

– bereits ein einziger Lernschritt führe vom ungelernten Vor-Zustand zum vollen »Können« (von der *Lern*phase zur *Kann*phase)

– die Reiz- und Reaktionsstärken sowie sonstige Variablen sollen nur die Werte null und 1 (eventuell auch −1) annehmen können

– zeitliche Übergänge von einem zu einem anderen der zugelassenen Werte sollen trotzdem nicht als sprunghaft gelten, d. h. der Verlauf der Änderungen gilt mathematisch als *differenzierbar*

– bei den zu verknüpfenden Sinnesmeldungen handele es sich jeweils um Signale einzelner Sinneselemente. (Beim

Übergang zu *komplexen Wahrnehmungen* vieler Sinneselemente sind Auswertungsinstanzen dazwischengeschaltet, zu denken ähnlich den AAM-Instanzen auf Abb. 4 und 5!)

Mathematische Formulierung des Bildungsvorgangs eines bedingten Reflexes. Abb. 17 zeigt oben das Lernsystem als »black box«, d. h. als System mit unbekannter Innenstruktur. Nur die Zeitabstände zwischen den Reizen und der Reaktion sind durch Symbole angedeutet. Die Bedeutung aller Zeichen ist auf der Abbildung angegeben.

Bedingter Reflex

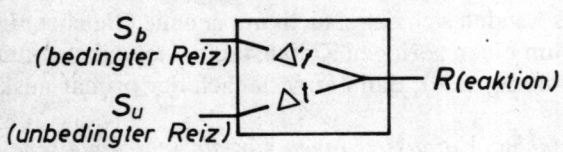

$$R(t) = \begin{cases} 1, \text{ falls } S_u\,(t-\triangle t)=1 \\ 1, \text{ falls } S_b\,(t-\triangle't)=1 \;\wedge\; \exists\, t_b<t \\ \quad \text{mit } S_u\,(t_b)=1 \wedge S_b\,(t_b-\triangle''t)= \\ 0 \text{ sonst} \end{cases}$$

$\triangle t \equiv$ *Reflexzeit des unbedingten,*

$\triangle't \equiv$ *des bedingten Reflexes;*

$\triangle''t \equiv$ *Kontiguitäts - Zeitintervall*

$t_b \equiv$ *Lernzeitpunkt*

$\wedge \equiv$ *logisches „und";* $\exists \equiv$ *es gibt*

Abb. 17 Eingangs- und Ausgangsvariablen (oben) sowie funktionelle Beziehungen beim bedingten Reflex. Als »Lernzeitpunkt« ist hier formal der Augenblick des Eintreffens des unbedingten Reizes, dem der bedingte Reiz voranging, definiert, also nicht der etwas spätere, noch unbekannte Zeitpunkt, zu dem sich im Zentralnervensystem (ZNS) die signalleitende Verbindung bildet.

Unter der black box steht in mathematischen Zeichen folgendes: Eine Reaktion R zur (beliebigen) Zeit t ist 1 (d. h. *»sie erfolgt«*),

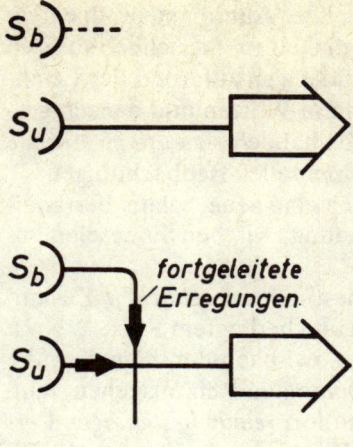

Abb. 18 Idealisiertes vereinfachtes Funktionsschaltbild für unerläßliche Vorgänge der Signalübertragung und der Datenspeicherung beim bedingten Reflex. Abkürzungen siehe Abb. 17. Phase 1 zeigt den Zustand vor dem Lernen: keine unmittelbare Verbindung zwischen dem bedingten Reiz und der Reaktion. Phase 2 veranschaulicht die gleichzeitige Ankunft physiologischer Signale an dem für die Koinzidenz empfindlichen Ort im Zentralnervensystem. Phase 3 kennzeichnet die »Kannphase« des Systems: Sowohl der angeborene auslösende Reiz als auch der bedingte Reiz vermögen je allein den Reflex auszulösen. – Die Abkürzung S steht nicht nur für *Reiz*, sondern auch für *Reizmuster*.

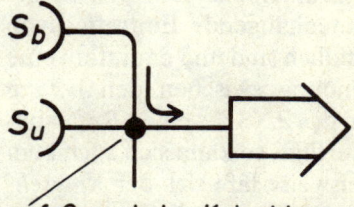

auf Grund der Koinzidenz der Erregungen entstandene signalleitende Verknüpfung

– falls ein *unbedingter Reiz* S_u (und zwar zu dem um die Reflexzeit Δt früheren Zeitpunkt) eintraf, oder

– falls zuvor der *bedingte Reiz* S_b eintraf und es in der Vergangenheit einen Lernzeitpunkt gab, an dem der unbedingte Reiz und *kurz davor* (Kontiguitäts-Zeitintervall!) der bedingte Reiz empfangen worden waren (d. h. also: »falls die notwendige Erfahrung gemacht wurde«)

– *sonst* (d. h. wenn die ersten beiden Bedingungen *nicht* gelten) erfolgt *keine* Reaktion.

Funktionsschaltbild. Wir begnügen uns nun nicht mit dieser mathematischen Beschreibung, sondern besinnen uns darauf, daß das, was in Zeile 2 der Formel der Abb. 17 steht, in einem datenverarbeitenden System, dem Gehirn, tatsächlich vor sich geht: Eine neue Verknüpfung bildet sich aufgrund der Erfahrung. Dies sei zunächst allgemein in Worten und danach graphisch auf Abb. 18 dargestellt. Es handelt sich um *zwingende indirekte Schlüsse* aus den experimentellen Beobachtungen:

– Durch den Lernakt bildet sich eine neue, relativ beständige, Signale übertragende Verbindung zwischen Sinneselementen und Ausführungsorganen;

– dies geschieht bei einem bestimmten *zeitlichen* Zusammenhang zwischen unbedingtem und bedingtem Reiz;

– der *zeitliche* Zusammenhang zwischen den Signalen, die von dem unbedingten und dem bedingten Reiz ausgehen, muß somit die Bildung einer neuen, hinfort *relativ beständigen Verknüpfung zwischen den beiden Übertragungswegen* nach sich ziehen;

– es muß also Stellen im Zentralnervensystem (ZNS) geben, die für das zeitlich zusammenhängende Eintreffen von Signalen auf zwei Bahnen empfindlich sind und daraufhin eine bleibende signalleitende Verbindung zwischen den beiden Bahnen entstehen lassen. (Wenn das ZNS für einen Reflexbogen über keine solchen Stellen verfügt, so kann sich auch kein bedingter Reflex bilden; beispielsweise läßt sich der *Kniesehnenreflex* auf *keine* Weise in einen bedingten Reflex umwandeln).

Abb. 18 stellt eine funktionelle Schaltung dar, die die eben genannten zwingenden Folgerungen verwirklicht. Abb. 18 ist somit eine der Abb. 17 adäquate Darstellung unter der zusätzlichen Voraussetzung, daß die aufgeführten mathematischen Beziehungen durch signalleitende Übertragungskanäle und durch das Bilden einer *bedingten Verknüpfung* verwirklicht werden. Dieser Folgerung liegt keine andere Voraussetzung zugrunde als die, daß es im Organismus und damit im ZNS keine physikalischen Fernwirkungen gibt.

Elementarer Vorgang der Datenspeicherung. Nach der eben dargestellten Vorstellung wird die Information über die vorangegangene Erfahrung dadurch im Gehirn gespeichert, daß zwei Signale oder ihre Nachwirkungen *zugleich an einer und derselben Stelle* wirksam sind und daß diese Wirkung zu einer neuen signalleitenden Verbindung führt, die zuvor nicht bestand. Soweit ich sehe, sind andere Vorstellungen nicht denkbar. Auf die Frage, *wie* sich im Nervensystem neue Verbindungen bilden, gibt es noch keine Antwort.

B 2. Auf Wahrnehmung folgt gute Erfahrung: Bedingte Appetenz

Nicht jede Reizsituation, der ein Tier begegnet, ist es wert, in dessen Gedächtnis gespeichert zu werden. Wenn aber einer bestimmten Reizsituation ein- oder mehrmals eine *Antriebsbefriedigung* nachfolgt, so erscheint es sinnvoll, diese (Reiz-)Situation erneut zu suchen, sobald der Antrieb erneuter Befriedigung bedarf; denn die wiederholte Beziehung zwischen Reizsituation und nachfolgender Antriebsbefriedigung deutet – je häufiger sie sich zuvor bestätigt hat – mit um so größerer Wahrscheinlichkeit auf einen umweltbedingten Sachzusammenhang zwischen dieser Reizsituation und der Gelegenheit zur Antriebsbefriedigung hin; es erscheint daher sinnvoll, diese Beziehung in Zukunft gezielt auszunutzen, also solche Reizsituationen im Gedächtnis zu behalten, die einer Antriebsbefriedigung vorangingen (= sie ankündigten), und sie dann bevorzugt aufzusuchen, sobald der Antrieb wieder aktiviert ist.

Diesem teleonomischen Prinzip entspricht eine tatsächlich bestehende Lernweise. Sie gehört in den größeren Bereich des »Lernens aus Erfahrung« und wird in diesem Buch *bedingte Appetenz* genannt. Die bedingte Appetenz sei zunächst an vier Beispielen veranschaulicht:

– Nachdem eine Biene auf einer *blauen* Blüte keinen Nektar fand, auf einer danach besuchten *gelben* Blüte aber durch Nektar belohnt wurde, fliegt sie in der Folgezeit bevorzugt gelbe Blüten an. Mit anderen Worten: Eine auf Nektarsammeln eingestellte Biene sucht diejenige Situation in der Zukunft bevorzugt auf, die ihr zuvor die Befriedigung ihres Bedürfnisses erlaubte[1].

– Laboratoriumsratten erhielten an den Enden zweier Gänge, die von einer Verzweigungsstelle ausgingen, Futter oder Wasser, und zwar beispielsweise stets im rechten Gang Futter und im linken Wasser. Zum Test wurden sie in gesättigter, aber durstiger Verfassung, oder aber sehr hungrig und nicht durstig ins Labyrinth gelassen. Ergebnis: Die Tiere bevorzugten jeweils den ihrer inneren Verfassung entsprechenden Gang. Sie lernten das jedoch *besser*, wenn die beiden Gänge sich nicht nur dadurch unterschieden, daß der eine der rechte und der andere der linke war, sondern wenn zusätzliche Unterscheidungsmerkmale (z. B. schwarzer und weißer Anstrich) angebracht waren[1].

– Bei »Nestflüchtern« unter den Säugetieren, z. B. Gazellen und Pferden, suchen die eben geborenen Jungtiere sehr bald aufgrund einer angeborenen Reaktion nach dem Gesäuge der Mutter, tun dies aber anfangs bisweilen im falschen Winkel am Ansatz des *Vorder*beines. Sie *lernen* es nach erfolgreichem Trinken aber schnell, nur an der richtigen Stelle nahe den *Hinter*beinen zu suchen[2] (siehe Abschnitt III B 2).

– In den ersten Jahrzehnten dieses Jahrhunderts diskutierte man lebhaft darüber, ob Fische hören können. Karl von Frisch, der zuvor die Dressurmethode zur Untersuchung der Sinnesleistungen von Bienen eingeführt hatte, entschied die Streitfrage auf elegante Weise mit Hilfe des *Lernvermögens* der Tiere: Er pflegte einen Zwergwels in seinem Aquarium, der am Boden in einer kleinen Röhre wohnte. Er fütterte das Tier, indem er ihm ein Stäbchen mit Futter unmittelbar vor das Maul hielt. Eines Tages begann er, diese Futtergabe stets mit einem Pfiff zu begleiten. Zuvor hatte das Tier keineswegs auf solche Pfiffe reagiert. Fünf Tage nach Beginn des Versuches aber ließ der Experimentator einen solchen Pfiff ertönen, *bevor* er den Zwergwels fütterte. Wie elektrisiert verließ darauf das Tier seinen Unterschlupf und schwamm suchend im freien Wasser des Beckens hin und her[3].

An den vier Beispielen lernender Tiere – blütenbesuchende Biene, hungrige oder durstige Ratte, neugeborene Gazelle, futtersuchender Zwergwels – läßt sich ein allgemeines Prinzip erkennen: Kurz vor dem Stillen des Hungers (oder auch währenddessen) hatten die Tiere einen Sinneseindruck gehabt: Die Biene sah die gelbe Farbe, die Ratte den Anstrich des rechten oder linken Laufgangs, die Gazelle hatte die genaue Lage des Gesäuges wahrgenommen, und der Zwergwels hatte den Pfiff gehört. Als Ergebnis des Lernens orientierten die Tiere sich beim Appetenzverhalten, soweit möglich, nach diesem »erfolgversprechenden« Reiz.

Die durch die vier Beispiele gekennzeichnete Art des Lernens hat bisher in der deutschen Fachsprache keine Bezeichnung erhalten, die sie von anderen Arten des »Lernens aus Erfahrung« unterscheidet. Da es sich um die erfahrungsbedingte Neubestimmung von auslösenden oder richtenden Reizen für ein bestimmtes antriebsabhängiges *Appetenzverhalten* handelt, empfiehlt sich hier analog zum »bedingten Reflex« der Ausdruck »bedingtes Appetenzverhalten« oder kürzer »bedingte Appetenz«[1].

Das *allgemeine Prinzip der bedingten Appetenz* läßt sich wie folgt formulieren: Nimmt ein Lebewesen vor oder während einer Antriebsbefriedigung eine ursprünglich neutrale Reizsituation wahr, so kann das einen Lernprozeß mit dem Ergebnis hervorrufen, daß diese Reizsituation künftig zum Anlaß oder auch zum Ziel für das zugehörige Appetenzverhalten wird. Dadurch gewinnt also ein *Appetenzverhalten* neue erfahrungsbedingte auslösende und richtende Reize.

Jedes der vier einleitenden Beispiele lehrt uns etwas Besonderes über diese Form des Lernens:

Beispiel Biene. Bietet man einer Biene (während der Dressur an einer *künstlichen* Futterquelle) beim Anflug und beim Saugen verschiedene Farben an und läßt sie beim nächsten Anflug wählen, so entscheidet sie sich für die »*Anflugfarbe*«. Zwischen der Wahrnehmung der Anflugfarbe und der Belohnung durch das Saugen können 8 sec und mehr verstreichen; trotzdem wird durch die Belohnung die *Anflugfarbe* zum erlernten Anflugsziel[2].

Beispiel Ratte. Es kommt für die erfahrungsbedingte Verknüpfung nicht auf eine Belohnung schlechthin an, sondern die erlernten Wahrnehmungen werden zum richtenden Reiz für das Appetenzverhalten gerade desjenigen Antriebs (Hunger oder Durst), der in der Lernsituation *zur Befriedigung kam* (»drive discrimination«).

Beispiel neugeborene Gazelle. Hier dient eine *angeborene* Reaktion – »Suchen im Winkel zwischen Bauch und Bein« – zur *Grundlage* dafür, daß erfahrungsbedingte Reize durch einen Lernakt später die Steuerung übernehmen.

Beispiel Zwergwels. Beim Zwergwels besteht das Lernergebnis in einem Verhalten (Herumschwimmen im Aquarium), das in der Lernsituation überhaupt nicht vorkam. Es wurde also kein *Verhalten* erlernt, sondern ein Reiz wurde gespeichert und zugleich mit dem *Appetenzverhalten* verknüpft.

Magensaftbildung auf Glockenzeichen. Wenn ein hungriger Hund Nahrung wahrnimmt, so sondern seine Speicheldrüsen und seine Magendrüsen Speichel bzw. Magensaft ab. Letzteren beobachtete PAWLOW durch eine chirurgisch hergestellte Verbindung vom Magen des Hundes nach außen. Beide Drüsenreaktionen sind angeborene Reaktionen des Tieres. Durch Läuten mit einer Glocke läßt sich die Sekretion von Speichel und Magensaft selbstverständlich von Natur aus nicht auslösen. Läßt man nun aber kurz vor jeder Futtergabe ein Glockenzeichen ertönen, so ändert sich dadurch, wenn auch äußerlich zunächst nicht erkennbar, die Schaltung im Zentralnervensystem: Nach mehrfacher Wiederholung der Futtergabe bei vorherigem Glockenzeichen löst auch das Glockenzeichen allein, ohne Futtergabe, die Speichel- und Magensaftsekretion aus. Aufgrund der wiederholten zeitlichen Nähe zwischen ursprünglichem (»unbedingtem«) und neuem (»bedingtem«) Reiz hat sich eine Verknüpfung zwischen Glockenzeichen und Drüsensekretion ausgebildet[1].

Die von PAWLOW entdeckten erfahrungsabhängigen vegetativen Reaktionen, z. B. die Magensaftsekretion von Hunden nach nahrungsankündigendem Glockenzeichen, galten ursprünglich als Prototyp des *bedingten Reflexes*; nach der hier durchgeführten Unterscheidung sind sie jedoch als *physiologische Begleitfunktionen von bedingtem Appetenzverhalten* aufzufassen. Die in diesen Versuchen erlernten Verhaltensweisen der Hunde unterscheiden sich von bedingten Reflexen des Typs »bedingter Lidschlagreflex auf akustisches Signal« in folgendem:

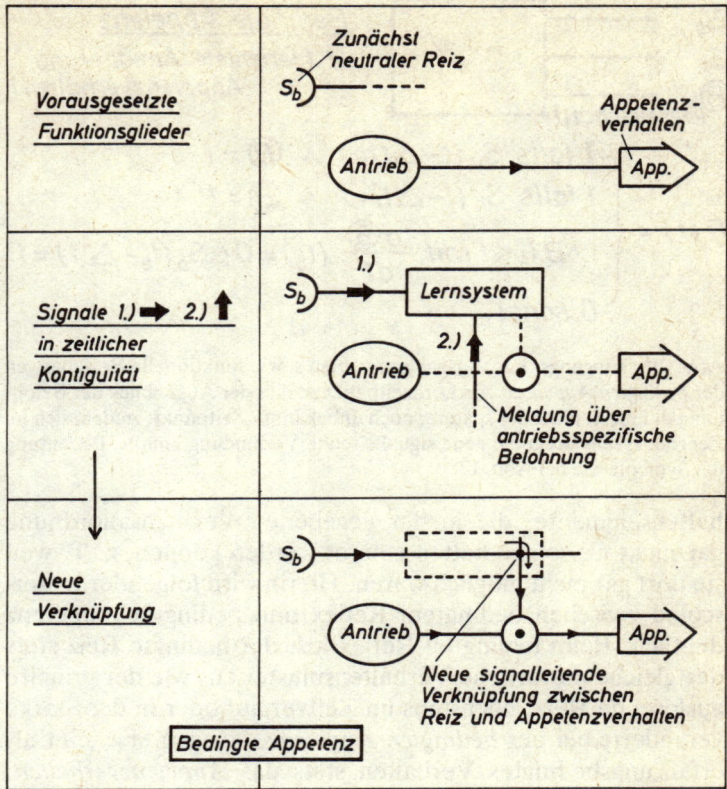

Abb. 19   Erklärung im Text.

1. Ihre Bildung ist von Belohnungen – nämlich von der Befriedigung des aktivierten Nahrungsantriebes – abhängig; auch die Reproduktion des Erlernten setzt Hunger, d. h. den aktivierten Antrieb, voraus.

2. Wird der Hund aus seiner Fixierung im Versuch befreit, so demonstriert er, daß nicht nur die Magensaftsekretion an den bedingten Reiz geknüpft war, sondern sein *ganzes* (Ernährungs-)*Appetenzverhalten*: Er läuft zur Quelle des Reizes, sei es eine Glocke, ein Metronom oder sonstiges, und bettelt sie schwanzwedelnd und bellend um Futter an[1] – lauter Ver-

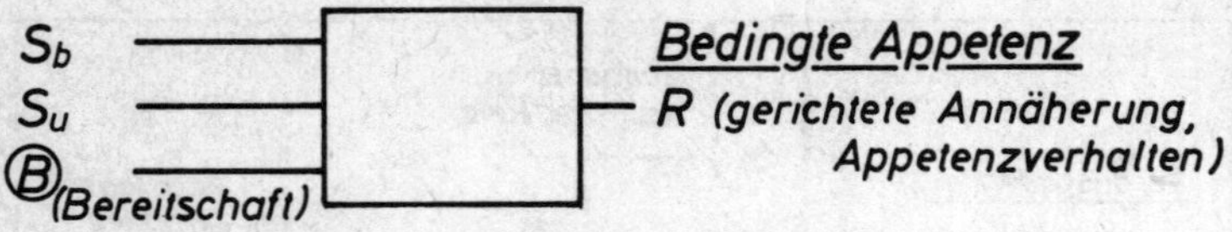

$$S_b$$
$$S_u$$
$$\textcircled{B} \text{(Bereitschaft)}$$

Bedingte Appetenz
R (gerichtete Annäherung, Appetenzverhalten)

$$R(t) = \begin{cases} 1, \text{falls } S_u\,(t-\triangle t)=1 \;\wedge\; \textcircled{B}=1 \\ 1, \text{falls } S_b\,(t-\triangle' t)=1 \;\wedge\; \textcircled{B}=1 \\ \wedge \exists\, t_b < t \text{ mit } \dfrac{d\textcircled{B}}{dt}\,(t_b) \neq 0 \wedge S_b(t_b - \triangle'' t)=1 \\ 0 \text{ sonst} \end{cases}$$

Abb. 20 Eingangs- und Ausgangsvariablen sowie funktionelle Beziehungen der *bedingten Appetenz*. Als Lernzeitpunkt ist hier der Augenblick der Belohnung definiert, nicht der spätere, noch unbekannte Zeitpunkt, zu dem sich im Zentralnervensystem die neue signalleitende Verbindung knüpft. Bedeutung der Symbole wie bei Abb. 17.

haltenselemente, die in der gegebenen Versuchsanordnung gar nicht als solche hatten gelernt werden können, z. T. weil sie dort gar nicht möglich waren. Hierin wird folgender Unterschied zwischen bedingtem Reflex und bedingter Appetenz deutlich: Beim bedingten Reflex löst der bedingte Reiz stets das gleiche motorische Verhaltensmuster aus wie der primäre auslösende Reiz, höchstens im Zeitverlauf oder in der Stärke verändert; bei der *bedingten Appetenz* dagegen erscheint als erfahrungsbedingtes Verhalten stets das *Appetenzverhalten*, gleich ob es in der Lernsituation stattfand oder nicht.

Nun folgt für den theoretisch interessierten Leser die funktionelle Analyse des Lernprozesses der bedingten Appetenz. Abb. 19 gibt die Gemeinsamkeiten der 4 Beispiele in abstrakter Form wieder: Die beteiligten Funktionsglieder (neutraler Reiz, der später zum bedingten Reiz wird; Appetenzverhalten; aktivierter Antrieb); dann die zu postulierenden Signale, deren Kontiguität zu dem Lernprozeß führt (neutraler Reiz, antriebsspezifische Belohnung); und schließlich die im »Lernsystem« des ZNS gebildete neue Verknüpfung. Die Abbildung formuliert die funktionelle *Aufgabe*, die das Lernsystem zu lösen hat.

Diese Aufgabe ist auf Abb. 20 in einem Blockschaltbild und

in abstrakter mathematischer Sprache formuliert. Die *Eingangs- und Ausgangsvariablen* des Lernsystems bei der bedingten Appetenz sind (siehe Abb. 20, oben):

1. Der zunächst neutrale, später »bedingte Reiz« (der nach dem Lernakt zum auslösenden Reiz oder zum Ziel des gerichteten Appetenzverhaltens wird)

2. die Reaktion – hier das Appetenzverhalten

3. möglicherweise, aber nicht unbedingt notwendig, ein Schlüsselreiz, der ohne vorheriges Lernen das betreffende Appetenzverhalten auszulösen vermag (siehe das Beispiel der Gazelle)

4. eine Variable, die einen bestimmten Aspekt des inneren Zustands des Organismus ausdrückt, im Einzelfall z. B. Hunger oder Durst. Diese Variable sei im folgenden »Bereitschaft« genannt; denn sie ist – zumindest in der Regel – nicht zu unterscheiden von derjenigen physiologischen Variablen, die sich als Reaktionsbereitschaft gegenüber Nahrung und Wasser oder – subjektiv – als Hunger und Durst ausdrückt.

Die Variable »Bereitschaft« spielt bei der bedingten Appetenz eine dreifache Rolle: 1. Das Tier lernt nur dann, wenn die Bereitschaft aktiviert ist; bei Lernexperimenten mit Nahrungsbelohnung muß das Versuchstier daher hungrig sein, sonst lernt es nicht. 2. Die Belohnung, die den Lernakt möglich macht, *reduziert* in der Regel die Bereitschaft (Abschnitt A 5). 3. Nach dem erfolgreichen Lernakt erfolgt die erlernte Handlung (die erfahrungsbedingte Appetenz) in der Regel nur, wenn die Bereitschaft erneut aktiviert ist. – In der Praxis heißen diese drei Aussagen beispielsweise: Nur ein hungriges Tier lernt; es lernt dann, wenn es durch Nahrung belohnt wird, worauf sein Hunger abnimmt; und es zeigt seine erlernte Fähigkeit nur dann, wenn es wieder hungrig ist. – Aus all diesen Gründen ist die *Bereitschaft* als eine der Eingangsvariablen für das Lernsystem der bedingten Appetenz anzusehen. Dem ist in Abb. 19 und 20 Rechnung getragen worden.

Eingangs-Ausgangs-Beziehungen bei der bedingten Appetenz. Die erste Funktion auf Abb. 20 sagt – im Unterschied zu der entsprechenden Funktion auf Abb. 17 – folgendes: Die primäre (angeborene oder zufällige oder auch *zuvor* gelernte, jedenfalls schon vor dem Lernakt existierende) Reaktion ist nicht nur von einem auslösenden Reiz, sondern dazu noch davon abhängig, daß die Bereitschaft größer als null ist. (Ein völlig gesättigtes Tier nimmt keine Nahrung mehr an, seine Bereitschaft ist null.)

Die zweite Funktion beschreibt zunächst die Reaktion auf den bedingten Reiz und dann den Lernvorgang. Dessen Abhängigkeit von der *Belohnung* wird dadurch berücksichtigt, daß eine eben beschriebene *Konsequenz* der Belohnung, nämlich eine *Bereitschaftsänderung*, als Lernbedingung eingesetzt ist: Der Differentialquotient der Bereitschaft muß von Null verschieden sein. (Bemerkung: Damit ist offengelassen, ob außer einer Bereitschafts-*Verringerung* auch ein *Anstieg* der Bereitschaft einen Lernakt im Sinne der bedingten Appetenz induzieren kann; vermutlich trifft dies in manchen Fällen zu, nicht jedoch, wo die *Furcht* die Rolle der Bereitschaft bei der bedingten Appetenz spielt, siehe Abschnitt B 6. Hier muß dann der Ausdruck -1 an die Stelle des Ausdrucks »nicht gleich null« treten.)

Der Zeitabschnitt zwischen dem bedingten Reiz und dem Zeitpunkt der Belohnung ist auf Abb. 19 mit demselben Symbol bezeichnet wie das Kontiguitäts-Zeitintervall auf Abb. 17. Dieser Zeitabstand kann jedoch viel länger sein als beim bedingten Reflex, wie das Bienenbeispiel zeigte.

Funktionsschaltbild (Signalfluß- und Datenverarbeitungs-Diagramm). Um die in Abb. 19 angegebenen Eingangs-Ausgangs-Beziehungen durch Signalübertragung, Datenverarbeitung und Datenspeicherung zu verwirklichen, muß man sich folgendes klarmachen:

– Maßgebend dafür, daß sich die bedingte Verknüpfung bildet, ist eine *Belohnung*; daher muß ein Signal, das *die erfolgte Belohnung meldet*, eine Rolle beim Verknüpfungsvorgang spielen.

– Zum Zeitpunkt der Belohnung gehört der Empfang des zu verknüpfenden Reizes jeweils schon der Vergangenheit an; daher muß die Meldung des Reizes bis zum Zeitpunkt der Belohnung jedesmal gespeichert werden und dann vom Speicher aus als Signal für die Verknüpfung wirksam werden können.

– Die Verknüpfung muß erfolgen zwischen einem Übertragungskanal für den zunächst neutralen Reiz und dem efferenten Funktionsweg der Reaktion der gerichteten Annäherung.

– Die Verknüpfungsregel lautet: Das Zusammentreffen zwischen einer Belohnung und einem zuvor empfangenen gespeicherten Reiz führt zur Verknüpfung der Bahn des betreffenden Reizes mit der Bahn der gerichteten Annäherung.

Diese Prozesse sind nicht denkbar ohne das Vorhandensein einiger Arten von Funktionselementen. Diese sind

– eine Instanz, die das Ereignis »*Belohnung*« repräsentiert. Nach der Formel auf Abb. 20 wäre dafür ein Funktionsglied geeignet, das für Intensitätsänderungen der durch die Belohnung befriedigten Bereitschaft empfindlich ist, also den zeitlichen Differentialquotienten der Bereitschaftsstärke gewinnt und dessen absoluten Betrag an das Lernsystem meldet (auch andere Verfahren, die den Informationswert »Belohnung« verfügbar machen, wären denkbar).

– Speicherelemente, die die Information über eingetroffene Reize so lange festhalten, bis möglicherweise eine darauffolgende Belohnung eine Verknüpfung verursacht. Die Speicherelemente – spezifisch für jede Reizart – sind also notwendig für die Überbrückung des Zeitraums zwischen Reizempfang und Belohnung.

– *Koinzidenzelemente*, für jeden Reiz-Eingangs-Kanal spezifisch, die für die gleichzeitige Meldung einer Belohnung und eines gespeicherten Reizes empfindlich sind, d. h. nur beim Vorliegen beider Bedingungen ein Signal produzieren und weitergeben.

– *Vorgebildete Verknüpfungsstellen* zwischen den afferenten Bahnen von Reizen und einer efferenten Bahn, die in die Kommandobahn der gerichteten Annäherung einmündet.

Abb. 21 ist ein nach diesen Forderungen entworfenes Funktionsschaltbild. Die Zweizahl der Eingangselemente für potentielle bedingte Reize repräsentiert die – meist viel größere – Anzahl von unterscheidbaren, mit dem Appetenzverhalten verknüpfbaren Reizmustern. Für das obere der beiden gezeichneten Lern-Teilsysteme ist angenommen, daß das Koinzidenzelement eine Meldung abgab und die Bildung einer be-

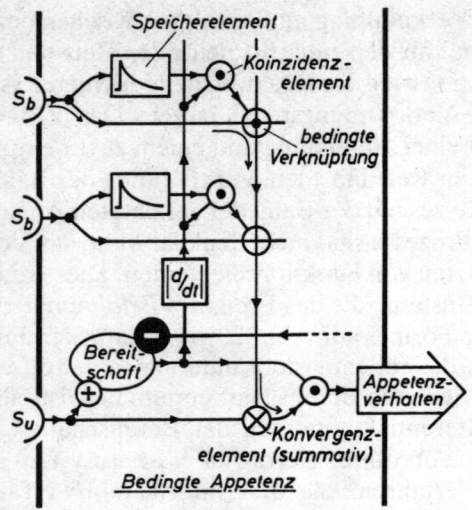

Abb. 21 Idealisiertes Funktionsschaltbild für den Lernprozeß der bedingten Appetenz. Die von rechts kommende Bahn, deren Signale die Bereitschaft absinken lassen (weißes Minuszeichen auf schwarzem Grund) meldet entweder den motorischen Ablauf der dem Appetenzverhalten zugeordneten instinktiven Endhandlung oder sonstige, als Belohnung bewertete Ereignisse. Die vom Aufnahmeorgan des unbedingten Reizes zur Bereitschaftsinstanz führende Bahn symbolisiert Sinnesmeldungen, die die Bereitschaft *ansteigen* lassen. Das mit d/dt bezeichnete Funktionsglied registriert laufend die Bereitschaftsstärke, meldet aber ins Lernsystem nur deren *Änderung* und damit das Ereignis »Belohnung« (Ausgangsmeldung = absoluter Wert des zeitlichen Differentialquotienten der Eingangsmeldung). Weitere Erläuterungen im Text.

dingten Verknüpfung an der Überkreuzungsstelle der Leitung hervorrief. Die neben den Signal-Übertragungskanälen angezeichneten gebogenen Pfeile geben den Weg der Signale nach einer Sinnesmeldung an, nachdem der Lernvorgang abgeschlossen ist: Das Appetenzverhalten richtet sich jetzt nach dem erlernten Reiz. Geht man die in Abb. 21 eingezeichneten Funktionselemente Schritt für Schritt durch, so ist im oberen Abschnitt (Lernsystem) kein Element und kein Übertragungskanal entbehrlich, ohne die Möglichkeit der bedingten Appetenz aufzuheben: Belohnungs-Melde-Instanz, Sinnesmeldungs-Speicher, Koinzidenzglieder, zur bedingten Verknüpfung vorbereitete Leitungs-Überkreuzungsstellen. Abb. 21 stellt somit ein lernendes System dar, das, soweit ich sehe, hinsichtlich seiner Elemente und deren Verknüpfungen hinreichend und notwendig ist, um die in Abb. 19 und 20 dargestellten Eingangs-Ausgangs-Beziehungen durch Signalübertragung, Datenverarbeitung und Informationsspeicherung zu verwirklichen. Das dargestellte System muß somit in irgendeiner Form in dem zur bedingten Appetenz fähigen Organismus verwirklicht sein.

Darstellungsweise der Funktionsschaltbilder. Im Funktionsschaltbild der bedingten Appetenz, Abb. 21, kommen beinahe alle in den sonstigen Abbildungen benötigten graphischen Symbole gemeinsam vor. Darum eignet es sich besonders gut, um die Darstellungsweise der Funktionsschaltbilder dieses Buches zu besprechen und zu begründen: Die *wesentlichen Züge biologischer Systemzusammenhänge* sollen möglichst anschaulich und übersichtlich wiedergegeben werden. Von den vielen in der Technik und Mathematik üblichen Schaltbild-Typen eignet sich, soweit ich sehe, keines für diese Aufgabe. Bei der hier verwendeten Darstellungsweise[1] wurde Wert darauf gelegt, daß häufig in *biologischen* Systemen vorkommende Funktionsglieder durch *sprechende* und möglichst *einfache* graphische Symbole wiedergegeben werden, auch wenn die mathematische Beschreibung der bezeichneten Funktionsglieder recht kompliziert ausfallen würde oder mangels entsprechender Kenntnisse noch gar nicht möglich wäre. Die dargestellten Schaltungen sollen möglichst leicht durchschaubar und wiedererkennbar sein.

Die Schaltbilder enthalten graphische Symbole insbesondere für:

– *Sinneselemente* (ohne Bezug auf deren Kennlinie und Zeitverhalten), d. h. Übersetzungselemente von physikalischen oder chemischen Größen in den organismen-eigenen Signalcode.

– *Übertragungskanäle für nur positive Signale*, die sich mit endlicher Geschwindigkeit und nur in einer Richtung fortpflanzen.

– *Effektoren* bzw. Effektor-Funktionen (Verhalten), d. h.

Übersetzungsinstanzen vom organismen-eigenen Signalcode in physikalische oder chemische Wirkungen.

– *Antriebs- bzw. Bereitschaftsinstanzen* (als Ellipsen dargestellt), definiert als Träger derjenigen inneren Zustandsvariablen des Organismus, die die Reaktionsstärke auf äußere Reize bestimmen oder spontanes Verhalten in Gang setzen.

– *Koinzidenzglieder,* d. h. Funktionselemente mit 2 Eingängen und einem Ausgang, die nur beim gleichzeitigen Eintreffen von Signalen aus beiden Eingangskanälen selbst Signale aussenden. Bei quantitativ variierendem Ein- und Ausstrom ist der Ausstrom monoton vom Einstrom jedes der beiden Eingangskanäle abhängig, ohne daß dabei aber eine *bestimmte* Verrechnungsweise, z. B. Multiplikation, verwirklicht sein muß.

– *»Kurzzeitspeicher«,* die auf den Eingang eines kurzzeitigen Signals mit einer überdauernden, mit bestimmten Zeitkonstanten monoton abklingenden Ausgangsmeldung reagieren (= träge Übertragungsglieder, Verzögerungsglieder).

– *Leitungsüberkreuzungen,* die nach dem Eintreffen der Signale von beiden Eingängen (Abb. 18) oder von einem dritten Eingang her (Abb. 21; »h-Eingang« nach STEINBUCH[1]) eine *bedingte Verknüpfung* ausbilden.

Alle diese Elemente kommen im Funktionsschaltbild der bedingten Appetenz vor; sie ließen sich daher hier besonders anschaulich als Gesamtheit vorstellen.

B 3. Auf ein Verhaltenselement folgt gute Erfahrung: Bedingte Aktion

Wenn auf ein bestimmtes Verhaltenselement ein- oder mehrmals eine Triebbefriedigung folgt, so weist das auf einen Sachzusammenhang hin, nämlich auf eine Ursache-Wirkungs-Beziehung zwischen dem Verhalten und der nachfolgenden Gelegenheit zur Antriebsbefriedigung; darum kann es sinnvoll sein, das Verhalten zu wiederholen, sobald der Antrieb erneut aktiviert ist, weil dies eine Chance zur Antriebsbefriedigung verspricht.

Diesem Prinzip entspricht eine tatsächlich vorkommende Lernweise: Sie wurde von dem amerikanischen Psychologen B. F. SKINNER beschrieben und als *operant conditioning*[1] bezeichnet. Als deutschsprachige Bezeichnung hat sich dafür »bedingte Aktion« eingebürgert, wobei das Wort »Aktion« (nicht *Re*aktion) darauf hinweisen soll, daß es sich um ein Lernen auf dem Sektor der Verhaltens-*Ausführung* handelt: Aufgrund von Erfahrungen können Tiere es lernen, ein neues *Verhaltenselement* (= Aktion) zum Erreichen eines Antriebsziels zu verwenden. Für diese Lernweise zunächst einige Beispiele:

Der Zoologe Karl VON FRISCH hielt als Student einen brasilianischen Blumenau-Sittich, einen größeren Vetter des Wellensittichs, in seinem Zimmer. Er ließ den Vogel immer nur dann für einige Zeit frei fliegen, wenn er beobachtet hatte, daß das Tier gerade im Käfig ein »Batzi« gemacht hatte – so blieb das Zimmer stets sauber. Der Vogel lernte nun bald um des Freifliegens willen auch ohne innere Notwendigkeit minimale Quantitäten eines »Batzi« zu produzieren. Seine Bemühungen wirkten ungemein komisch. Ja, das Drücken wurde für ihn ganz allgemein zu einer Tat, die belohnt wird, und er begann zuweilen auch außerhalb des Käfigs in dieser originellen Weise zu »bitten«, wenn er einen Leckerbissen sah oder sonst einen lebhaften Wunsch hatte[2]. Das Verhaltenselement der Kotabgabe war durch einen Lernprozeß in den Dienst eines ganz andersartigen Antriebs getreten.

Auf ähnliche Weise kann man lernfähige Tiere zu vielfältigen – wenn auch durchaus nicht zu allen beliebigen[3] – Verhaltensweisen abrichten, Hunde z. B. zum »Pfötchengeben«, Delphine zum »Stehen« im Wasser mit weit herausragendem Körper (mit Hilfe ganz schneller Schwanzschläge) usw. Man muß die Tiere nur sofort belohnen, sobald sie aus irgendeinem Grund das betreffende Verhalten ausgeführt haben. Ein weiteres Beispiel: Aus Erregung hatte in einem Zoo ein kleiner Affe, der immer von den stärkeren Tieren weggedrängt worden war, auf der Stelle zu springen angefangen. Das hatte die Aufmerksamkeit von Zoobesuchern erregt, die ihm nun über die anderen Tiere hinweg Futter zuwarfen. Daraufhin ver-

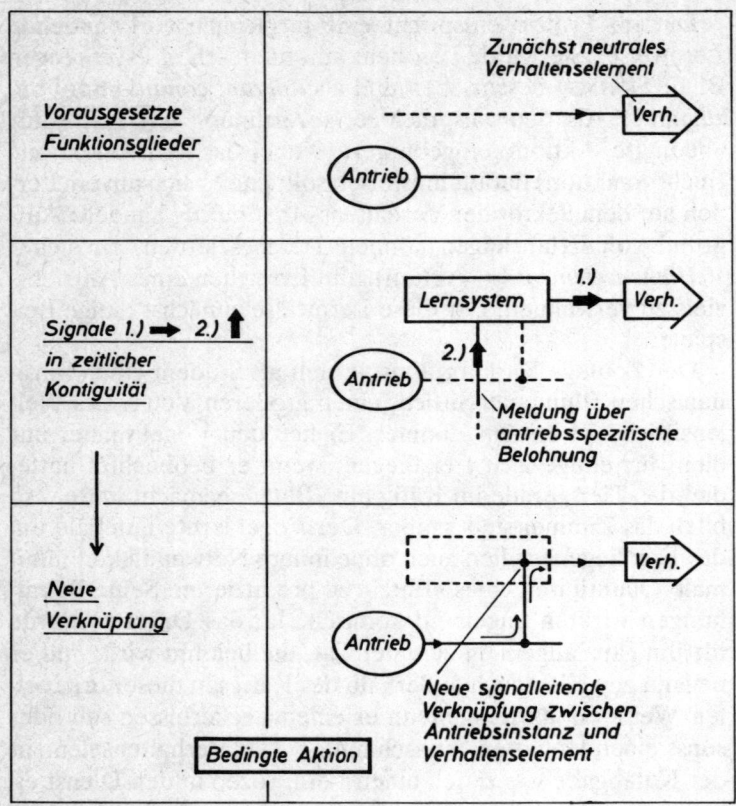

Abb. 22   Erklärung im Text.

knüpfte sich in dem Tier der Antrieb zum Nahrungserwerb
mit dem »erfolgreichen« Verhalten: Je größer der Hunger, desto häufiger wurde nun sein Hüpfen auf der Stelle – ein Futterbetteln recht eigener Art[1]. – In einem Experiment gab man
einem Hund sein Futter stets erst dann, wenn er – aufgrund
eines schwachen elektrischen Reizes – unmittelbar zuvor ein
Bein gehoben hatte. Der Lernerfolg bestand darin, daß der
Hund fortan spontan das betreffende Bein hob, sobald er
Hunger bekam[2]. – Man kann schließlich durch Belohnungen
sogar Verhaltensweisen zu bedingten Aktionen werden las-

sen, die ursprünglich weder durch Erregung noch durch Reize ausgelöst worden waren, beispielsweise das Sich-Wenden nach rechts oder links bei einem im Käfig aktiv herumlaufenden Huhn; das durch Futtergabe dressierte Tier wendet sich dann, sobald es hungrig wird, bevorzugt nach der zuvor belohnten Seite. Mehrere weitere Tierbeispiele bringt Abschnitt IV B 4.

An den beschriebenen Beispielen läßt sich folgendes *Lernprinzip der bedingten Aktion* ablesen: Folgen auf ein Verhaltenselement ein- oder mehrmals Erfahrungen, die eine Belohnung für das Lebewesen darstellen, so verknüpft sich der durch die Belohnung befriedigte Antrieb mit dem Verhaltenselement und stellt es in seinen Dienst. Antriebe können auf diese Weise neue ausführende Verhaltensweisen gewinnen.

Die folgenden Absätze bringen nun bis zum Schluß des Abschnitts die nähere Analyse für den theoretisch interessierten Leser. Abb. 22 gibt – analog zu Abb. 19, aber nun für die bedingte *Aktion* – die gemeinsamen Züge der Beispiele wieder: Die beteiligten Funktionsglieder (hier ein Verhaltenselement mit seinem inneren Kommando sowie den aktivierten Antrieb); dann die zu postulierenden Signale, deren Kontiguität zu dem Lernprozeß führt (erst Verhaltenskommando, dann antriebsspezifische Belohnung); und schließlich die im »Lernsystem« gebildete neue Verknüpfung. Diese Abbildung formuliert die funktionelle *Aufgabe*, die das Lernsystem zu erfüllen hat.

Diese Aufgabe ist auf Abb. 23 durch ein Blockschaltbild und in abstrakter mathematischer Sprache formuliert. Da Belohnung und Bereitschaft hier eine ähnliche Rolle wie bei der bedingten Appetenz spielen, ist die Bereitschaft auch hier als Eingangsvariable des Lernsystems anzusehen. Als zweite Variable hat das zunächst neutrale und dann durch Lernen zur bedingten Aktion werdende *Verhaltenselement* zu gelten. Schließlich muß irgendein *zentralnervöser Repräsentant des Verhaltenselements* ins Lernsystem eingehen, entweder das nervöse Kommando (K) oder eine sensorische Rückmeldung über das abgelaufene Verhalten. Hier sei die erste Alternative

Bedingte Aktion

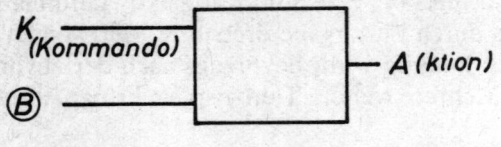

$$A(t) = \begin{cases} 1, \text{ falls } K(t-\triangle t)=1 \\ 1, \text{ falls } \circledB =1 \wedge \exists\, t_b < t \\ \quad mit \ \dfrac{d\,\circledB}{dt}(t_b) \neq 0 \wedge A(t_b-\triangle''t)=1 \\ 0 \text{ sonst} \end{cases}$$

Abb. 23 Eingangs- und Ausgangsvariablen sowie funktionelle Beziehungen der *bedingten Aktion*. Bedeutung der Symbole wie bei Abb. 17.

gewählt, nicht weil die zweite als falsch anzusehen wäre, sondern weil diese im Fortgang der Überlegungen ein Vielfaches an funktionellem Aufwand erfordern würde. – So zeigt das Bild auf Abb. 23 oben zwei Eingangsvariablen: zentralnervöses Kommando und Bereitschaft, sowie eine Ausgangsvariable, die (zuerst neutrale, dann bedingte) Aktion.

Eingangs-Ausgangs-Beziehungen beim Lernsystem der bedingten Aktion. Wie in Abb. 23 in mathematischen Zeichen dargestellt, erfolgt die Aktion primär aufgrund des zugehörigen zentralnervösen Kommandos, über dessen Herkunft (angeboren oder erlernt, reizbedingt oder spontan) nichts vorausgesetzt zu werden braucht. Sekundär erfolgt die Aktion bei aktivierter Bereitschaft, sofern zuvor ein Lernakt (Belohnung bzw. Bereitschaftsänderung, *davor* das Verhalten) abgelaufen ist.

Funktionsschaltbild (Signalfluß- und Datenverarbeitungsdiagramm). Will man herausbekommen, wie sich die in Abb. 23 dargestellten Funktionen durch Signalübertragung, Datenverarbeitung und Datenspeicherung verwirklichen lassen, so muß man sich folgendes klarmachen:

– Maßgebend dafür, daß sich die bedingte Verknüpfung bildet, ist eine *Belohnung*. Daher muß ein Signal, das *die erfolgte Belohnung meldet*, eine Rolle beim Verknüpfungsvorgang spielen.

– Wenn die Belohnung erfolgt, gehört der Ablauf des zu verknüpfenden Verhaltens bereits der Vergangenheit an. Daher muß ein Informationswert, der das abgelaufene Verhalten repräsentiert, bis zum Zeitpunkt der Belohnung gespeichert werden und dann noch vom *Speicher* aus als Signal für die Bildung der bedingten Verknüpfung wirksam werden können.

– Die *Verknüpfung* erfolgt zwischen einem Übertragungskanal, der den Aktivierungsgrad der Bereitschaft meldet, und der efferenten Bahn für die bis dahin neutrale (d. h. nicht mit diesem Antrieb in Verbindung stehende) Verhaltensweise.

– Die *Verknüpfungsregel* lautet demnach: Das Zusammentreffen zwischen einer Belohnung und einem gespeicherten Informationswert über das vorangegangene Verhalten führt zur Verknüpfung der Bahn der Bereitschaftsinstanz mit der Kommando-Bahn der betreffenden Verhaltensweise.

Ein Vergleich dieser vier Aussagen mit den entsprechenden Aussagen für die bedingte Appetenz (Abschnitt B 2) offenbart entscheidende Übereinstimmungen und nur zwei Unterschiede. Diese sind folgende: Vorübergehend zu speichern (zur Überbrückung des Zeitintervalls bis zur Belohnung) ist nicht die Information über einen empfangenen Reiz, sondern die Information über ein vorangegangenes *Verhalten*; und die neue, später das erfahrungsbedingte Verhalten ermöglichende Verknüpfung erfolgt nicht zwischen Reizeingang und Appetenzkommando, sondern zwischen Bereitschaftsinstanz und Verhaltenskommando. Abgesehen von diesen Unterschieden ist aber die gleiche funktionelle Struktur des Lernsystems notwendig und hinreichend wie bei der bedingten Appetenz.

Abb. 24 stellt ein nach diesen Überlegungen entworfenes Funktionsschaltbild dar. Die Zweizahl der Effektor-Elemente repräsentiert die große Vielzahl der möglichen Verhaltenselemente eines Organismus. Für das obere der Lern-Teilsysteme ist angenommen, daß ein Lernakt eine bedingte Verknüpfung hervorgerufen hat. Das »hinzugelernte« Verhalten wird jetzt

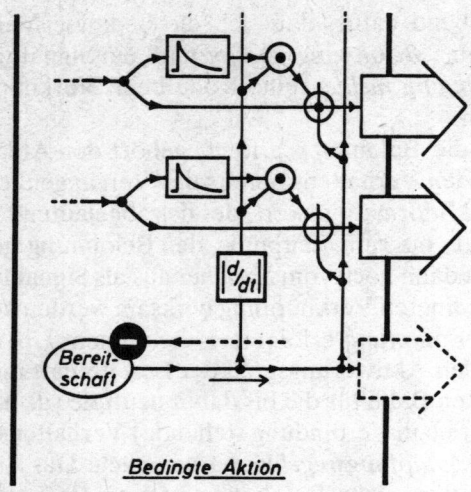

Bedingte Aktion

Abb. 24 Idealisiertes Funktionsschaltbild für den Lernprozeß der bedingten Aktion. Der gestrichelt gezeichnete Pfeil unten rechts kennzeichnet das angeborene instinktive Verhalten, das zu der Bereitschaft gehört. Graphische Symbole wie in Abb. 21. Weitere Erläuterungen im Text.

durch die aktivierte Bereitschaft in Gang gesetzt. Das Funktionsschaltbild Abb. 24 stellt somit ein lernendes System dar, das – soweit ich sehe – hinreichend und notwendig dafür ist, um die in Abb. 23 formulierten Eingangs-Ausgangs-Beziehungen der bedingten Aktion zu verwirklichen.

Am Lernvorgang der bedingten Aktion ist noch folgendes zu beachten: Die *zeitliche* Beziehung

zuvor: das Verhalten – *danach*: die Antriebsbefriedigung führt zu einer *Kausal*beziehung

Ursache: Antriebssteigerung – *Wirkung:* das Verhalten.

In jeder Kausalbeziehung liegt auch eine Zeitbeziehung (zuerst die Ursache, dann die Wirkung). In dieser Hinsicht bewirkt also der Lernvorgang der bedingten Aktion eine *Umkehrung der Zeitbeziehung*: Das Verhaltenselement nimmt zunächst den ersten, dann den zweiten Platz ein; die bereitschaftsrelevanten Geschehnisse (Antriebsbefriedigung, Antriebssteigerung) wechseln ihre Plätze entsprechend. Teleonomisch ist das einsichtig: Wenn ein Verhalten unvorhergesehen eine Quelle der Befriedigung eröffnet, so ist das Verhalten die mögliche *Ursache*; es ist daher sinnvoll, es in den Dienst der befriedigten Bereitschaft zu stellen; das heißt aber: Diese muß, wenn sie aktiviert wird, das Verhalten *auslösen*; jetzt ist das Verhalten die *Wirkung*. Es ist bemerkenswert, daß ein so einfaches Schaltsystem wie das der Abb. 24 eine logisch so anspruchsvolle Aufgabe löst.

B 4. Auf eine Wahrnehmung folgt schlechte Erfahrung: Bedingte Aversion

Wenn die Wahrnehmung einer Reizsituation ein- oder mehrmals mit abschreckenden Erfahrungen einhergegangen ist oder sie angekündigt hat, so spricht das dafür, diese Reizsituation hinfort zu meiden oder zu fliehen. Diesem teleonomischen Prinzip entspricht ein tatsächliches Lernprinzip, das erlernte Vermeiden *(avoidance conditioning),* hier in Parallele zu den übrigen Bezeichnungen als *bedingte Aversion* bezeichnet. Es ist gleichsam eine bedingte Appetenz mit umgekehrtem Vorzeichen. Dies gilt jedoch nur im großen und ganzen, nicht in allen Einzelheiten.

Das erfahrungsbedingte Vermeiden ähnelt in gewisser Hinsicht den bedingten Schutzreflexen (Abschnitt B 1); beide Verhaltensweisen schützen den Organismus vor Gefahren, indem sie ihn bereits auf »ankündigende Reize« reagieren lassen. Beim bedingten Reflex wird aber der *Verhaltensanteil* der Reaktion durch den Lernprozeß nicht verändert; er wird nach der Erfahrung nur zusätzlich *auch* durch den bedingten Reiz ausgelöst. Bei der bedingten Aversion dagegen wird das gesamte Vermeide-Verhalten (Abwehr, Abwendung, Flucht, Hemmung der Annäherung) an die abstoßend gewordenen Reize geknüpft; gegebenenfalls sind das Verhaltensweisen, die in der Lernsituation gar nicht vorkamen.

Das Lernprinzip der bedingten Aversion sei zunächst an einigen Beispielen erläutert:

– Hat ein Pferd bei einem Ausritt an irgendeiner Stelle des Weges einen Schreck bekommen, so scheut es vielfach beim nächsten Mal an derselben Stelle, auch wenn die Ursache der Störung nicht mehr existiert.

– Von drei Eiderentenjungen, die jeweils nach einiger Zeit gemeinsamen Schwimmens zusammen ans Ufer zu kommen pflegten, um sich zu putzen, wurde eines von seinem vertrauten Pfleger gefangen und allein in seinen Käfig gesetzt, wo es unruhig hin und her lief und »weinte« (Weinen des Verlassenseins). Nachdem ihm dies im Laufe von 2 Tagen 11mal so ergangen war, folgte es den beiden anderen Jungen beim 12. Mal nur bis ans Ufer, blieb dann aber im Wasser und kam nicht aufs Land. Vom Pfleger schließlich doch ans Ufer gelockt, wurde es wiederum nicht zu den Geschwistern gelassen. Beim 13. Mal blieb es weit draußen auf der Wasserfläche und ließ sich nicht mehr ans Ufer locken. Das Küken reagierte also »vorwegnehmend« auf die drohende Gefahr und konnte sie dadurch von vornherein vermeiden. Das Tier übertrug die (negative) »Tönung« oder Valenz der Situation auf deren Begleitumstände und gewann dadurch die Fähigkeit, der Gefahr auszuweichen, bevor sie tatsächlich eintrat[1].

– Läßt man bei weißen Ratten auf die Aufnahme bestimmter Nahrung experimentell eine unspezifische physiologische Schädigung folgen, z. B. durch Röntgen-Bestrahlung (»Röntgen-Kater«), dann kann dadurch der Geschmack der zuvor aufgenommenen Nahrung *rückwirkend* eine negative Valenz bekommen und fortan von dem Versuchstier gemieden (oder weniger gesucht) werden. Vergleicht man die erlernten Aversionen, die durch Röntgen-Strahlen und elektrische Strafreize erzeugt werden können, so zeigen sich Unterschiede: Vegetative Schädigung wird leichter mit Geschmackseigenschaften, elektrischer Strafreiz leichter mit nicht-geschmacklichen Eigenschaften der Nahrung, z. B. Größe der Futterbrocken, assoziiert[2].

Aus diesen Beispielen läßt sich das *allgemeine Prinzip der bedingten Aversion* herleiten: Folgt auf die Wahrnehmung einer neutralen oder zuvor angestrebten Reizsituation ein- oder mehrmals eine schmerzhafte oder ängstigende Erfahrung, so verknüpft sich die Reizsituation mit der Verhaltenstendenz des *Vermeidens*, die je nach den Umständen zur Flucht oder zur Hemmung der Annäherung führt.

Es folgt nun die *theoretische Analyse*, die diesmal recht kurz ausfallen kann. Zunächst erhebt sich die Frage nach den *Eingangs- und Ausgangsvariablen des Lernsystems der bedingten Aversion*. Als Eingangsvariable kann man auffassen: erstens den zunächst neutralen, dann bedingten Reiz, zweitens die Meldungen über schlechte Erfahrungen, die, wie die Beispiele andeuteten, sehr verschiedener Art sein können: Schreck, Schmerz, Trennung von der Artgenossen-Gruppe, vegetative Störung. Ausgangsvariablen sind zunächst die Reaktion des Vermeidens und der Flucht, manchmal aber auch die (nach dem Lernakt gehemmte) Annäherung an die zuvor angestrebte Reizsituation.

Eingangs-Ausgangs-Beziehungen: Wegen der Ähnlichkeit mit den anderen Lernformen erübrigt sich die mathematische Formulierung. Die Reaktion ist Vermeiden, Flucht, Hemmung anderen Verhaltens. Sie wird zunächst unmittelbar durch die schlechte Erfahrung ausgelöst; sie knüpft sich an bedingte Reize, sofern auf diese in der Vergangenheit ein- oder mehrmals in entsprechendem Zeitabstand schlechte Erfahrungen folgten. Eine etwaige ursprüngliche Appetenz zu dem bedingten Reiz wird dadurch unterdrückt.

Funktionsschaltbild. In Abb. 25 ist ein Signalfluß- und Datenverarbeitungsdiagramm angegeben, das die eben genannten Reiz-Reaktions-Zusammenhänge zu verwirklichen vermag. Das *Lern-Teilsystem* entspricht dem zuvor dargestellten (siehe Abb. 21). Der Anteil der »unbedingten« Reaktion (unten) ist nicht im einzelnen ausgeführt, da die möglichen Varianten – siehe die Beispiele – recht unterschiedliche Flußdiagramme erfordern würden, was für unseren Zusammenhang nicht relevant ist. Auf der rechten Seite ist ein Teilsystem der *gegenseitigen Hemmung* eingezeichnet; es ist aufgrund seiner Schaltung instabil, so daß jeweils die schwächere der beiden von links eintretenden Meldungen ganz unterdrückt wird,

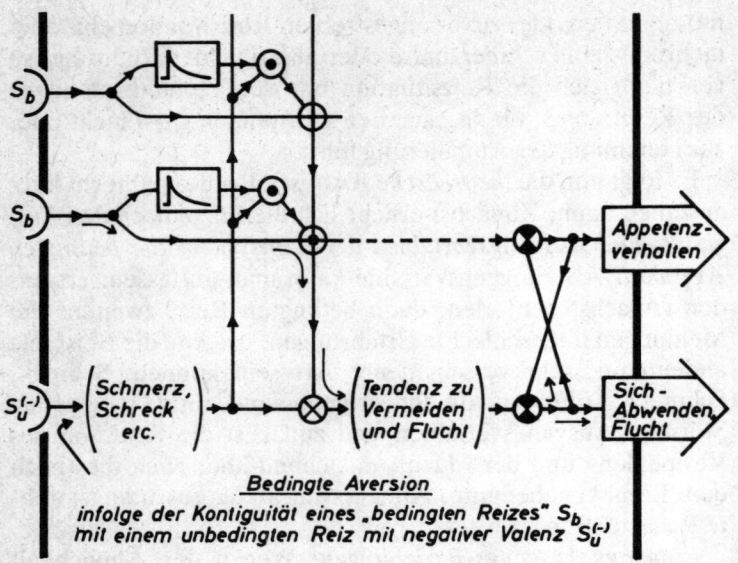

Abb. 25 Idealisiertes vereinfachtes Funktionsschaltbild für die *bedingte Aversion*. Der zusätzliche gebogene Pfeil von unten links soll andeuten, daß das negativ bewertete Ereignis nicht nur ein Außenreiz, sondern auch ein vegetativer Zustand (z. B. Übelkeit) sein kann. – Ein *Differenzierglied* wie bei der Belohnung einzufügen hätte im Fall der Strafe keinen funktionellen Sinn. – Der hinsichtlich der Aversion erfahrungsbedingte Reiz kann zugleich der frühere auslösende Reiz für ein zu einer anderen Bereitschaft gehöriges Appetenzverhalten sein; das ist durch die gestrichelte Linie angedeutet; die Bereitschaftsinstanz für dieses andere Verhalten ist nicht eingezeichnet.

während die andere ungeschwächt hindurchtritt (siehe Abschnitt I A 9.)

Die neben den Übertragungskanälen eingezeichneten Pfeile geben den Weg der Signale für Beispiele an, die dem obigen Bericht über die Eiderentenjungen entsprechen. In diesem Fall würde das eingezeichnete Appetenzverhalten mit dem unteren der beiden Kanäle für bedingte Reize verknüpft sein, d. h. die gestrichelten Linien wären miteinander zu verbinden. Wegen der vorangegangenen schlechten Erfahrungen würde jedoch auch der indirekte Signalweg geknüpft sein,

über den das Appetenzverhalten, auch wenn es vorher ausgelöst wurde, schließlich wieder blockiert wird.

B 5. *Auf ein Verhaltenselement folgt schlechte Erfahrung: Bedingte Hemmung*

Wenn ein – wie auch immer motiviertes – Verhalten ein- oder
mehrmals unangenehme Erfahrungen wie Schmerz oder
Schreck nach sich zieht, so erscheint es sinnvoll, dieses Verhalten hinfort unter Hemmung zu setzen und nicht mehr auszuführen. Diesem teleonomischen Prinzip entspricht ein tat-
sächlicher Lernvorgang, die erfahrungsbedingte Hemmung
(suppression by punishment): Folgt einem Verhalten ein- oder
mehrmals eine Erfahrung mit negativer Valenz wie Schmerz
oder Schreck, so erfolgt ein Lernvorgang mit dem Ergebnis,
daß das Verhalten hinfort seltener oder gar nicht mehr ausgeführt wird.

Auch bei der bedingten *Aversion* kann ein *Verhalten* gehemmt werden; das Teilsystem dafür ist auf Abb. 25 (rechter
Teil des Funktionsschemas) angegeben. Dieses gehemmte Verhalten ist jeweils das Appetenzverhalten auf das Ziel, das durch
die Erfahrung abstoßend geworden war. Durch bedingte *Aversion* wird ein *Reiz* aufgrund von Erfahrungen *abstoßend*, und
dadurch wird auch jedes ursprünglich auf diesen Reiz ausgerich-
tete Verhalten gehemmt; dieses Verhalten wird also durch Un-
angenehmwerden eines Zieles lediglich gegen *dieses* Antriebsziel »zielgehemmt«. Bei der »*bedingten Hemmung*« dagegen ist
primär die *Ausübung des Verhaltens* gehemmt, unabhängig davon, von welchem Reiz es gerade ausgelöst wird.

Im Rahmen der *Hundedressur* gibt es ein Paradebeispiel für
die Lernart der bedingten Hemmung: das »Abliegen«: Der
Hund lernt zunächst, sich auf das Kommando »Platz« sofort
hinzulegen. Er soll dann an der angewiesenen Stelle unter allen Umständen (bis zu einer Viertelstunde lang) liegen bleiben, gleich welche Sinnesreize ihn zum Aufstehen und Weg-
laufen veranlassen könnten – sein aus der Sichtweite ver-
schwindender Herr, ein vorbeilaufendes Kaninchen oder eine

läufige Hündin. Er darf seinen Platz nur verlassen, wenn er von seinem Herrn den Befehl zum Aufstehen erhält. Die Dressur, um diese Verhaltensdisposition entstehen zu lassen, besteht darin, daß der Hund bei jedem Aufstehen das scharfe Kommando »Platz« zu hören bekommt, gleich aus welchem Grunde er sich erhebt, ausgenommen wenn er auf Befehl aufsteht. Durch die Erfahrung, daß er bei jedem *eigenmächtigen* Aufstehen zurechtgewiesen wird, verknüpft sich das Verhalten des Aufstehens mit einer inneren *Hemmung*. Die Assoziation verbindet also mit der Hemmung ein *inneres Verhaltenskommando*, nicht einen bestimmten *Reiz*[1].

Wie kann man einem Hund das Wildern abgewöhnen? Ihn nach dem Zurückkommen zu bestrafen führt nicht zum Erfolg; denn dann verknüpft sich für das Tier mit der Strafe nicht das Wildern, sondern das mit der Strafe Gleichzeitige, also das Vom-Wildern-Zurückkehren. Die Folge wird sein, daß das Tier immer später heimkehrt, woran auch die Schwere der Strafe nichts ändern kann. Erfolg verspricht jedoch folgende Maßnahme: den Augenblick abzupassen, in dem der Hund beim Spaziergang zum Wildern fortzulaufen pflegt, und ihn zu diesem Zeitpunkt durch *sofortige* Bestrafung daran zu hindern. Die zugleich mit der Verfehlung verabfolgte Strafe hat, auch wenn sie nur leicht ist, mehr Erfolg als eine nachträgliche, noch so schwere Bestrafung. Jetzt verknüpft sich die *Verhaltenstendenz* mit dem unangenehmen Erlebnis. Dadurch wird eine »gelernte Hemmung« aufgebaut.

Nach demselben Prinzip vermag der Mensch bei Haus- und Zirkustieren diejenigen Verhaltensweisen »abzudressieren«, die er nicht wünscht: bei Hunden beispielsweise auch das Zerren an der Leine mit Hilfe des Stachelhalsbandes, das jedes Anziehen automatisch durch einen Schmerzreiz bestraft. Bei Kettenhunden kann man beobachten, daß sie stets kurz vor der Situation, in der sich ihre Halskette strammziehen würde, haltmachen, auch wenn sie anscheinend in höchster Aggressivität auf den Unbekannten zulaufen wollen. – Nach dem gleichen Lernprinzip geht das »Brechen« der Pferde in Südamerika vor sich; dies wird in Abschnitt IV B 4 »Traumatische Wirkung einzelner Vorfälle« beschrieben werden.

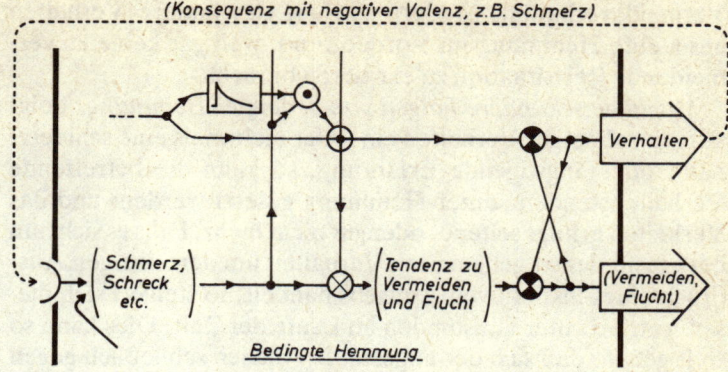

Abb. 26 Idealisiertes vereinfachtes Funktionsschaltbild für die bedingte Hemmung.

Es folgt jetzt die theoretische Analyse der bedingten Hemmung. Zunächst die Frage nach den *Eingangs- und Ausgangsvariablen.* Als Eingangsvariablen hat man aufzufassen: erstens – wie bei der bedingten Aktion, Abb. 24 – das zentralnervöse Kommando für die (später durch den Lernakt gehemmte) Aktion; zweitens – wie bei der bedingten Aversion – die Meldung über die schlechte Erfahrung, die dann die bedingte Hemmung als Konsequenz nach sich zieht. Als Ausgangsvariable hat die eben bereits genannte Aktion, die durch den Lernakt unterdrückt wird, zu gelten.

Eingangs-Ausgangs-Beziehungen und Funktionsschaltbild. In Abb. 26 ist ein Funktionsschaltbild angegeben, das die Eingangs-Ausgangs-Beziehungen bei der bedingten Hemmung wiedergibt. Der Unterschied zu Abb. 25 liegt darin, daß nicht ein Sinnesreiz, sondern ein *zentralnervöses Kommando* (über dessen Herkunft nichts Näheres ausgesagt wird) im Lern-Teilsystem gespeichert wird (ähnlich wie bei der bedingten Aktion, Abb. 24). Ferner ist es hier die zeitliche Beziehung zwischen einem *Verhaltens*element und einer schlechten Erfahrung, die den Lernvorgang bedingt. Der rechte Abschnitt des Diagramms ist analog zu Abb. 25; hier steht jedoch nicht das

Vermeideverhalten, sondern die auf das andere Verhalten ausgeübte Hemmung im Vordergrund, weil gar keine zu vermeidende Reizsituation zu existieren braucht.

Mögliche sekundäre Folgen von bedingter Hemmung. Folgt auf ein beliebiges Verhalten ein- oder mehrmals eine schmerzhafte oder ängstigende Erfahrung, so kann die betreffende Verhaltenstendenz unter Hemmung gesetzt werden, und das Verhalten erfolgt seltener oder gar nicht mehr. Falls es sich nun bei einem derart gehemmten Verhalten um den einzigen Ausdruck eines instinktiven Antriebs handelt, so steigert sich dieser Antrieb unter Umständen im Laufe der Zeit. Dies kann so weit gehen, daß sich der angestaute Antrieb schließlich gegen die Hemmung Bahn bricht und die zuvor gehemmte Verhaltensweise nun besonders intensiv und unkontrollierbar zum Ausbruch kommen läßt. Dieser funktionelle Zusammenhang ist aller Wahrscheinlichkeit nach für menschliche Fehlverhaltensweisen mit *Durchbruchs*charakter, z. B. Jähzorn, verantwortlich, die ja gerade für *gehemmte* Menschen typisch sind[1].

B 6. Lernen aus guter und schlechter Erfahrung: Kombinierte Lernformen

Lernen aus Erfahrung ist eine Sammelbezeichnung für die vier Lernarten bedingte Appetenz, bedingte Aktion, bedingte Aversion und bedingte Hemmung. Deren gegenseitiges Verhältnis ist durch die Kreuzklassifizierung Abb. 27 dargestellt. Hier folgen noch einmal die vier Kurzdefinitionen, wobei der Pfeil den Lernprozeß versinnbildlicht:

– auf *Reiz* folgt *gute* Erfahrung (= Antriebsbefriedigung) → der Reiz wird zum Anlaß und Ziel des Appetenzverhaltens des befriedigten Antriebs: *bedingte Appetenz*

– auf *Verhaltenselement* folgt *gute* Erfahrung (= Antriebsbefriedigung) → der befriedigte Antrieb stellt das Verhaltenselement neu in seinen Dienst: *bedingte Aktion*

– auf *Reiz* folgt *schlechte* Erfahrung → der Reiz wird künftig gemieden: *bedingte Aversion*

– auf *Verhaltenselement* folgt *schlechte* Erfahrung → das Verhalten wird künftig unterdrückt: *bedingte Hemmung*.

Art der Erfahrung:	erlernt: auslösende Reizsituation	Verhaltens- element
Belohnung	bedingte Appetenz 1	bedingte Aktion 2
Strafe	bedingte Aversion 3	bedingte Hemmung 4

Lernen aus Erfahrung

Abb. 27 Elementare Lernprozesse aus dem Bereich der Sammelbezeichnung »Lernen aus Erfahrung«.

Die vier elementaren Lernarten, die damit noch einmal gekennzeichnet wurden, kombinieren sich oft miteinander, und einige dieser Kombinationen haben einen *eigenen Charakter* und führen zum Teil auch eigene Bezeichnungen. Drei dieser zusammengesetzten Lernformen werden im folgenden besprochen; an jede dieser Besprechungen knüpfen sich eine oder mehrere allgemeinere Folgerungen.

1. *Kombination von bedingter Appetenz und bedingter Aktion*. In einer und derselben Lernsituation kann ein Tier gleichzeitig neue auslösende Reize *und* neue ausführende Verhaltensweisen für ein antriebsabhängiges Verhalten lernen. Dadurch entsteht eine Kombination von bedingter Appetenz und bedingter Aktion. Als Bezeichnung für diese zusammengesetzte Lernart kommt *Lernen am Erfolg* in Frage. Es folgt zunächst ein Beispiel: Eine Katze hatte in einem dafür hergerichteten Versuchsraum (Skinner-box) zufällig mit der Pfote eine Taste nach unten gedrückt; die Konsequenz war: Futter erschien. Die Katze war hungrig und wiederholte darum die Bewegung, zunächst stets mit dem gleichen Erfolg. Nachdem die Handlung fest erlernt war, wurde jedoch der Apparat blockiert, so daß jetzt die Belohnung ausfiel. Darauf-

89

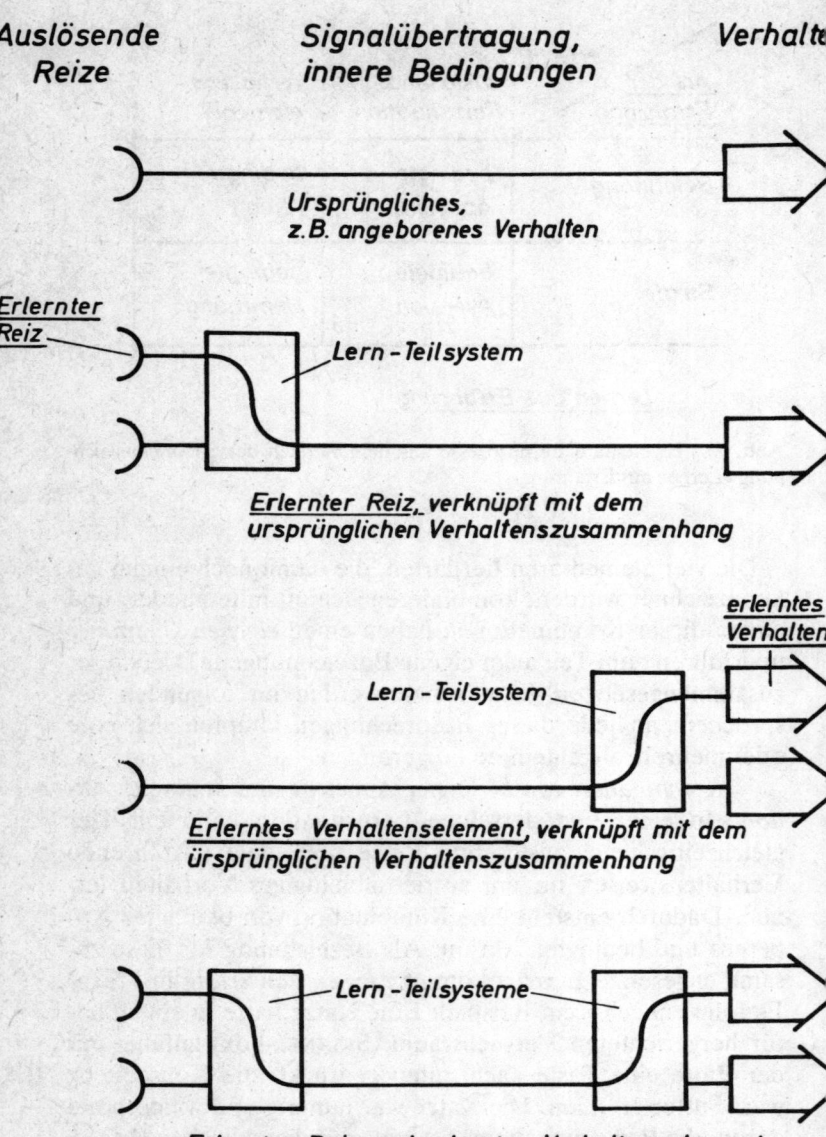

Auslösende Reize

Signalübertragung, innere Bedingungen

Verhalt

Ursprüngliches, z.B. angeborenes Verhalten

Erlernter Reiz

Lern – Teilsystem

Erlernter Reiz, verknüpft mit dem ursprünglichen Verhaltenszusammenhang

erlerntes Verhalten

Lern – Teilsystem

Erlerntes Verhaltenselement, verknüpft mit dem ürsprünglichen Verhaltenszusammenhang

Lern – Teilsysteme

Erlernter Reiz und erlerntes Verhaltenselement.

hin ging die Katze umher und drückte mit der Pfote auf alle möglichen anderen Dinge wie Futterschalen, Kästchen, andere Katzen[1]. Wie dieses Verhalten zeigte, hatte die Katze im Dienste der Ernährungs-Bereitschaft sowohl eine *auslösende Wahrnehmung*, »etwas von oben zu Berührendes«, als auch ein Verhaltenselement, »mit der Vorderpfote nach unten drücken«, gelernt.

Dieses erlernte Verhalten muß man einmal in Gedanken recht anschaulich mit der angeborenen Mäusejagd der Katze in Vergleich setzen: Anstelle der lebendigen Maus, die sich bewegt, sucht die Katze nach der unbewegten Taste; und anstelle des blitzschnellen Mäusesprungs bedient sie die Taste mit einer Pfote. Das Orientierungsziel *und* das Verhalten – und damit alles, was man von außen sehen kann – sind also erlernt. Was ist dann an diesem Verhaltensgefüge noch angeboren? Angeboren ist nach wie vor die Bereitschaft zur Nahrungsaufnahme, der »Hunger«, in seiner Abhängigkeit vom Versorgungszustand des Körpers; angeboren sind ferner die instinktive Endhandlung, also das Verschlucken der Nahrung, und die Verdauungsvorgänge.

Was bedeutet es auf der Ebene des *Funktionsschaltbildes*, wenn sich bedingte Appetenz und bedingte Aktion in einem und demselben Verhalten kombinieren? In elementarer Weise ist dies in Abb. 28 dargestellt: Als entscheidende Aussage ist von ihr abzulesen: Es sind *zwei* einzelne Lernprozesse, die zu dem beschriebenen Lernergebnis führen: siehe Abb. 28, unterstes Teilbild.

Die nähere Analyse der Funktionszusammenhänge bei der Kombination von bedingter Appetenz und bedingter Aktion führt zum Schaltbild Abb. 29. Wie aus diesem hervorgeht,

Abb. 28 Stark vereinfachte Veranschaulichung der Vorstellung, wie durch Kombination je eines Lernvorgangs der bedingten Appetenz (»erlernter Reiz«, siehe auch Abb. 19) und der bedingten Aktion (»erlerntes Verhaltenselement«, siehe auch Abb. 22) ein Verhalten entsteht, bei dem Reizsituation *und* Verhaltensablauf erlernt sind und trotzdem noch eine ursprüngliche (»ungelernte«) Komponente erhalten geblieben ist: die Verbindung zwischen den beiden Lern-Teilsystemen. Genauer ausgeführtes Funktionsschaltbild siehe Abb. 29.

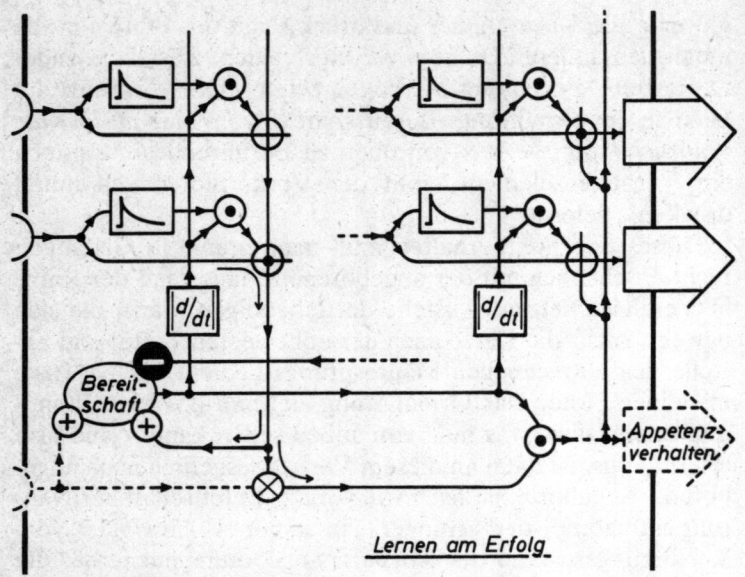

Lernen am Erfolg

Abb. 29   Idealisiertes, vereinfachtes Funktionsschaltbild für solche Lernprozesse, die sowohl Elemente der bedingten Appetenz als auch solche der bedingten Aktion enthalten: »*Lernen am Erfolg*«. Die nach dem Lernen signalleitenden Bahnen sind an einigen Stellen mit Pfeilen gekennzeichnet; die dabei funktionslos gewordenen angeborenen Übertragungskanäle sind gestrichelt dargestellt. Eine gegenüber Abb. 21 zusätzliche Bahn deutet an, daß
auch *bedingte* Reize in manchen Fällen die zugehörige Bereitschaft erhöhen
können.

muß beim Lernen am Erfolg ein Anteil des angeborenen Verhaltenszusammenhangs in Funktion bleiben, ein Stück des Si-
gnalweges zwischen der Bereitschaftsinstanz und der ursprünglichen Ausführungsinstanz des Appetenzverhaltens.
Anders wäre die Verbindung der Bereitschaftsinstanz mit *beiden* erlernten Anteilen, dem Reiz-Engramm und dem Verhal-
tens-Engramm, nicht gewährleistet.

*Instinktreduktion als Voraussetzung für die Steigerung der
intellektuellen Fähigkeiten?* Auslösung *und* Durchführungs-
weise des Appetenzverhaltens können also erlernt sein. Trotzdem sind dadurch – wie auch die Abb. 29 anschaulich macht –
keine ursprünglich angeborenen Strukturen entfernt oder zer-

stört worden; lediglich werden einige Teile davon nicht mehr gebraucht, nachdem Strukturen des Lernsystems in Aktion getreten sind. Diese Aussage ist anthropologisch bedeutsam: Früher wurde die Vorstellung vertreten, die *Menschwerdung* müsse mit einem stammesgeschichtlichen *Instinktverlust* einhergegangen sein; anders sei es nicht zu erklären, daß die Menschen so weitgehend von ihrem Intellekt gesteuert werden können. Dieser Schluß jedoch trügt: Schon die Lernvorgänge vermögen die Tätigkeit von instinktiven Verhaltensstrukturen stillzulegen. Die angeborenen Fähigkeiten brauchen dazu nicht in einem stammesgeschichtlichen Prozeß verlorengegangen zu sein. Es ist also denkbar, daß auch der verstandesgesteuerte Mensch noch sein volles Instinktrepertoire besitzt; er *gebraucht* es nur noch teilweise. Daß mit der Fähigkeit, in einem instinktiven Verhaltensbereich die Lern- oder Verstandessteuerung anzuwenden, jedoch die *Instinktsicherheit* prinzipiell verlorengeht, hat folgenden Grund: Weil Lernen und Verstand neue Verhaltensmöglichkeiten erschließen, muß sich der Mensch zwischen den mehr instinktbetonten und den mehr verstandesbetonten Verhaltenstendenzen *entscheiden*. Somit ist er prinzipiell unsicherer geworden, obwohl die Möglichkeit, nach dem Instinkt zu handeln, im Prinzip weiterbesteht. Der Instinkt ist nicht mehr der »*sichere* Instinkt«.

2. *Kombination von bedingter Appetenz und bedingter Aversion: Differenzdressur*. Bei der Differenzdressur (discrimination learning) verknüpft man zwei Reize, deren Unterscheidbarkeit durch das Versuchstier man untersuchen möchte, mit unterschiedlichen Konsequenzen: mit Belohnung und Nicht-Belohnung, mit Strafe und Nicht-Strafe oder mit Belohnung und Strafe. Wenn das Tier die Reize unterscheiden kann, so behandelt es sie nach der Dressur verschieden: Es sucht den einen und ignoriert oder meidet den anderen. Gelingt die Differenzdressur, so hat man es mit einer Kombination aus bedingter Appetenz und bedingter Aversion zu tun.

Bei der Differenzdressur kann man willkürlich bestimmen, welcher der zu vergleichenden Reize – nach Belohnung – zum Futtersignal wird und welcher – nach Bestrafung – negative Tönung erhält. Es hängt also allein von der Dressurplanung ab, welcher Reiz sich an welches Verhalten koppelt. Jeder Reiz ist demnach mit verschiedenen Lernsystemen verknüpfbar. Das bedeutet für die funktionellen Strukturen (Abb. 21 und 25): Der Kurzzeitspeicher ist nur in Einzahl erforderlich; dagegen müssen den Reizen für jede Lernart gesonderte Koinzidenzglieder und Verknüpfungselemente zur Verfügung stehen.

3. *Vermeiden schlechter Erfahrung wirkt als Belohnung.* Schlechte Erfahrungen veranlassen ein Tier dazu, Reize zu vermeiden (= bedingte Aversion) oder eigene Verhaltenselemente zu unterdrücken (= bedingte Hemmung); unter Umständen aber wirkt das *Vermeiden* schlechter Erfahrungen als *Belohnung.* Dies kann Lernprozesse nach dem Prinzip der bedingten Appetenz und der bedingten Aktion veranlassen.

In Experimenten ließ man Mäuse oder Ratten auf einem Drahtgitter laufen, das ihnen regelmäßig in bestimmten Zeitabständen einen elektrischen Schlag versetzte, falls die Tiere nicht jeweils zuvor eine bestimmte Taste bedienten[1]. Die Tiere lernten es schnell, regelmäßig die Taste zu drücken und so den drohenden schlechten Erfahrungen zuvorzukommen. Ein solches Verhalten wird, sobald es perfekt eingelernt ist, fortgesetzt, auch wenn die Strafapparatur nicht mehr eingeschaltet ist; die Tiere können das ja, wenn sie keine elektrischen Reize mehr riskieren wollen und immer vorsorglich die Taste drücken, gar nicht merken.

Auf diese Art werden also Versuchstiere programmiert, die alle paar Minuten eine Taste drücken. Wer solche Tiere beobachtet und ihre Vorgeschichte nicht kennt, gewinnt den Eindruck, sie hätten einen neuen Antrieb erworben: den Antrieb, eine Taste zu drücken. In Wirklichkeit ist natürlich die *Furcht* (vor den elektrischen Schlägen) der Antriebsmotor dieses Verhaltens. Das Beispiel lehrt: Die Furcht kann durch bestimmte schlechte Vorerfahrungen zum Antrieb für erlernte Verhaltensweisen werden. Äußerlich betrachtet können auf diese Weise »sekundäre Antriebe« entstehen. Wird das zugehörige erlernte Verhalten an seiner Ausführung gehindert, so wächst natürlich die eigentliche innere Triebfeder, die Furcht. Man kann darum auch sagen: Das Verhalten hat die Funktion, die Furcht zu verringern.

Welches Funktionsschaltbild gibt die funktionellen Zusammenhänge für diese Lernform wieder? Es handelt sich um regelrechtes Lernen am Erfolg nach Abb. 29, allerdings mit folgenden Maßgaben: Die wirksame Bereitschaft ist die Furcht; diese muß also durch vorangegangene Einflüsse aktiviert worden sein. Als Meldung an die Lernsysteme ist aber nicht *jede* Änderung, sondern nur das *Abnehmen* der Bereitschaft (also nur deren *negativer* zeitlicher Differentialquotient) geeignet. – Unter den vielen Bereitschaftsinstanzen ist somit die Furcht (»Angst«) dadurch ausgezeichnet, daß sie für *alle* erfahrungsabhängigen Lernformen – also sowohl für Belohnungs- als auch für Straflernen – verantwortlich sein kann.

B 7. *Lernen aus Erfahrung: Bedingungen des Lernerfolgs*

Im Rahmen des Lernens aus guter und schlechter Erfahrung hängt der Lernerfolg von etlichen Bedingungen ab. Einige davon werden im folgenden besprochen.

Valenzunterschied und Lernerfolg. Um das Formensehen der Hunde zu untersuchen, dressierte man die Tiere auf unterschiedliche Muster, die auf die Deckel von Futterschüsseln gemalt waren; bestimmte Muster zeigten Futter an und sollten von anderen – auf leeren Schüsseln – unterschieden werden. Die Lernergebnisse waren sehr schlecht. Wie man später merkte, lag dies jedoch nicht am Formensehen der Hunde, sondern daran, daß sie einfach *alle* Schüsseln abdeckten, weil sie auf diese Weise auch ohne Lernen alles Futter fanden. Daraufhin änderte man die Versuchsanordnung und ließ die Hunde über eine grabenartige Vertiefung hinüber an senkrecht hängende Türen springen, welche die Muster trugen; bei den »richtigen« Mustern öffneten sich dadurch die Türen, hinter denen das Futter lag; die »falschen« Türen aber waren verriegelt, so daß der anspringende Hund in den flachen Graben zurückfiel. In dieser Versuchanordnung war der *Valenzunterschied* zwischen den verschieden bewerteten Merkmalen groß genug. Jetzt waren die Hunde »lernmotiviert«, und sie unterschieden die Muster aufs feinste.

Antriebslage und Lernergebnis. Manchmal hat eine Erfahrung für ein Lebewesen sowohl gute als auch schlechte Seiten. Was setzt sich dann durch, Zuwendung oder Abwendung? Das kann – außer von äußeren Zufällen – auch von der Antriebslage des Tieres abhängen, z. B. (wie im folgenden Beispiel) davon, ob in der ersten Erfahrungssituation stärker Hunger oder Furcht aktiviert waren.

Acht *Goldammern* erhielten in einem Beobachtungskäfig *Pfauenaugen* als Beute-Insekten. Diese Schmetterlinge haben gegenüber Feinden eine besondere Schreckreaktion: Sie öffnen schnell, begleitet von einem zischenden Laut, ihre Flügel und demonstrieren so ihre großen bunten Augenflecke – ein Anblick, der Singvögel erschreckt und in die Flucht schlägt. Sämtliche Goldammern machten Erfahrungen mit den Pfauenaugen. Das Ergebnis war bei sechs Tieren, daß sie sich bald nicht mehr um die Schreckreaktionen der Schmetterlinge kümmerten und immer kürzere Zeit zögerten, sie zu fangen und zu verzehren; bei den anderen Vögeln verstärkte sich jedoch von Mal zu Mal die Furcht vor den Faltern, und sie mieden sie schließlich schon auf ihren bloßen Anblick hin, ohne daß die Schreckreaktion überhaupt noch zu erfolgen brauchte[1]. – Gleichartige Tiere lernten also in gleichartigen Erfahrungssituationen Gegenteiliges: Für die einen dominierten mehr und mehr die guten, für die anderen zunehmend die schlechten Erfahrungen.

Chancen für ein Umlernen. Lernprozesse aufgrund von *schlechter* Erfahrung haben generell nur eine geringe Chance, durch neuere Erfahrungen korrigiert zu werden. Der Grund ist trivial: Weil eine Lernsituation aufgrund von schlechten Erfahrungen hinfort gemieden wird, kommt das Tier mit ihr auch kaum wieder in Kontakt. Beispielsweise dürften *allein aus diesem Grund* die beiden bevorzugt *schreckbedingt* lernenden Goldammern aus dem letztbeschriebenen Versuch auch später kaum jemals neue, bessere Erfahrungen mit den Schmetterlingen machen.

Lernen besiegt Instinktives. Bodenbrütende koloniebildende Vögel, z. B. Möwen, werden durch den Anblick ihrer Eier zum Brüten veranlaßt. Sie lernen mit der Zeit, wo sich ihr

Nest befindet. Versetzt man dann das Nest mit den Eiern um einen halben bis ganzen Meter von seiner Stelle, so kann es vorkommen, daß sich die Möwe an den alten Platz setzt und den nackten Boden bebrütet, auch wenn sie dabei ihre Eier im Auge hat: Eine erlernte Reizsituation (der Ort) setzt sich als Verhaltensziel gegen die angeborene auslösende Reizsituation (die Eier) durch. Der Vogel setzt das Brüten auf dem nackten Boden allerdings nur kurze Zeit fort, weil die Kontaktreize durch die Eier an den Brutflächen der Bauchhaut fehlen. Trotzdem zeigt dieses Beispiel: Beim Konflikt zwischen Angeborenem und Erlerntem ist es schon bei den Tieren keineswegs ausgemacht, was von beidem sich durchsetzt.

Anzahl gleichzeitiger Assoziationen. Eigenartigerweise scheint es für höhere Tiere leichter zu sein, zugleich viele Merkmale einer Situation miteinander zu verknüpfen und im Gedächtnis zu behalten, als einzelne, isolierte Assoziationen zu bilden. Jedenfalls geht beim Abrichten von Hunden etwa auf das Wort »Platz« zunächst die Situation mit zahlreichen Einzelheiten – Ort, Tageszeit, Person, Tonfall usw. – in das Lernen ein; und es ist notwendig, alle unwesentlichen Züge nachträglich wieder abzudressieren, indem die Dressur an verschiedenen Orten, zu verschiedenen Tageszeiten und von verschiedenen Dresseuren wiederholt wird.

B 8. Umgang mit Symbolen

Den Begriff des *Symbols* kann man auf jede Assoziation zwischen irgendwelchen Gegebenheiten und damit schon auf die einfachsten assoziationsstiftenden Lernprozesse anwenden: Für die auf Kirschblüten Nektar sammelnden Honigbienen ist die weißrosa Blütenfarbe zum »Symbol« für ergiebige Futterquellen geworden. Wirkliche Überzeugungskraft gewinnt der Symbolbegriff aber erst mit zunehmender Herauslösung des Symbols aus dem Zeit-, Raum- und Ähnlichkeitszusammenhang mit der bezeichneten Gegebenheit. Nur wenige hochorganisierte Tierarten können erlernte gegenständliche Symbole zielgerichtet anwenden. Für *Schimpansen* hat es J.

B. Wolfe in seinen berühmten *Futtermarkenversuchen* nachgewiesen[1].

Den Schimpansen standen bunte runde Scheibchen von 3 cm Durchmesser zur Verfügung, sowie Automaten, die im Tausch gegen die Scheibchen Futter spendeten. Die Methode, auf diese Weise Nahrung zu erlangen, erfaßten die Tiere sehr schnell. Danach lernten sie, verschiedene Marken für Futter, für Wasser, für Spiel mit dem Wärter, für das »Öffnen einer Tür« usw. zu unterscheiden und richtig zu verwenden. Eine typische Situation war die folgende: Blaue Marken dienten dazu, die Tür zum Nachbarkäfig zu öffnen. Ein Tier war gerade dabei, sich mit all seinen Marken zu beschäftigen. Plötzlich hörte es den Ruf eines bekannten Tieres im Nachbarkäfig. Daraufhin nahm es zielsicher eine blaue Marke aus dem gesammelten Vorrat, ging zur Tür und öffnete sie damit. – Später mußten die Schimpansen zum Erlangen von Futtermarken anstrengende Arbeit leisten (einen Hebelapparat bedienen); und das Eintauschen der Marken gegen Futter war erst nach einem bestimmten Zeitraum möglich. Trotzdem erarbeiteten sich die Schimpansen einen Vorrat an Marken. Sie behandelten die Marken, als hätten sie den *Wert* von Futter bzw. von »Sozialkontakt«. So gewannen die Schimpansen durch ein Zusammenspiel elementarer Lernvorgänge die Verfügung über den Gebrauch von Symbolen.

Jahrzehnte später unternahm man erstmalig den Versuch, Schimpansen den Gebrauch *sprachlicher* Symbole beizubringen. Das Ehepaar Gardner lehrte den 1965 geborenen jungen weiblichen Schimpansen Washoe weit über 100 Worte einer amerikanischen Taubstummensprache[2]. Das Ehepaar Premack unterrichtete einen etwa 1963 in freier Natur geborenen und dann in Gefangenschaft geratenen, ebenfalls weiblichen Schimpansen: Sarah; als Symbole wurden farbige Plastikzeichen verwendet, die an einer Tafel angeheftet werden konnten[3]. Inzwischen sind mehrere weitere Versuche – auch mit jungen Gorillas – im Gange[4].

Was die Schimpansen erfolgreich lernten und dann selbständig anwandten, läßt sich in Kürze am besten durch ein paar ausgewählte Einzelbeispiele veranschaulichen:

WASHOE gab durch Folgen von 2 bis 3 Gesten u. a. zu erkennen: »listen – eat« (wenn die Glocke zum Essen ertönte);
»more – sweet« (als Ausdruck des entsprechenden Wun-
sches); »öffnen, essen, trinken« (um an den Inhalt des Kühl-
schrankes zu kommen). Als einer »Nachfolgerin« WASHOES
mit Namen LUCY erstmalig ein Radieschen vorgeführt wurde,
signalisierte sie »food« (Nahrung); dann biß sie hinein und signalisierte spontan den Drei-Zeichen-Satz »Weinen Wehtun
Nahrung«, aus dem sie auch später die Bezeichnung für Radieschen beibehielt: entweder »cry food« oder »hurt food«. –

Unter den Plastikzeichen, deren Bedeutung SARAH lernte,
befand sich u. a. ein blaues Dreieck für »Apfel«, ein grünes
Zeichen ähnlich einem russischen Buchstaben (stimmhaftes
weiches sch) für Schokolade, andere Zeichen für Tätigkeiten,
Personen, Relationen (unter, über, neben; gleich, verschieden), Eigenschaften (rund, viereckig) etc. Die Zeichen für die
verschiedenen Farben besaßen nicht selbst die betreffende
Farbe, sondern hatten eine bestimmte Form und eine *andere*
Farbe: Das Zeichen für GELB war schwarz, dasjenige für
GRÜN war weiß etc. Auf die Frage an SARAH, welche Farbe
der *Apfel* habe (wobei auf das erwähnte *blaue* Dreieck gewie-
sen wurde), zeigte sie auf die Farbe *rot* und machte dadurch –
wie auch durch ungezählte andere Leistungen – deutlich, daß
sie das betreffende Zeichen wirklich als *Symbol* verstanden
hatte.

B 9. Prägung

Für manche angeborenen Verhaltensweisen (oder Verhaltenstendenzen) müssen die auslösenden Reizsituationen in einer
bestimmten Lebensphase *erlernt* werden und sind später kaum
oder gar nicht mehr durch Umlernen abzuwandeln. Diese
Form des Lernens entdeckte Konrad LORENZ an Tieren und
bezeichnete sie als *Prägung*[1]. Am Menschen wurden Lernvorgänge, deren Ergebnis unwiderruflich festliegt, schon früher
gefunden, und zwar durch Sigmund FREUD[2]; er nannte diese
Lernform *Fixierung*.

Der Lernvorgang bei der *Nachfolgeprägung* der Jungtiere auf die Eltern ähnelt der *bedingten Appetenz*: Das junge Gänschen hört den Kontaktruf der Mutter oder sieht ihre Bewegung; es antwortet darauf mit der Instinkthandlung des Nachfolgens. Dabei wird der Anblick der Mutter gelernt. Es sind also alle Bestandstücke einer bedingten Appetenz gegeben: ein angeborenes Bedürfnis (Kontaktbedürfnis); eine Reizsituation (Anblick des Muttertiers); die Befriedigung des Bedürfnisses (= Erreichen des Kontaktes), wodurch die Reizsituation zum erlernten Orientierungsziel des Appetenzverhaltens wird. Der *Unterschied* zur bedingten Appetenz liegt unter anderem

– in der Beschränkung der Lernfähigkeit auf eine begrenzte sensible Phase, die beim Gänseküken nur 24 Stunden dauert

– in der Unwiderruflichkeit des Lernergebnisses und

– in Verhaltensstörungen (z. B. überschießender Angst), falls die sensible Phase ohne Prägungserfolg verstreicht (siehe Abschnitt III B 4 und IV B 2).

Bei der *sexuellen Prägung* erfolgt der Lernvorgang jedoch ohne Belohnung durch entsprechende Triebbefriedigung. Sie unterscheidet sich darin grundlegend von der eben beschriebenen Prägung der Jungen auf ihre Elterntiere. Übereinstimmend für *beide* Prägungsarten sind jedoch die begrenzte sensible Phase und die Unwiderruflichkeit des Prägungsergebnisses.

Prägungsengramm und Prägungshandlung. Den besten Einblick in die Natur der Unwiderruflichkeit des Prägungsergebnisses erhält man zur Zeit durch Untersuchungen an der *sexuellen* Prägung von Singvögeln und an niederen Säugetieren:

Der Zoologe K. IMMELMANN[1] ließ die Jungen einer Prachtfinkenart (A) vom Ei an durch Pflegeeltern einer anderen Art (B) aufziehen. Als die Männchen der Art A geschlechtsreif waren, erwiesen sie sich als geprägt auf Weibchen der Art B; denn wenn man ihnen Weibchen beider Arten – selbst im Zahlenverhältnis A:B wie 10:1 – anbot, so balzten sie doch nur vor Weibchen der Art der Pflegeeltern (B). Hielt man ein derart auf B-Weibchen geprägtes A-Männchen jedoch in einem Käfig allein mit einem A-Weibchen, so balzte es vor diesem, paarte sich mit ihm und zog erfolgreich mit ihm Junge auf; danach erneut vor die Wahl gestellt, entschied es sich aber doch stets wieder eindeutig für B-Weibchen. Selbst sechs erfolgreiche Bruten mit artgleichen Weibchen (A) konnten daran nichts ändern: Der durch die Prägung erworbene Auslöse-Mechanismus ließ sich nicht umstimmen. – Man muß also zwischen *Prägungsengramm* und Prägungs*handlung* unterscheiden (Engramm = Gedächtnisspur). Die Prägungs*handlung* – hier die Balz, Paarung und Jungenaufzucht – kann, falls die durch die Prägung festgelegten Reize der B-Weibchen ausbleiben, auch von A-Weibchen ausgelöst werden. Unwiderruflich bleibt jedoch das Prägungs*engramm* bestehen; es kann durch Erfahrungen nicht gelöscht werden, und es tritt sofort auf den Plan, wenn im *Wahlversuch* die Prägungsreize in Erscheinung treten.

Nicht weniger lehrreich sind die Beobachtungen der Zoologin Hanna ZIPPELIUS[1] an *Spitzmäusen* (Spitzmäuse ähneln den Mäusen nur äußerlich; sie sind in Wirklichkeit Verwandte des Maulwurfs, stehen also nahe der Wurzel des Säugetierstammes). Die Spitzmausjungen reagieren in besonderer Weise auf ihr Muttertier: Wenn dieses sie – bei Beunruhigung am Platz des Nestes – dazu auffordert, beißen sie sich im Fell der Hinterflanke der Mutter fest und folgen ihr, wohin sie läuft. Eine richtige »Karawane« entsteht, wenn sich mehrere Junge der Reihe nach aneinander anhängen. Bis etwa zum 7. Lebenstag beißen sich die Jungen an *jedem* Fell fest, das ihnen auf richtige Weise dargeboten wird. Danach aber tun sie das nur noch an demjenigen Tier, von dem sie aufgezogen wurden, auch wenn dies im Experiment etwa eine Hausmaus war. Sie sind unwiderruflich auf dessen *Geruch* geprägt. Diese Prägung gilt aber nur für die Karawanen-Reaktion; Spitzmausjunge lassen sich durchaus von fremden Weibchen *säugen*, lehnen es aber ab, solchen Weibchen in der Karawane zu folgen. Doch gibt es eine Situation, in der sich die Jungen auch nach dem 7. Lebenstag an *jedem* anderen Tier festbeißen: wenn sie gerade mit Gewalt von ihrem Muttertier abgerissen wurden. – Die Prägung der Spitzmausjungen hat also folgende Besonderheiten: Sie erfolgt nicht auf einen Anblick, sondern einen Geruch; sie bezieht sich nur auf eine bestimmte Reaktion, nicht auf das ganze Verhalten zum Muttertier; und es gibt eine besondere Situation, in der die Prägungskontrolle ausfällt.

Prägung und individuelle Bindung. Die vorangegangenen Beispiele – Prachtfink und Spitzmaus – zeigten den Lernprozeß der *Prägung* in seiner reinsten Form: Die Kriterien der begrenzten sensiblen Phase und der Unwiderruflichkeit des Lernergebnisses waren uneingeschränkt erfüllt. In den letzten Jahren hat sich die Neigung verstärkt, den Begriff der Prägung streng auf Lernprozesse zu beschränken, die nachweislich diesen beiden Anforderungen genügen. – Man beobachtet bei einem frisch aus dem Ei geschlüpften Gänschen, daß es seine Gänsemutter im Laufe von Stunden und Tagen immer genauer kennenlernt und immer seltener auch einmal versehentlich zu anderen Tieren hinstrebt (die es dann wegbeißen). Diesen Vorgang der *zunehmenden Spezifität der individuellen Bindung* – auch ein Lernprozeß! – trennt man immer häufiger begrifflich von der Prägung ab; Konrad LORENZ ordnet ihn der *Gewöhnung*, genauer der *Angewöhnung*, unter[1]: Dieser Lernprozeß legt durch Assoziation Merkmale fest, die bei einer Auslösung des durch *Prägung* entstandenen Reiz-Reaktions-Zusammenhangs später *zusätzlich* unentbehrlich sind. Hierdurch ist dann der Begriff der Prägung so stark eingeschränkt, daß er bei der Entstehung einer individuellen Bindung nurmehr auf den *ersten* Lernakt, das Erlernen des »Artbildes« des Partners, anzuwenden ist, nicht mehr auf das Kennenlernen seiner *Individualität*. – Doch sollte man die weitere Entwicklung auf diesem Gebiet abwarten und die einschlägigen Begriffe mit Vorsicht verwenden.

Kennzeichen der Prägung. Wer mit der gebotenen Sorgfalt erwägen will, ob prägungsartiges Lernen auch beim *Menschen* vorkommt, muß nach dem heutigen Stand des Wissens der Verhaltensbiologie folgendes beachten: Zur Prägung gehören nicht unbedingt die *sehr kurze* sensible Phase wie bei der Nachfolgereaktion der Entenküken, und ebensowenig die *starre Koppelung* des Prägungsengramms an eine Verhaltensweise; entscheidend sind vielmehr die *sensible Phase* (die verschieden lang sein kann) und die *Unwiderruflichkeit* des Prägungs*engramms*. Unter Umständen reagieren jedoch geprägte Tiere auch auf andere Reize als die Prägungsreize. Entscheidend für den Nachweis der Prägung ist daher allein der *Wahlversuch*. Beim Menschen könnte noch eine zweite Wissensquelle hinzukommen: die Selbstbeobachtung unwiderruflicher Fixierungsschemata innerhalb des eigenen psychischen Erlebens.

Die Besprechung der Prägung wird in den Abschnitten II E 2, III B 4, III B 6 und IV C 2 bis C 4 fortgesetzt.

B 10. Motorisches Lernen

Wird ein Tier durch eine immer wiederkehrende Folge von auslösenden Reizen oder durch äußeren Zwang häufig zur Ausführung der gleichen Handlungsfolge veranlaßt, so verkoppeln sich die Einzelhandlungen; sie laufen dann in gleicher Weise nacheinander ab, auch wenn die steuernden Einflüsse ausbleiben. Legt man z. B. einen Seestern auf den Rücken und hindert alle Arme bis auf zwei an der Mitwirkung bei der Umdrehaktion, so verwendet er auch nach der Befreiung eine Zeitlang nur die beiden »geübten«. Nach täglich 10 Dressurversuchen während 14 Tagen wirkte diese Verhaltenseinschränkung noch 7 Tage nach.

In ihrem Revier bewegen sich viele Tiere weit schneller und geschickter als in fremder Umgebung. Eine beunruhigte Maus im eigenen Revier erreicht in großer Geschwindigkeit zielsicher ihr Nest; sie tut dies »blind« und folgt einer eingelernten Bewegungsfolge. Eine in unbekanntes Gelände gebrachte Maus kann sich dort nur langsam und vorsichtig bewegen. Durch häufiges Hin- und Herlaufen zwischen Nesteingang und jeweiligen Reviergrenzen lernt sie ihre Fluchtwege auswendig. Man spricht von kinästhetischem Lernen.

Die Selbstdressur des Menschen zu geplanten Bewegungsweisen wie erlernten Tanzbewegungen und Kraulschwimmen, Bedienen von Maschinen und Autofahren, welche später völlig »mechanisch« ablaufen, gelingt durch motorisches Lernen. Das gleiche gilt für manche Zirkusdressuren: Durch unmittelbares Handanlegen, durch fortwährendes Locken oder durch abwechselndes Auslösen von Flucht und Angriff (abwechselndes Unter- und Überschreiten der hierfür »kritischen Distanz«) wird das Tier so oft zu einer Folge von bestimmten Bewegungen veranlaßt, bis es sie auswendig gelernt hat. Danach werden die genannten »Hilfen« abgebaut bis zu geringfügigen Intentionsbewegungen des Dompteurs, welche die Tiere dann jedoch weiterhin im gelernten Sinne beantworten[1].

Motorisches Lernen läßt sich als Gegenstück zum bedingten Reflex betrachten. Bei beiden Lernprozessen verknüpfen sich aufgrund zeitlicher Nachbarschaft die zentralnervösen Stellvertreter von aufeinanderfolgenden Ereignissen: von Sinnesmeldungen (beim bedingten Reflex), von Verhaltenskommandos (beim motorischen Lernen).

B 11. Soziale Anregung und Nachahmung

In England stehen morgens vor fast jedem Haus gefüllte Milchflaschen. Etwa im Jahre 1940 beobachtete man unter den *Meisen* Englands erstmalig ein Verhalten, das sich dann im Laufe der folgenden Jahre über große Teile des Landes ausbreitete: Die Tiere pickten ein Loch in den Verschluß der Milchflaschen und verzehrten die Sahne an der Oberfläche der Milch. Das hörte erst auf, als festere Verschlüsse eingeführt wurden[2]. Die Ausbreitung des Milchflaschenöffnens ging wahrscheinlich so vor sich: Unerfahrene Meisen ließen sich durch erfahrene Artgenossen anlocken, wenn sie diesen ansahen, daß sie etwas Eßbares gefunden hatten. Dort angekommen, machten die Neulinge dann jeweils ihrerseits die Erfahrung: Milchflaschen enthalten Leckerbissen; fortan nutzten sie auch selbst diese Nahrungsquelle. Das Verhaltens-Bindeglied von Tier zu Tier war dabei einfach das Angelocktwerden durch eifrig pickende Artgenossen. Wie man sieht, kann eine solche *soziale Anregung*, wenn sie von Tier zu Tier weiterwirkt, sogar zur Grundlage für eine Tradition werden. (Als Tradition betrachtet man es, wenn sich etwas Erlerntes in einer Tier- oder Menschenbevölkerung durch Lernen ausbreitet und von Generation zu Generation weitergegeben wird.)

Akustisches Nachahmen. Viele Vogelarten sind »Spötter«: Sie ahmen Laute nach, die sie von anderen Arten, von Menschen oder Maschinen gehört haben. Viele erwerben sogar ihren eigenen Artgesang zum Teil durch Nachahmen ihrer Artgenossen. Bei solchen Vögeln kann der Gesang von Landstrich zu Landstrich etwas verschieden sein; dies gilt z. B. für den Schlag des Buchfinken. Die begabtesten Spötter sind Rabenvögel und Papageien. Der biologische Sinn des »Spottens« könnte in folgendem liegen: Der nachahmende Vogel signalisiert dem nachgeahmten, daß er ihn kennt und sich in seinem Verhalten auf ihn bezieht[1]. In manchen Fällen ist das Spotten vielleicht aber auch lediglich der Nebeneffekt einer allgemeinen Höherentwicklung der Lernfähigkeit und hat für das Tier keinen *speziellen* Wert.

Nachahmen von Gesehenem. Der Zoologe Jörg HESS[2] beobachtete an einem Gorillakind im Baseler Zoologischen Garten, wie es Tätigkeiten seiner Mutter mit den Augen verfolgte und daraufhin die gleiche Handlung ausführte: Die Mutter hatte beispielsweise wiederholt eine Handfläche in eine Flüssigkeitslache getaucht, die Handfläche dann mit der anderen Hand abgestreift und danach diese andere Hand abgeleckt; das Kind saß daneben und sah zu. Zuerst *folgten* seine Blicke den Bewegungen der Mutter, *dann gingen sie diesen voraus*. So lernte das Kind die Vorgänge »theoretisch« und vollführte sie anschließend auf genau die gleiche Weise.

Nachahmen und soziale Traditionen. Wird Nachgeahmtes erlernt und dann auf gleiche Weise immer wieder von den jungen Tieren übernommen, so wird das Nachahmen zur Grundlage von Traditionen. Am sorgfältigsten ist das bisher von japanischen Forschern an einer dort lebenden Art von Makaken (Macaca fuscata) beobachtet und registriert worden:

»Ein Affentrupp auf der Koshima-Insel wurde ab 1952 regelmäßig mit Süßkartoffeln gefüttert. 1953 sah man zum erstenmal, daß das anderthalbjährige Weibchen Imo die Kartoffeln am Ufer eines Süßwasserbaches wusch. Sie hielt die zu waschende Kartoffel in einer Hand und putzte den Sand mit der anderen Hand im Wasser ab. Diese ›Erfindung‹ breitete sich im Laufe der Jahre in der Gruppe aus, und zwar zunächst innerhalb der engeren Familie und innerhalb der Gruppen von Spielgefährten. Später wurde die Gewohnheit immer von der Mutter auf die Kinder übertragen. 1962 wuschen bereits ¾ aller über zwei Jahre alten Affen Kartoffeln. Zuerst wuschen die Affen ihre Kartoffeln nur im Süßwasser. Allmählich benutzten sie auch Meerwasser dazu, wobei einige offensichtlich Geschmack am Salz fanden und dazu übergingen, ihre Kartoffeln zu würzen, indem sie diese während der Mahlzeit immer wieder in Salzwasser tauchten.

Man fütterte die Tiere im gleichen Gebiet auch mit Weizen, den man am Ufer ausstreute. Die Affen lasen zunächst stets sorgfältig Korn für Korn auf, bis 1956 das mittlerweile 4 Jahre alte Weibchen Imo, das auch das Kartoffelwaschen erfunden hatte, dazu überging, das Sand-Weizen-Gemisch zusammenzuraffen und ins Wasser zu werfen, wo sich der Sand schnell vom leichteren Weizen trennte. Bisher haben 19 der insgesamt 49 Affen diese Erfindung übernommen. Auch die Gewohnheit, im Meer zu baden und mit bestimmten Gebärden um Futter zu betteln, entwickelte sich bei diesen Affen als gruppenspezifisches Verhaltensmuster, das sich nunmehr durch Tradition erhält. Bei Kyoto lernten japanische Makaken, sich nach dem Vorbild der Wärter am offenen Feuer zu wärmen; 1958 begann ein Weibchen damit, jetzt tun es alle. Auch in der Verwertung von natürlicher Nahrung gibt es gruppenspezifische Gewohnheiten. Die Affen von Mount Takasaki in Kyushu spucken die Kerne der Früchte des Aphananthe-Baumes aus. Die Affen von Mount Arashi bei Kyoto zerbeißen die Kerne und fressen den Keimling. Die Affen von Mount Minoo verzehren Eier, die von Shodoshima tun das nicht. Ja selbst gewisse Züge des Sozialverhaltens scheinen tradiert zu werden: Die ranghohen Männchen der Takasaki-Gruppe tragen kleine Affenkinder mit sich, wenn die Weibchen sie nicht mehr betreuen können, weil sie neue Junge haben. Das beobachtet man in anderen Gruppen höchst selten oder gar nicht.« (Bericht aus EIBL-EIBESFELDT[1], etwas verändert)

B 12. Grenzen des Lernvermögens

Für das *Lernen aus Erfahrung* bestehen unterschiedliche Grenzen bei verschiedenen Tierarten: Nach dem Flügelstutzen geben manche Vogelarten ihre Flugversuche sehr schnell auf (Kormorane), manche überhaupt nicht (z. B. Krickente)[1]. Auch die Kapazität für *gleichzeitig gespeicherte erfahrungsbedingte Reiz-Reaktions-Zusammenhänge* kann von Tierart zu Tierart unterschiedlich sein: Durch Differenzdressur lernen Zwerghühner im Höchstfall 5 Musterpaare zu unterscheiden, Haushühner 7, Pferd und indischer Elefant 20[2]. – Feste Grenzen haben sich durch Forschungen von Otto KOEHLER und seinen Mitarbeitern auch für das *Behalten von Anzahlen* ergeben: Kein Lebewesen außer dem Menschen ist bisher trotz vieler Bemühungen dazu zu veranlassen gewesen, eine größere Anzahl als 8 zu erfassen[3], d. h. zu lernen, aus einer gebotenen Anzahl von Futterbrocken jeweils z. B. gerade 8 Stück zu nehmen und die übrigen liegen zu lassen.

Eine mit dem *Nachahmen* verwandte Fähigkeit des Menschen besteht darin, etwas Gesehenes mit der Hand nachzubilden, also etwas abzuzeichnen oder nach einem Vorbild zu modellieren. Für den Menschen vermittelt diese Fähigkeit aber die biologische Grundlage zur Entwicklung der Schrift (die ja aus der Bilderschrift hervorging) und damit der tradierbaren Kultur. Die Menschenaffen können dies, wenn überhaupt, höchstens in geringen Ansätzen. Das beruht nicht auf körperlicher Ungeschicklichkeit oder mangelnder Formwahrnehmung: Man kann sie zum Zeichnen und Malen veranlassen, und man hat dabei nachgewiesen, daß einzelne Mal-Aktionen davon abhängen, was das Tier auf dem Papier sieht: Gibt man ein Blatt in Breitformat, auf dessen linke Hälfte zuvor ein schwarzes Quadrat gemalt wurde, so setzt ein Schimpanse seine Zeichnung vorwiegend auf die rechte Seite – und umgekehrt[4]. Menschenaffen können auch Gegenstände auf Bildern *erkennen*: Ein junger Schimpanse legte sein Ohr auf die erstmals gesehene Abbildung einer Armbanduhr – offenbar in der Erwartung, deren Ticken zu hören. – Aber das Vergleichen zwischen dem eigenen »Werkstück« und dem Vorbild – daraufhin das Verbessern des Werkstücks nach dem Modell und das laufend wiederholte Abwechseln dieser beiden Phasen im Verlauf des Gesamtprozesses – dieses Wechselgeschehen übersteigt nach den heutigen Kenntnissen die Fähigkeiten jedes lebenden Organismus außer denen des Menschen.

B 13. *Gedächtnis und Vergessen*

Das *Gedächtnis* ist der körperliche und psychische Träger der Fähigkeit, etwas Erlerntes oder Erfahrenes zu behalten (aufzubewahren) und nicht zu vergessen. Manche Gedächtnisinhalte (Engramme) können, auch wenn sie in einem einzigen kurzen Lernvorgang entstanden sind, lebenslang erhalten bleiben, bei langlebigen Organismen wie dem Menschen also viele Jahrzehnte überdauern. Beim Lernen gehen die aufgenommenen Informationen jedoch nicht augenblicklich in ein solches »Langzeitgedächtnis« über; sie werden zunächst in einer vorläufigen Form gespeichert. Besonders klare Beweise hierfür haben Untersuchungen der Zoologen Randolf MENZEL und J. ERBER[1] an der Honigbiene geliefert:

Wird eine Biene nur ein einziges Mal bei einer bestimmten Farbe (*Blau* von 444 nm) mit 30%igem Zuckerwasser belohnt, so bevorzugt sie daraufhin diese Farbe gegenüber einem *Grün* von 532 nm in anschließendem Wahlversuch bereits mit dem hohen Wahlverhältnis von etwa 80:20. Unterwirft man diese Biene jedoch sofort nach dem Lernakt einem Elektroschock (der während seiner Dauer die bioelektrischen Vorgänge im Gehirn tiefgehend verändert), so wird dadurch das Gedächtnis für die Farbe vollständig gelöscht: Die Biene entscheidet sich danach im Wahlversuch genau wie ohne vorherige Dressur, nämlich für beide Farben gleich häufig. Abkühlung auf 1^0C und vorübergehende CO_2-Narkose haben – abgesehen vom langsameren Einsetzen dieser Einflüsse – die gleiche, *das Engramm auslöschende* Wirkung. Erfolgen alle diese Maßnahmen aber erst kurze Zeit später, z. B. 1–3 min nach dem Lernakt, so geht nur ein Teil des Dressurerfolgs verloren;

je länger der Zeitabstand, desto mehr bleibt erhalten. Etwa 7 min nach dem Lernakt ist das Gedächtnis der Biene für die erlernte Farbe durch die angewandten Störeinflüsse schon nicht mehr zu beeinträchtigen. (Die genannten Störeinflüsse haben sonst keine nachweisbaren Wirkungen – auch keine Spätwirkungen – auf das Lernvermögen und auf das sonstige Verhalten der Bienen.)

Die anfängliche Löschbarkeit und die spätere Resistenz des Lerneffekts gegen die beschriebenen Störeinflüsse lassen darauf schließen, daß sich das Engramm gleich nach seiner Entstehung in einem anderen physiologischen Zustand befindet als 7 min später, und daß es *fließend* vom löschbaren in den löschfesten Zustand übergeht. – Auch dieser zweite Zustand des Engramms ist jedoch noch nicht der endgültige: In einem längerdauernden Vorgang von etwa 15 min Dauer verbessert sich das Wahlergebnis von einem Tiefpunkt, der rund 2–3 min nach dem Lernakt erreicht ist (Wahlen etwa 68:32), allmählich zum Endwert (etwa 82:18), ohne daß das Tier dabei irgendwelche neuen Erfahrungen mit der Lernsituation machen müßte; auch bei dieser zweiten Phase der »Konsolidierung« des neu erworbenen Engramms handelt es sich also um einen internen autonomen physiologischen Vorgang. Erst jetzt ist das Erlernte endgültig in den *Langzeitspeicher* aufgenommen.

Auch bei den Wirbeltieren gehen frische Gedächtnisspuren durch Elektroschocks und andere Störungen vielfach wieder verloren, während sie sich später hierdurch nicht mehr beeinflussen lassen. Die Löschbarkeitszeitspannen erwiesen sich jedoch von Tierart zu Tierart als sehr unterschiedlich[1]. Unter dem hier oft verwendeten Begriff »*Kurzzeitgedächtnis*« für die Vorstufe zum Langzeitgedächtnis verbirgt sich daher sicherlich – wie schon bei der Biene angedeutet – eine Mehrzahl unterschiedlicher physiologischer Vorgänge. Man hat zwar bereits vor Jahrzehnten eine hierher gehörige Vorstellung entwickelt: Die erlernten Informationen würden im Gehirn zunächst in Form von bioelektrischen Signalen gespeichert werden, die in kreisförmig geschlossenen Nervenbahnen umlaufen. Die Löschbarkeit frischer Engramme durch Elektroschocks stände damit im Einklang. Doch bestehen für die

Richtigkeit dieser speziellen Vorstellung auch heute noch keine konkreten Nachweise.

Für das *Langzeitgedächtnis* hat man vorübergehend »informationstragende Moleküle« als Träger der Engramme vermutet; Befunde, die dementsprechend eine Übertragung von Engrammen durch die Injektion von Peptid-, Protein- oder RNA-Fraktionen aus dressierten in erfahrungslose Tiere anzudeuten schienen, haben jedoch der experimentellen Überprüfung bisher nicht standgehalten. – Viel eher dürften *Synapsen* als elementare physiologische Informationsspeicher in Frage kommen; denn deren Durchgängigkeit für Signale hat sich in manchen Experimenten als veränderlich durch vorangehende Erregungsvorgänge erwiesen. Doch wurde dabei noch nirgends entschieden, ob man im Sinne der Verhaltensbiologie wirklichen Lernvorgängen, also solchen, die das *Verhalten* des Organismus *aufgrund von Erfahrungen* beeinflussen, auf der Spur war.

Hat ein Tier im Dressurexperiment etwas gelernt, unterliegt dann aber keiner auffrischenden Dressur mehr, so wird das Erlernte in vielen Fällen allmählich wieder *vergessen*. Wird die Dressursituation wiederholt, ohne daß dabei die ursprüngliche Belohnung oder Bestrafung erfolgt – man nennt dies dann *Extinktion* –, so geht das Vergessen meist schneller.

Auch beim *Umlernen* muß der frühere Lerninhalt verschwinden, um dem neuen Platz zu machen. Eine Biene kann in ihrem Leben nachweislich Dutzende von Malen von einer auf eine andere Dressurfarbe umlernen und dabei jeweils diejenige Farbe *meiden*, die sie zuvor der anderen vorgezogen hatte[1]. – Einen Konflikt zwischen alten und neuen Lerninhalten kann man als Mensch erleben, wenn man nach dem Kauf eines neuen Autos neue Bedienungshandgriffe zu lernen hat und diese sich gegen die früheren, altgewohnten Handhabungsweisen »durchsetzen« müssen.

Für das selbsttätige Vergessen, für die Extinktion und für das Unwirksamwerden früherer Engramme beim Umlernen sind mehrere physiologische Mechanismen denkbar, zwischen denen man aber empirisch noch nicht unterscheiden kann: passive Vorgänge, die den materiellen Träger der Engramme

im Laufe der Zeit verblassen (seine spezifische Struktur verlieren) lassen; aktive (d. h. Stoffwechselenergie verbrauchen-
de) Prozesse, vergleichbar dem Löschen der Aufzeichnungen
auf einem Tonband; oder schließlich das Unerreichbarwerden
der dem Vergessen anheimfallenden Engramme, die in diesem Fall nicht zerstört, sondern unzugänglich werden würden.

C. Erkunden, Neugierde, Spielen

Erkunden aus eigenem Antrieb, Neugierverhalten und Spielen bilden eine eigene, selbständige Gruppe von untereinander verwandten Verhaltensweisen. Bei vielen höher organisierten Säugetieren und auch beim Menschen ist ein ganzer Lebensabschnitt vorwiegend diesen Verhaltensweisen gewidmet: die Entwicklungsphase zwischen der frühen Kindheit und dem Erreichen des Erwachsenenalters.

Erkunden, Neugierverhalten und Spielen stehen zueinander in einem ähnlichen Verhältnis wie unregelmäßiges Suchen, gerichtete Annäherung und Endhandlung: *Erkunden* ist Herumstreifen und Wahrnehmen dessen, dem das Lebewesen begegnet; *Neugierverhalten* heißt *gerichtetes Aufsuchen* und Untersuchen von Gegebenheiten, die auffällig und unbekannt sind; beim *Spielen* schließlich liegt die Vielfalt im *Verhalten*, sei es beim Bewegungsspiel, beim Spiel mit Gegenständen oder mit Partnern.

C 1. *Erkunden*

Unregelmäßiges *Suchen* kommt als erster Teil des *Appetenzverhaltens* vor. Es kann mit dem *Kennenlernen* des beim Suchen durchstreiften Gebietes, also einem *Lernprozeß*, einhergehen und dadurch den Charakter des *Erkundens* bekommen. Die Impulse zu diesem Verhalten liefern in diesem Fall die Antriebe zur Nahrungsaufnahme, zur sexuellen Partnersuche usw. (Abschnitt I A 5).

Doch gibt es auch ein Erkunden aus *eigenem* Antrieb[1]. Hierfür drei Beispiele: Versetzt man ein Säugetier, z. B. einen Dachs, in eine fremde Umgebung, so wird er vielfach zunächst vom Erkundungsverhalten völlig beherrscht; das Tier geht erst dann zur Nahrungsaufnahme oder zum Spielen mit seinem menschlichen Partner über, wenn es seine neue Umgebung genau kennengelernt hat[2]. – Will man Goldhamster dressieren, z. B. um ihre Sinnesleistungen kennenzulernen, so ist die wirksamste Belohnung: sie gleich nach jeder »richtigen« Wahl auf einer Tischplatte zwischen den Klötzchen eines Baukastens herumlaufen, also ihrem Drang, Unbekanntes zu erkunden, folgen zu lassen[1]. – Haben Ratten ein verwickeltes Gangsystem (ein Labyrinth), ohne daß sie belohnt wurden, kennengelernt, so lernen sie später einen belohnten Weg darin schneller; sie hatten also zuvor ohne Belohnung aus eigenem Antrieb bereits Informationen aufgenommen und gespeichert, die sie jetzt anwenden können (latentes Lernen).

Das Erkunden geht vielfach auf besondere, artgemäße Weise vor sich: Hunde beschnuppern, Eichhörnchen benagen die Gegenstände ihrer Umgebung, um die für sie wichtigen Merkmale kennenzulernen; junge Schimpansen berühren neue Gegenstände bevorzugt mit den Händen und führen sie an die Lippen.

C 2. Neugierverhalten

Macht sich in einer an sich bekannten Umgebung etwas Neues bemerkbar, so kann es, falls es nicht abschreckend wirkt, bei den Vertretern mancher Tierarten ein *gezieltes* Erkunden auslösen, das man in Parallele zu dem entsprechenden menschlichen Antrieb *Neugierverhalten* nennt. Hierfür drei Beispiele:

Ein junger, von Menschen aufgezogener Wolf fand an jedem Morgen eine Schale mit Wasser zum Trinken vor. Eines Tages war, als er trinken wollte, zum erstenmal in seinem Leben im Wassernapf Eis, und er betastete es mit seiner Pfote. Gleich darauf wurde Wasser zum Trinken darübergeschüttet. Der Wolf begann aber daraufhin nicht, wie sonst, sofort zu trinken, sondern steckte erst wieder die Pfote hinein und untersuchte das Eis abermals. Hier setzte sich also die Neugierde gegen eine andere (wenn auch vielleicht nur schwach aktivierte) Verhaltenstendenz durch. – Eine nicht hungrige Maus findet einen Nahrungsbrocken; sie untersucht ihn, prüft seinen Geschmack, läßt ihn dann aber liegen (vielleicht um ihn bei Hunger wieder zu suchen und zu verzehren). – Die Neugierreaktion tritt bei Schimpansen so zuverlässig ein, daß man darauf eine Methode gründete, ihr visuelles Unterscheidungsvermögen zu untersuchen: Erkennen Schimpansen an einem ihnen vorgelegten Gegenstand, der einem schon bekannten ähnelt, einen Unterschied, so untersuchen sie ihn neugierig; bemerken sie keinen Unterschied, so bleiben sie gleichgültig (»oddity method«).

C 3. Spielen

Erkunden und Neugierverhalten gehen fließend ins Spielen über, vor allem sofern ein neugiererregender Gegenstand oder ein Partner irgend etwas mit sich machen läßt oder wenn auf ein eigenes Verhaltenselement irgendwelche Reaktionen aus der Umwelt folgen. Das Spielen umschließt angeborenes und erlerntes Verhalten. Es umfaßt so viele Handlungsvariationen wie sonst keine Verhaltensweise, und es kann Elemente aus allen übrigen Verhaltensbereichen enthalten. Manche angeborenen Verhaltensweisen erscheinen, wenn sie im Spiel vorkommen, in etwas abgewandelter Form; diese Änderungen sind dann von der Art, daß sie das betreffende Verhalten zu einem geeigneten Bestandteil des Spielens machen.

Daß das Spielen den Schwerpunkt einer Phase der Jugendentwicklung ausmacht, wird in Abschnitt III B 5 ausführlich beschrieben, vor allem am Beispiel junger Löwen. Die folgende Zusammenstellung von Verhaltenselementen des Spielens ist darauf angelegt zu zeigen, inwiefern die innere Organisation des Spielverhaltens dem biologischen Ziel dient, anwendbare Erfahrung zu gewinnen. Dabei folge ich im wesentlichen der Schweizer Verhaltensforscherin M. MEYER-HOLZAPFEL[1]. Mehrere Beispiele stammen von jungen Wölfen, die von dem amerikanischen Ehepaar L. und F. CRISLER[2] in der Tundra Alaskas, dem natürlichen Lebensraum der Wölfe, aufgezogen und beobachtet wurden; diese Tiere hatten zuvor niemals erwachsene Wölfe gesehen.

Spiel-Appetenz. Es gibt ein speziell auf Spielen gerichtetes *Appetenzverhalten* sowie besondere Gesten der Spielaufforderung (manche angeboren, andere erlernt). Zootiere betteln um Spiel mit dem Wärter. Jeder Hundekenner weiß von seinem Hund, welche Gebärden bei ihm der Spielaufforderung dienen. Tiermütter, z. B. die Löwin, fordern ihre Jungen zum Spielen auf (und umgekehrt).

Angeborene Anteile des Spielens. Als angeboren lassen sich bei spielenden jungen Löwen *Anschleichen* und *gezieltes Anspringen* des Beutetiers (= Spielpartners) erkennen; es entwickelt sich schon zu Zeiten, wo es noch nicht bei den Erwachsenen beobachtet und durch Nachahmen erlernt werden kann. Im Verfolgungsspiel jagen sich junge Eichhörnchen gegenseitig wie bei »ernster« Flucht derart, daß das fliehende Tier stets die Sicht-Deckung vor dem Verfolger, z. B. hinter einem Baumstamm, zu erlangen sucht[1]. Junge Robben verfügen über Spielelemente, die sonst nur bei Landraubtieren vorkommen[2]. Das hängt sicherlich damit zusammen, daß die Robben stammesgeschichtlich aus Landraubtieren hervorgegangen sind; von ihnen dürften auch die Spielhandlungen noch herstammen. Sie sind mit Sicherheit genetisch vererbt: Nachahmung ist hier ausgeschlossen, weil die erwachsenen Tiere keinerlei Vorbild für diese Spiele liefern.

Angeborene Verhaltenselemente im Spiel vor dem Reifen der zugehörigen Bereitschaft. Im Spiel von Tierjungen kommen Teilhandlungen aus Verhaltensbereichen vor (z. B. aus dem Beutefang- und Sexualverhalten), für welche die inneren Bedingungen erst im Erwachsenenalter voll ausreifen. Ein Beispiel: Ein älteres Löwenjunges, das im Spiel schon Beutefanghandlungen ausführte, fand zufällig eine neugeborene Gazelle, die nicht flüchtete. Der kleine Löwe faßte sie am Nacken und schüttelte sie, zeigte damit also das angeborene Verhaltenselement »Totschütteln«. Hatte er »Blut geleckt«? Würde er zum Ernstverhalten übergehen und die Beute zerreißen? Nein, er trug sie zu den anderen Jungtieren und forderte diese mit Schwanzschlagen zur spielerischen Verfolgung auf[3]! Das Tier hatte also zwar »Beutefang« am passenden Gegenstand ausgeführt, aber die zum Ernstfall gehörigen weiteren Verhaltensweisen wie Töten, Zerreißen und Nahrungsaufnahme blieben aus. Die beim erwachsenen Tier für den Beutefang zuständige Bereitschaft war also nicht aktiviert, und zwar sicherlich darum, weil sie noch gar nicht ausgereift war. Die kleine

Gazelle wurde nicht als Beute, sondern als Spielobjekt behandelt.

Im Spiel abgewandelte angeborene Verhaltenselemente. Angeborenes Verhalten offenbart sich im Rahmen des Spielens bisweilen in abgewandelter Form: Angriffs- und Kampfverhalten ist dahingehend abgeändert, daß die Spielpartner einander nicht verletzen. Hierher gehören die »Beißhemmung« des spielenden Hundes und die eingezogenen Krallen beim Prankenschlag spielender Löwen. Durch die Abwandlung der verletzenden angeborenen Verhaltenselemente werden die Verhaltensweisen des Beutefangs im sozialen Spiel durchführbar; denn jetzt können Spielpartner die Rolle von Beutetieren spielen, ohne dabei gefährdet zu werden. Nur das Töten der Beute kann durch spielerische Erfahrung mit Artgenossen nicht vervollkommnet werden.

Im Spiel abgewandelte innere Faktoren (Valenz, Dynamik). Wenn angeborenes Verhalten im Spiel vorkommt, so können seine inneren verhaltenssteuernden Bedingungen andere funktionelle Eigenschaften aufweisen. Das ist beim Verfolgungsspiel augenfällig: Im Ernstfall versucht der Verfolgte, dem Gegner zu entkommen; wenn das gelungen ist, erlischt die Fluchtbereitschaft mehr oder weniger bald. Im Spiel dagegen läuft der Flüchtende zwar mit aller Kraft; wenn aber der Partner von der Verfolgung abläßt, so versucht er ihn zu erneuter Verfolgung anzureizen. Der Verfolger wird also nicht gemieden, sondern geradezu gesucht. Seine Valenz hat im Ernstfall und im Spiel das »umgekehrte Vorzeichen«. Durch die spielbedingte Umkehrung des Vorzeichens der Valenz des Verfolgers wandelt sich das Fluchtverhalten zum *Spiel zwischen Partnern*, die trotz des Fliehens räumlich zusammenbleiben und das Spiel beliebig lange fortsetzen können. Dazu kommt, daß die Rollen des Verfolgers und des Fliehenden oft sprunghaft wechseln; hierin liegt eine für das Spielen kennzeichnende Dynamik, die dem Ernstverhalten nicht zukommt.

Offenheit des Spiels für Anreize jeder Art. Bei besonders spielbegabten Tierarten kann fast jedweder Sinneseindruck, insbesondere wenn er auffällig und für das Lebewesen neu ist, spielerisches Verhalten anregen: Einer der von den CRISLERS aufgezogenen jungen Wölfe blieb während eines Spaziergangs lange bei einer frisch aufgeblühten roten Blüte stehen, streifte mit der Nase darüber und berührte sie mit der Pfote. Die von dem Zoologen Gustav KRAMER freifliegend gehaltenen Kolkraben »beschäftigten sich« mit den verschiedensten Dingen: Sie jagten einer Bachstelze nach, hoben blaue Papierschnitzel auf, stahlen eine Pfeife aus dem Zimmer oder zerrissen Windeln, die zum Trocknen aufgehängt waren. Vielleicht kommen sogar alle Wahrnehmungen, die überhaupt von Sinnesorganen gemacht werden können, als Anreize für das Spielen in Frage, einschließlich der Rückmeldungen aus dem eigenen Körper über besondere Haltungen und Bewegungen, z. B. bei Bewegungsspielen.

Umweltreaktionen veranlassen Wiederholen der Spielhandlungen. Spielverhalten neigt schon von sich aus zur Wiederholung von Einzelhandlungen (»Funktionslust«). Das steigert sich noch, sobald die Gegenstände oder Partner auf eine Spielhandlung in irgendeiner Weise *reagieren*, wenn also ein besonderer Laut entsteht, das Spielobjekt einen besonderen Anblick bietet oder der Spielpartner etwas Auffälliges tut. Reaktionen der Umwelt wirken gleichsam als »Belohnung«. So gefiel sich eine Großstadt-Taube darin, Nägel aus einem Kasten auf einer Baustelle zu nehmen und sie in ein metallenes Regen-Fallrohr fallen zu lassen, wo sie klirrende Töne verursachten. Hiermit hängt auch zusammen, daß das Spielen eines Partners seine Altersgenossen zum Mitspielen anregt; Spielen ist »ansteckend«. – Das spielbedingte Reagieren auf jedwedes Geschehnis, das auf irgendeine eigene Aktivität folgt, und die Art dieses Reagierens, nämlich das Wiederholen des soeben durchgeführten eigenen Verhaltens, lassen die Lebewesen gesetzmäßige Konsequenzen ihres eigenen Verhaltens kennenlernen. In diesem angeborenen Funktionsprinzip ist eine Verfahrensregel des naturwissenschaftlichen Experimentierens vorweggenommen: Allein das *Wiederholen* von Experimenten befähigt dazu, zufälliges Zusammentreffen von gesetzmäßigen Beziehungen zu unterscheiden.

Spielbedingte Tendenz zum Abwechseln und zum Abwandeln von Spielhandlungen. Zugleich neigt Spielverhalten aber auch zum häufigen Wechseln und zum Abwandeln des Verhaltens gegenüber Gegenständen oder Spielpartnern. Dabei geht der Übergang von einer Verhaltensweise zu einer anderen, vielleicht sogar entgegengesetzten, z. B. von Flucht zur Verfolgung und umgekehrt, im Spiel anders, und zwar viel schneller vor sich als im Ernstfall. Körperbewegungen werden, vor allem bei Affen und Menschenaffen, in so vielfältiger Weise abgewandelt, wie das motorisch nur irgend möglich ist (Klettern, Purzelbäume). Auch die uns schon bekannten jungen Wölfe zeigten besonders vielfältige *Bewegungsspiele*: Abhänge hinauf- und hinunterlaufen; Purzelbäume vornüber, rückwärts und seitlich; ein Jungtier faßte ein anderes mit dem Fang am Hinterbein, legte sich auf die Flanke und ließ sich einige Meter weit mitschleifen. Kennzeichnend für das Spielen der *Schimpansen* ist es, daß sie mit einem neu in ihren Bereich gelangten Gegenstand zunächst alles tun, was ihnen motorisch möglich ist, vom Prüfen mit den Zähnen bis zum Reiben an der eigenen Haut oder am Untergrund. Ein Schimpanse, der einen Bleistift erhielt, fand auf diese Weise, daß dieser beim Reiben Farbe abgab. Dieser unerwartete Effekt führte ihn zu einer neuen Richtung seines Spiels: Er bemalte die ganze Umgebung und versuchte, auch sich selbst schwarz zu färben.

Erlernte und erfundene Spiele, Spielmoden. Als *erlernt* offenbaren sich vor allem solche Spiele, die ein Tier neu »erfindet« und dann lange Zeit als »Mode« beibehält. Bei mehreren Tierarten (Gemsen, Fischottern, Dachsen) wurde beobachtet, daß sie steile Abhänge im Schnee herunterrutschen oder eine Schlitterbahn auf Eis benutzen, beides in dauernder Wiederholung. Seelöwen warfen – auch in freier Natur – Steinchen in die Luft und fingen sie wieder auf. Von den beiden zusammen aufgezogenen jungen Wölfen begann oft der eine zu graben, blickte zum Spielgefährten, ob er zusähe, wühlte dann betont heftig weiter, hielt inne und schnüffelte, als ob er einer Maus auf der Spur wäre; er tat dies so lange, bis der andere herbeikam, um zu sehen, was er habe. Dieses Spiel – einmal »erfunden« – wurde in der Folge lange Zeit häufig wiederholt.

Schwache Durchsetzungsfähigkeit gegen andere Verhaltenstendenzen. Die drei zusammengehörenden Verhaltensweisen Erkunden, Neugierverhalten und Spielen besitzen wie sonstiges Verhalten die Fähigkeit, sich gegen andere Verhaltenstendenzen durchzusetzen; doch ist diese Durchsetzungsfähigkeit im allgemeinen nur schwach im Vergleich zu allen anderen Bereitschaften, die ja in der Regel *aktuellen* biologischen Bedürfnissen dienen. Ein Beispiel, in dem sich eine Spielhandlung doch gegen wenn auch geringfügige Angst durchsetzte, stammt wieder von einem der jungen Wölfe: Er trat zufällig auf einen stäubenden Bovist, sprang zunächst erschreckt zurück, ging aber vorsichtig gleich wieder heran und patschte mit der Pfote noch einmal darauf. – Wenn aber wirkliche Furcht aufkommt, wird jedes Erkunden, Spielen und spielerische Nachahmen sofort unterdrückt.

Nachahmen im Rahmen des Spielens. Im Rahmen des Spielens besteht bei höheren Säugetieren die Tendenz, Wahrgenommenes (Akustisches und Visuelles) nachzuahmen, vor allem das Verhalten der Elterntiere. Die spielerische Tendenz, das Verhalten von Artgenossen *nachzuahmen*, dabei also Wahrgenommenes in eigenes Verhalten zu übersetzen und es dabei zugleich zu lernen, gesellt der Weitergabe von genetischer Information die biologische Basis für das Tradieren erworbener Information hinzu.

C 4. Verhaltensweisen des Spielbereichs: Zusammenfassende Betrachtung

Wollte jemand den Lehrsatz aufstellen: Alle Verhaltensweisen der Tiere dienen *unmittelbar* bestimmten Notwendigkeiten – die Existenz der Verhaltensweisen des Spielbereichs würde ihn widerlegen. Das Gegenteil ist der Fall: Treten während des Spielens starke aktuelle Bedürfnisse auf wie Hunger oder Gefahr, so wird das Spiel sofort abgebrochen. Das Spielen scheint sogar den grundlegenden Lebensbedürfnissen eher zu widersprechen: Es *verbraucht Stoffwechselenergie*; und Spielen ist sicherlich *gefährlicher* als Nichtstun. Spielerisches

Verhalten scheint nur um seiner selbst willen da zu sein; im Haushalt der Natur erscheint es wie ein Luxus. Trotzdem bildet es gerade bei höchststehenden Tieren den wesentlichen Inhalt einer ganzen Entwicklungsphase. Wir fragen: Welchen biologischen Sinn haben die Verhaltensweisen des Spielbereichs?

Vielfalt der spielerischen Verhaltenssteuerung. Im Bereich des spielerischen Verhaltens kommen dermaßen unterschiedliche Prinzipien der Verhaltenssteuerung nebeneinander vor, daß man darin zunächst gar keine gemeinsamen Gesichtspunkte findet. Das zeigt sich besonders deutlich, wenn man einige der Kurzformulierungen, die die einzelnen Absätze der vorangegangenen Seiten einleiten, unmittelbar nebeneinanderstellt:

– Angeborene Anteile des Spielens
– Im Spiel abgewandelte innere Faktoren
– Offenheit des Spiels für Anreize jeder Art
– Umweltreaktionen veranlassen das Wiederholen der Spielhandlungen
– Tendenz zum Abwechseln und Abwandeln von Spielhandlungen
– Erlernte und erfundene Spiele, Spielmoden
– Schwache Durchsetzungsfähigkeit gegen andere Verhaltenstendenzen
– Nachahmen im Rahmen des Spielens.

Man könnte in dieser Zusammenstellung sogar gewisse Widersprüche sehen: zwischen den angeborenen Anteilen des Spiels und der Offenheit für Anreize jeder Art; sowie zwischen der Wiederholungstendenz (im Fall von Umweltreaktionen) und der Tendenz zum Abwechseln. Durch bloßes Vergleichen der Funktionsprinzipien kommen wir dem Verständnis des Spielbereichs nicht näher.

Aktionsprogramm zum Gewinnen von Erfahrung. Die scheinbar zusammenhanglose Vielfalt bekommt jedoch sofort einen Sinn, wenn man sie als naturgegebenes Aktionsprogramm zum Kennenlernen der Umwelt, zum Entwickeln und Erhalten der motorischen Geschicklichkeit und zum Aneignen von Fähigkeiten älterer Artgenossen auffaßt. Unter Ver-

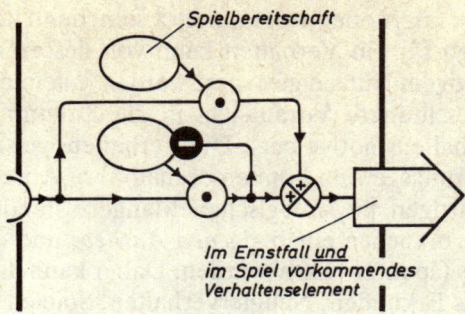

Abb. 30 Stark vereinfachtes, idealisiertes Funktionsschaltbild für die funktionelle Einbindung einer eigenen Bereitschaftsinstanz für das Spielen. Der Funktionsweg »umgeht« gleichsam die ursprüngliche, »eigentliche« Bereitschaftsinstanz für solche Verhaltenselemente, die sowohl in Abhängigkeit von ihrem primären Antrieb als auch im Spiel vorkommen.

wendung des Informationsbegriffs läßt sich das auch so ausdrücken: Alle genannten Verhaltenselemente tragen unmittelbar oder mittelbar dazu bei, daß die Lebewesen aktiv Information gewinnen und speichern. Man kann die Verhaltenselemente, eines nach dem anderen, durchgehen und wird diese Aussage bei jedem einzelnen bestätigt finden.

Faßt man den Bereich des Spielverhaltens als *aktiven Informationserwerb* auf, so paßt dazu auch die Offenheit gegenüber Sinneseindrücken und Verhaltensweisen *aller* Art, auch solchen, die gewiß keinen Überlebenswert für die betreffenden Tiere gewinnen können: Die beste Strategie, um *anwendbare* Information zu gewinnen, besteht ja darin, *möglichst unbeschränkt* Information aufzunehmen; denn unter dieser Voraussetzung ist darin mit der größten Wahrscheinlichkeit auch die nützliche Information enthalten. Dies erklärt in den Augen des Biologen, warum die Selektion (natürliche Auslese) die Entwicklung eines Verhaltenssystems zum Gewinnen von Information zugelassen hat, das keine Auswahl zwischen »voraussichtlich nützlich« und »biologisch wertfrei« trifft.

Daraus folgt etwas besonders Wichtiges: Das biologische *Funktionsziel*, um dessentwillen sich das Spielverhalten im Daseinskampf erhält, kann in der *Verhaltenssteuerung* gar nicht repräsentiert oder programmiert sein; denn kein natürlicher Antrieb für ein Verhalten kann von dessen *möglichem* und zukünftigem Nutzen gesteuert werden (allein der Mensch hat eine beschränkte Voraussicht in die Zukunft und leitet daraus Verhaltensmotive her). Die Verhaltensweisen zum aktiven Erfahrungsgewinn können deshalb ihre Anregung nicht in gegenwärtigen physiologischen Mangelzuständen finden, sondern sie brauchen einen *eigenen Antrieb*; und dieser muß von sich aus (spontan) aktiv werden. Daher kann die Befriedigung für das Erkunden, Neugierverhalten, Spielen und Nachahmen auch nur im Durchführen dieser Verhaltensweisen selbst liegen. Im Funktionsschaltbild läßt sich dieser Zusammenhang wie auf Abb. 30 darstellen.

Die Verhaltensweisen des Spielbereichs sind also – nach der hier vorgetragenen Auffassung – auf möglichen *zukünftigen* Nutzen zugeschnitten; ihr biologischer Wert liegt nicht im jeweiligen Augenblick. Hiernach ist es auch verständlich, warum im Ernstfall alle sonstigen biologischen Triebbefriedigungen Vorrang haben (was in der nur schwachen Hemmwirkung der Verhaltenstendenzen des Spielbereichs gegenüber allen anderen Verhaltenstendenzen zum Ausdruck kommt). Zukunftsbezogenes Verhalten füllt – in der Regel – sinnvollerweise nur die Pausen zwischen den Handlungen aus, die der aktuellen Lebensbewältigung dienen.

Die in den letzten beiden Absätzen dargelegten Eigenschaften der Verhaltenssteuerung im Bereich »aktiver Informationserwerb« gelten jedoch nicht nur hier, sondern sind weit verbreitet: Auch ein Fuchs oder ein Eichhörnchen, die Vorräte anlegen, handeln für ihre eigene Zukunft; und eine Grabwespe, die Raupen zur Ernährung ihrer Larven einträgt, oder ein Vogel, der sein Nest baut, handeln nicht einmal für die *eigene* Zukunft, sondern für die ihrer Nachkommen. Auch hier ist die innere Antriebsinstanz nicht an die Gegenwart von physiologischen Mangelzuständen gebunden.

Nach der dargestellten Auffassung ist der Spielbereich – als ein sinnreiches System aus unterschiedlichen Einzelfunktionen – auf folgendes zugeschnitten: die Lebewesen, ohne sie zu gefährden, ein Höchstmaß von Erfahrungen machen zu lassen

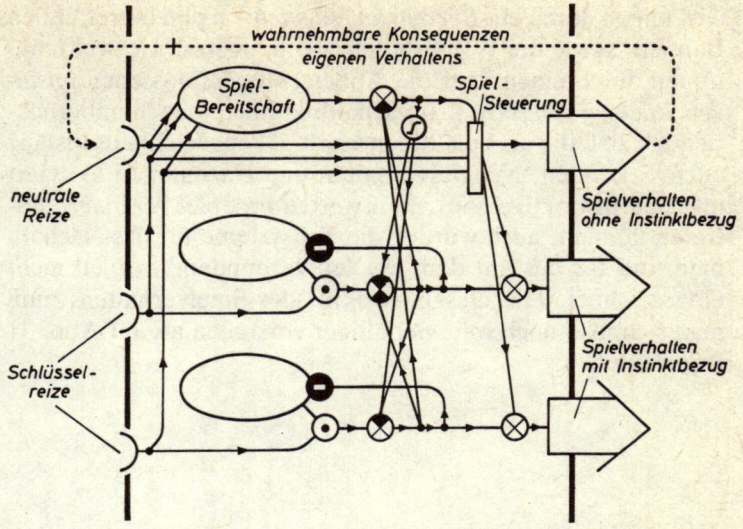

Abb. 31 Idealisierte, stark vereinfachte Darstellung einiger Funktionselemente des Spielverhaltens. In dem Teilsystem »Spielsteuerung« sind viele nicht gesondert formulierte Steuerfunktionen repräsentiert, z. B. das Abwechseln zwischen verschiedenen Spielhandlungen. – Dieses Schaltbild ist mit den Lernschaltbildern (Abb. 21, 24 usw.) kombiniert zu denken.

und dabei zugleich die allgemeine Geschicklichkeit zu vervollkommnen und durch »Training« auf ihrem Stand zu halten. Die vier Verhaltensweisen Erkunden, Neugierde, Spielen und Nachahmen erfüllen diesen biologischen Sinn gerade dadurch am besten, daß sie zum Teil auf *Offenheit* und damit auf *mögliche* Anwendung jedes einzelnen Informationsgewinnes ausgerichtet sind. Sie müssen folglich für die Lebewesen ihre *augenblickliche* Befriedigung in sich selbst tragen.

Funktionsschaltbild für das Spielverhalten. Abb. 31 versucht, einige kennzeichnende Aspekte des Spielverhaltens in einem Funktionsschaltbild darzustellen: Eine *eigene Instanz der Spielbereitschaft* aktiviert instinktives Verhalten unter Umgehung von dessen eigenen Bereitschaftsinstanzen. In diesem Funktionsschaltbild sind ferner berücksichtigt: die relative Schwäche der von der Spieltendenz ausgehenden Hemmwirkungen durch ein *Begrenzungselement* an den betreffenden Bahnen, sowie die Wiederholungstendenz nach Umweltreaktionen durch einen über die Außenwelt geschlossenen *positiven Rückwirkungskreis*. Im Schaltbild blieb jedoch unberücksichtigt, daß die als Spielbereitschaft gekennzeichnete Instanz auch Erkunden, Neugierverhalten und Nachahmen aktiviert und daß instinktive Verhaltensweisen im Spiel *verändert* auftreten können; auch wurden die Teilsysteme für das Nachahmen und für das mit dem Spielen verbundene Lernen nicht eingezeichnet. Die Gesamtstruktur des Spielverhaltens muß man sich also noch weit vielfältiger vorstellen als auf Abb. 31 angedeutet.

D. Engramm-Wirkungen in nicht gelernten Zusammenhängen

Einige hochorganisierte Lebewesen können Engramme, die sich durch Erfahrung gebildet haben, in einen anderen Zusammenhang übertragen und dort zum Erreichen von Zielen anwenden.

D 1. Anwendung von Orts- und Geländekenntnis

Manche Tiere können Ortskenntnisse, die sie innerhalb eines bestimmten Verhaltenszusammenhangs gewonnen haben, in einen anderen Zusammenhang übertragen und dort anwenden. Hierzu ein Beispiel:

Im Herbst verstecken *Tannenhäher* Hunderte von Nüssen an verschiedenen Plätzen. Im Frühjahr darauf ziehen sie fast allein mit diesem Vorrat ihre Jungen auf. Dabei finden sie die Verstecke auch dann wieder, wenn sie sich, um zu den Nüssen zu gelangen, durch mehrere Dezimeter Schnee hindurcharbeiten müssen. – Hier werden also die Ortserfahrungen, die im Rahmen des *Versteckens* gemacht wurden, stets in einem anderen instinktiven Zusammenhang, dem des *Suchens* und Junge-Fütterns, wieder angewandt.

Anzeichen dafür, ob ein Tier eine frei verfügbare Gelände- oder (bei Fischen, Vögeln u. a.) Raumkenntnis besitzt, liefert der *Umwegversuch*: Befindet sich ein Vogel oder ein Säugetier in bekannter Umgebung vor einem Zaun oder einer Käfigwand, die es auf einem Umweg umgehen kann, und sieht es jenseits des Hindernisses Futter liegen, so versucht das Tier zunächst oft in sinnloser Wiederholung, durch das Gitter hindurch an das Lockmittel zu gelangen, so als ob es von dem Umweg keine Ahnung hätte. Entfernt man das Lockmittel jedoch weiter vom Gitter, so schlägt das Verhalten bei einer bestimmten Entfernung um: Das Versuchstier macht kehrt, entfernt sich von seinem Platz und erreicht sein Ziel zügig auf dem Umweg, ohne noch suchen zu müssen – also unter Einsatz seiner früher erworbenen Ortskenntnis[1]. – Daß eine be-

stimmte Entfernung vom Lockmittel dafür notwendig ist, daß
sich das Tier von ihm löst und seine Ortskenntnis einsetzt,
zeigt, daß die beiden Handlungstendenzen, direkt zum Futter
zu gelangen und den Umweg zu benutzen, verschiedene Intensität besitzen können. Das hier offenbar werdende
»Durchsetzungsvermögen« der erfahrungsbedingten gegenüber der instinktiven Handlung ist vielleicht ein formales Gegenstück zur menschlichen »Willenskraft«[1].

D 2. Vergleich von Engramm und Wahrnehmung

Gelegentlich kann man aus dem Verhalten eines Tieres erschließen, daß es eine Wahrnehmung mit einem Gedächtnis-
bild verglichen hat.

Vor den Augen eines Rhesusaffen wurde unter einem um-
gekehrten Becher eine Banane versteckt, dann aber unbemerkt gegen ein Salatblatt ausgetauscht. Nun wurde der Affe
an den Becher gelassen. Er deckte den Becher auf und verhielt sich gegenüber seinem Fund völlig anders, als hätte er
das Salatblatt statt der Banane auch *erwartet*. Er nahm es nicht
wie sonst ohne weiteres an, sondern gebärdete sich zuerst erstaunt und dann ärgerlich und ließ das Salatblatt liegen[2]. Der
Grund für dieses außergewöhnliche Verhalten muß in dem
Nicht-Übereinstimmen zwischen dem Engramm (Banane)
und der Wahrnehmung (Salatblatt) gelegen haben.

D 3. Zielbedingt neukombiniertes Verhalten

Manche Tiere können, zumindest in Ansätzen, angeborene
oder erlernte Handlungsbruchstücke bzw. deren zentralnervöse Determinanten zur Erreichung eines Zieles *neu kombinieren*, ohne dies (d. h. die betreffende Kombination) vorher gelernt zu haben. Beim Menschen führt man dieses »Neukombinieren« auf *Denken* oder – falls das Denken die Zusammenhänge zwischen Ursachen und Folgen zutreffend wiedergibt –
auf *Einsicht* zurück. Bei Tieren sollte man diese Ausdrücke

aber vermeiden, da sie sich vorwiegend auf *Bewußtseinsvorgänge* beziehen, von denen wir ja bei den Tieren nichts Sicheres wissen. Der Ausdruck »zielbedingt neukombiniertes Verhalten« bezieht sich demgegenüber allein auf das durch neue Engrammkombinationen gesteuerte *Verhalten*; dieses läßt sich bei Tieren objektiv beobachten.

Angenommen, man habe bei einem Tier ein *neues* Verhalten *erstmalig* beobachtet. Wie kann man entscheiden, ob dem die Neukombination von Engrammen zugrunde lag? Zunächst müssen drei Möglichkeiten mit Sicherheit ausgeschlossen sein:

– daß die beobachtete Verhaltensweise eine angeborene Reaktion war, die nach ihrer Reifung gerade zum erstenmal auftrat

– daß die Verhaltensweise zuvor gelernt worden war (vielleicht in einer früheren, dem Beobachter unbekannten Lebensphase) und

– daß sie durch Zufall zustande kam.

Falls diese drei Möglichkeiten so gut wie ausgeschlossen sind, gibt es gewisse Verhaltensbruchstücke, die – falls sie auftreten – zusätzliche (wenn auch nicht zwingende) Argumente *für* zielbedingte Neukombination von Gedächtnisinhalten liefern, insbesondere:

– wenn das Tier in der Vorbereitungsphase der Handlung Gesten oder Intentionsbewegungen vollführt, an denen man ablesen kann, was »in ihm vorgeht«

– wenn das Tier vor Beginn einer entsprechenden Handlung zögert oder Unruhe zeigt, dann aber das Verhalten wie nach einem Plan zügig und ohne Unterbrechung durchführt

– wenn ein Tier sich von dem Ort seiner augenblicklichen Bemühungen abwendet und in sinnvoller Weise neue Hilfsmittel zum Erreichen seines Ziels heranholt.

Nun folgen drei Beispiele für Verhaltensbeobachtungen, aus denen man mit großer Wahrscheinlichkeit auf einen Akt der Neukombination von Engrammen schließen kann.

In einer der bekannten Untersuchungen Otto KOEHLERS über das Zählvermögen verschiedener Tiere hatte eine Dohle durch Dressur gelernt, daß sie 5 Mehlwürmer fressen durfte, nachdem sie in einen Versuchskäfig eingelassen wurde. Die

Mehlwürmer lagen in bedeckten Schalen. Bei der hier zu beschreibenden Einzelbeobachtung[1] fand die Dohle in der ersten Schale einen, in der zweiten Schale zwei, in der dritten Schale einen Mehlwurm. Obwohl sie auf die Zahl 5 dressiert war, machte sie sich diesmal schon nach den vier Funden auf den Rückweg; doch stutzte sie, bevor sie den Ausgang erreicht hatte, machte kehrt und begab sich noch einmal auf den Weg. Sie näherte sich der Schale 1 und machte eine kurze, unvollkommene Pickbewegung, eine »Verbeugung«, davor; danach ging sie zur Schale 2, machte *zwei* Verbeugungen, dann zur Schale 3 und machte *eine* Verbeugung. Hiernach öffnete sie Schale 4, fand *keinen* Mehlwurm, dann Schale 5 und fand *einen* Mehlwurm. Nachdem sie diesen fünften Mehlwurm verzehrt hatte, verließ sie den Versuchskäfig. – Daß die vier Pickbewegungen in der Folge eins-zwei-eins vor den drei leeren Schalen ein Spiel des Zufalls gewesen sein sollten, ist äußerst unwahrscheinlich. Vielmehr waren die Verbeugungen während des zweiten Ganges ohne Zweifel der Ausdruck von Erinnerungen (Engrammen) an die unmittelbar vorangegangenen Verhaltensweisen. Das Tier muß gleichsam in seinem Gedächtnis noch einmal 1–2–1 gezählt haben. Im Augenblick der Kehrtwendung vor dem zweiten Lauf muß eine Neukombination von Gedächtnisinhalten vor sich gegangen sein: Das Engramm, daß sie soeben 4 Mehlwürmer verzehrt hatte, wurde in Beziehung gesetzt zu dem älteren Engramm, daß 5 Mehlwürmer erlaubt waren; das Ergebnis – als solches weder erlernt noch auf sonstige Weise vorprogrammiert – war ein Verhaltenskommando: Kehrtwendung und Wiederholung des Weges.

Das nächste Beispiel stammt aus den bekannten Menschenaffen-Versuchen von Wolfgang KÖHLER auf Teneriffa im Jahre 1917[2].

In einem Käfig, in dem sich sechs Schimpansen befanden, wurde in 2 m Höhe eine Banane befestigt und nahe dabei eine 50 cm hohe Kiste auf den Boden gestellt. Die Tiere versuchten, das Lockmittel durch Springen zu erreichen, was ihnen jedoch nicht glückte. Ein bestimmter Schimpanse aber hörte früher als seine Genossen damit auf und ging unruhig hin und her. Er blieb dann – etwa fünf Minuten nach Beginn des Versuchs – plötzlich vor der Kiste stehen. Hastig schob er sie unter die Frucht, stieg darauf, sprang ab und erreichte die Banane. – Wahrscheinlich hatten sich die Engramme von Kiste, Banane und von den räumlichen Verhältnissen so kombiniert, daß sie die Handlung zunächst »theoretisch« vorwegnahmen und dann ihre Ausführung steuerten.

Ein Schimpansenkind war darauf dressiert, eine Tür zu öffnen, indem es einen Stuhl zum Draufsteigen heranholte. Einmal gelang ihm das Öffnen nicht, weil die Tür verschlossen war. Nach einigen erfolglosen Versuchen wandte es sich von der Tür ab und *holte andere Stühle*, um es mit diesen zu versuchen[1]. – Verhaltensweisen wie diese, die zwar auf der zielbedingten Neukombination von Engrammen beruhen, aber nicht zum Erfolg führen, nennt man zuweilen *gute Fehler*; zwar haben sich Neu-Assoziationen aus handlungsbeeinflussenden Elementen gebildet, aber nicht die sachgerechten.

D 4. Verhaltenswirksames Engramm vom eigenen Körper

Alle Tiere, die ihr Spiegelbild zum erstenmal sehen, begegnen ihm wie einem fremden Artgenossen, den sie – je nach den Umständen – bedrohen, angreifen oder als sozialen Partner behandeln. Ein Beispiel: Kürzlich besuchte ein Buchfinkenmännchen mehrere Tage nacheinander die blankpolierte Stoßstange eines vor unserem Hause parkenden Autos und pickte anhaltend an ein spiegelndes Stück Blech, das dieser Stoßstange senkrecht aufsitzt: Das Tier bekämpfte dort sein Spiegelbild, als sei es ein Rivale im eigenen Revier. Manche Tierarten geben diese Reaktionsweise niemals auf, beispielsweise kampflustige Winkerkrabben-Männchen; andere lernen bald, daß das Spiegelbild anders reagiert als richtige Artgenossen, und verlieren das Interesse (z. B. Hunde und Affen). Doch *Schimpansen* vermögen ihr Spiegelbild als das aufzufassen, was es ist. Dies hat in geistreich geplanten Versuchen der amerikanische Zoologe G. G. GALLUP als erster nachgewiesen[2].

Einigen Schimpansen wurden große Spiegel an die Wände ihres Käfigs gestellt. Zuerst behandelten sie ihr Spiegelbild wie einen fremden Artgenossen und bedrohten es. Wenig später aber gingen sie zu auffälligen Verhaltensweisen über, die nach meinem Wissen nie zuvor an einem nicht-menschlichen Lebewesen beobachtet worden waren: Sie sahen in den Spiegel, während sie sich mit Händen und Fingern an Körperstellen betätigten, die sie nicht direkt sehen konnten; und sie schienen dabei ihre Bewegungen durch das Beobachten des Spiegelbildes zu leiten. Beispielsweise kratzten sie sich – in den Spiegel blickend – am Rücken oder Gesäß; oder sie versuchten, Nahrungsreste mit den Fingern zu fassen, die sich zwischen den Zähnen eingeklemmt hatten. – Aber diese Beobachtungen hätten sich vielleicht noch als reine Dressurergebnisse deuten lassen. Den Beweis für das sachgerechte Beurteilen des eigenen Spiegelbilds lieferte folgendes Experiment:

Den Schimpansen wurden in Narkose eine kleine Fellpartie über der linken Augenbraue sowie der untere Teil des rechten Ohrläppchens mit roter Farbe bemalt. Diese Farbe war durch sorgfältige Vorversuche danach ausgesucht worden, daß sie weder durch ein Hautgefühl noch durch einen Geruch für die Schimpansen bemerkbar war; und die bemalten Körperstellen waren für deren eigenen Blick unzugänglich. Nach der Narkose wieder vor die Spiegel gelassen, faßten die Schimpansen sofort genau an die bemalten Stellen und besahen und berochen danach ihre Finger.

Dieses Verhalten konnte nicht angeboren sein; denn Schimpansen, die vor der Bemalung ihr Spiegelbild *nicht* kennengelernt hatten, betasteten vor dem Spiegel ihre bemalten Stellen *nicht*. Das Verhalten konnte auch nicht als erlernt gelten, denn die Tiere hatten nie zuvor das Fell über der linken Augenbraue und das rechte Ohrläppchen bevorzugt berührt. Auch der Zufall war ausgeschlossen, soweit das prinzipiell möglich ist; denn die Stellen der Bemalung waren so ausgewählt worden – beispielsweise hinsichtlich ihrer asymmetrischen Verteilung –, daß die Wahrscheinlichkeit für ihr zufälliges Berührtwerden vor dem Spiegel extrem gering war. Kein Zweifel: Die Schimpansen hatten die Veränderung ihres wahrgenommenen Spiegelbildes sofort als Information über die Veränderung an ihrem eigenen Körper gedeutet.

Nun könnte man glauben, eigentlich sei das gar keine aufse-henerregende Leistung, sondern das selbstverständlichste von der Welt; denn jedes Kind begreift ja sein Spiegelbild ohne Schwierigkeit als das Abbild seiner selbst. Dem steht entge-gen, daß die bisher auf die gleiche Art geprüften *Affen* (die Menschenaffen bilden ja eine besondere Gruppe) zu diesem »Erkenntnisakt« nicht fähig waren. Sie verwerteten das Spie-gelbild niemals als Abbild ihres eigenen Körpers. Dieser Tat-bestand regt zum Nachdenken über die Frage an, was für eine Fähigkeit eigentlich der richtigen Auswertung des eigenen Spiegelbildes zugrunde liegen muß.

Die Antwort lautet: Das informationsspeichernde System des betreffenden Organismus muß dazu in der Lage sein, aufgrund von Erfahrungen (hier: Erfahrungen mit dem Spiegelbild) ein Gefüge von Engrammen entstehen zu lassen, das den eigenen Körper repräsentiert; und dieses Engrammgefüge muß von der Art sein, daß es mit einem visuellen Wahrnehmungsbild, hier dem gesehenen Spiegelbild, in Beziehung gesetzt werden kann; denn das Tier zielt ja eine *auf dem Spiegelbild* gesehene Körper-stelle *direkt am eigenen Körper* an. Hierdurch unterscheidet sich dieses sekundäre, erfahrungsbedingt gebildete »Körpersche-ma« von dem primären, das auch einfacher organisierte Tiere besitzen: Ein Frosch berührt beispielsweise gezielt eine gereizte Hautstelle auf dem Rücken mit seinem Hinterfuß, und zwar dank der Wirksamkeit angeborener nervöser Schaltungen im Rückenmark. Bei den beschriebenen Schimpansenversuchen entsteht aber – wie gesagt – ein *neues* Körperschema. Es ist durch den Gesichtssinn vermittelt und trägt den Charakter eines zu-sammengesetzten Engramms des eigenen Körpers.

D 5. Grenze der Fähigkeit zur Problemlösung

Daß Tiere nur in engen Grenzen dazu fähig sind, durch zielbe-dingte Umkombination von Engrammen Probleme zu lösen, ist zwar eine Binsenweisheit, und man kann leicht Beispiele dafür finden. An dem folgenden von dem Verhaltensforscher J. B. SCHALLER beobachteten Einzelereignis[1] läßt sich aber besonders anschaulich dartun, wo die Grenzen der tierischen Fähigkeiten liegen und welche Errungenschaften nötig wären, um sie zu überwinden:

Eine Löwin hatte ein Gnu erjagt, sättigte sich und ging dann etwa 2 km weit zu ihren beiden eine Woche alten Jungen. Indessen fraß ein Leopard an der Beute. Die Löwin kam zurück und trug eines der Jungen. Der Leopard stieg in einen Baum nahe der Beute. Die Löwin setzte das Junge bei der Beute ab und machte Anstalten, auch das zweite zu holen: Sie ging ein paar Schritte, zögerte, kehrte zum Jungen zurück, sah nach oben zum Leopard, ging wieder ein paar Schritte, kehrte wieder zurück usw. Nach halbstündigem (!) Schwanken ging sie fort. Als sie etwa 100 m entfernt war, stieg der Leopard ab und packte das Junge, das laut schrie. Die Löwin rannte zurück, der Leopard ließ das Junge fallen, aber es war zu spät. Das Junge war tot.

Die Löwin hatte durch ihr Zögern und das Hinschauen zum Leoparden unzweifelhaft deutlich gemacht, daß sie die Gefahr für ihr Junges bemerkt hatte. Wir können ferner mit Sicherheit unterstellen, daß eines der Ziele ihres Verhaltens darin bestand, das Leben des Jungen nicht aufs Spiel zu setzen; denn sie hatte es hergeholt und damit gezeigt, daß sie sich um sein Wohl kümmerte und daß sie nicht – aus irgendeinem Grunde – darauf hinzielte, es seinem Schicksal zu überlassen. In ihrer Vorstellung hätte sich daher vorwegnehmend das folgende Geschehen konstruieren können: Der Leopard wird absteigen und das Junge töten. Die einzige sinnvolle Konsequenz hätte darin bestanden, das Junge nicht allein zu lassen, sondern wieder mitzunehmen. Eine entsprechende Kombination der Engramme »Junges, Leopard, Gefahr, Junges mitnehmen« gelang der Löwin aber nicht; oder sie gelang ihr zwar, aber das Ergebnis konnte sich nicht gegen die konkurrierende Verhaltenstendenz, das andere Junge zu holen, durchsetzen. Alle Engramme, die zur Problemlösung nötig waren, standen dem »verhaltenssteuernden System« der Löwin jedenfalls zur Verfügung; doch vermochte sie nicht, die notwendigen Schlüsse daraus zu ziehen, und überließ darum das Kind gegen ihre eigene Intention dem sicheren Tode.

II. Verhaltensbeziehungen zwischen Artgenossen (Tiersoziologie)

Fast alle höher organisierten Lebewesen treten zeitweise mit Artgenossen in Beziehung: als Geschlechtspartner, als Rivalen, als Eltern und Junge; oder sie halten sogar dauernd zusammen, beispielsweise in lebenslanger Ehe oder im Rahmen beständiger Gemeinschaften. Die zuvor behandelten Verhaltensweisen der *Individuen* erscheinen dabei vielfach in besonderer Form und in neuen Zusammenhängen.

A. Soziale Auslöser, Ritualisierung

Soziales Zusammenwirken, sei es vorübergehend oder dauernd, setzt gegenseitiges Wahrnehmen und meist auch den Austausch von *Signalen* zwischen den Verhaltenspartnern voraus.

Im einfachsten Fall ist dasjenige, was ein Tier *ohnehin* tut, zugleich ein Signal für den Partner: Wenn beispielsweise ein Gnu innerhalb einer Herde plötzlich fortläuft, werten die Gruppengenossen das als Signal und laufen mit. Flucht ist bei vielen Herdentieren ansteckend; dies stabilisiert den Zusammenhang der Gruppe bei Gefahr. Raubtiere versuchen denn auch zu Beginn ihrer Jagd, einzelne Beutetiere von der Gruppe abzusprengen.

Soziale Auslöser. Für das Zusammenfinden der Geschlechter ist es notwendig, daß der aktive Partner (meist das Männchen) innerhalb seiner Artgenossen Männchen und Weibchen unterscheiden kann. Auch dazu können »ohnehin vorhandene« Merkmale dienen: Beim *Stichlings*-Weibchen ist der Bauch mit Eiern prall gefüllt und daher dicker als beim Männchen; an dieser Formeigenschaft erkennt das revierbesitzende Männchen, daß es ein laichreifes Weibchen vor sich hat. Doch kommt hier etwas Neues hinzu: Das Weibchen stellt sich durch Schwimmbewegungen so gegenüber dem Partner ein, daß es ihm seinen Bauch zukehrt und besonders deutlich vorweist. Diese »Demonstrationshaltung« ist *angeboren*. Das Männchen seinerseits hat ebenfalls ein besonderes Signal »Ich bin ein Männchen«: Während der Fortpflanzungsperiode färbt sich die Bauchhaut des Männchens tiefrot. Treffen sich zwei derart gefärbte Männchen, so löst der Anblick der roten Färbung einen heftigen *Kampf* zwischen ihnen aus. Die rote Färbung hat – im Unterschied zum dicken Bauch des laichreifen Weibchens – *keine* andere Bedeutung als die des sozialen Signals.

Der Ausdruck *soziale Auslöser* (oder auch einfach »Auslöser«) ist ein Sammelbegriff für jede Art von Signalen, die ein Artgenosse einem anderen übermittelt. *Körperliche Merkmale* von Signalcharakter sind auch die tiefroten oder gelben Rachenfärbungen von bettelnden Jungvögeln – soziale Auslöser für die Fütterungsreaktion der Eltern. Zu den *Verhaltensweisen* mit Signalcharakter gehören Kontaktrufe, Warnlaute, Drohstellungen und Kampfrufe, Balz- und Begrüßungsgebärden sowie Signale der sozialen Überlegenheit und Unterordnung.

Ritualisierung. Viele als Auslöser wirksame Verhaltensweisen tragen Merkmale ihrer stammesgeschichtlichen Herkunft: Sie geben sich zu erkennen als betonte oder anderweitig abgeänderte Verhaltensweisen von ursprünglich anderer Funktion. Den stammensgeschichtlichen Vorgang, in dem ein Verhalten Signalcharakter erwirbt, nennt man *Ritualisierung*. In vielen Fällen liegt es jedem Beobachter klar vor Augen, welch ein Verhalten die stammesgeschichtliche Grundlage für ein soziales Signal gebildet haben muß, so daß der Schluß vom gegenwärtigen Zustand auf den stammesgeschichtlichen Vorgang, der zu diesem Zustand führte, nicht problematisch ist. Hierzu einige Beispiele:

Ritualisierte Anteile des *Balzverhaltens* sind in manchen Fällen offensichtlich vom Verhalten der *Jungenfürsorge* hergeleitet. So bietet das Männchen der Seeschwalbe dem Weibchen einen gefangenen Fisch an. Das Weibchen der Silbermöwe – sie ist der aktive Teil bei der Paarbildung – bettelt das Männchen, genau wie die Jungen, um Futter an, welches dieses dann auch bereitwillig hergibt. Andere Balzhandlungen entstammen dem *Nestbauverhalten* – so bringen die Männchen vieler Vogelarten zur Balz Nistmaterial im Schnabel mit –, wieder andere dem *Angriff*: Bei der Graugans gehört es zur Balz des Ganters, in der Nähe befindliche Wasservögel zu verjagen und dann »triumphierend« zum Weibchen zurückzukehren. Gebärden der Vorbereitung zum *tätlichen Angriff* sind vielfach zu *Drohgesten* geworden: Bei manchen Vogelarten nehmen drohende Tiere den Flügelbug, mit dem sie Schläge austeilen können, aus dem Brustgefieder; Raubtiere und andere Säuger ziehen beim Drohen die Mundwinkel zurück und entblößen die Zähne.

Ritualisierte Anteile des *Grüßens*, d. h. der Gebärden beim Begegnen von Artgenossen, stammen eigentümlicherweise häufig von umorientierten *Angriffs*- und *Droh*gebärden ab. Das Klappern des Storches beispielsweise ist an sich eine Drohgebärde; aber mit über den Rücken zurückgelegtem Kopf, also »umorientiert«, spielt es die Rolle der Begrüßung. Bei den Gänsen ist diese Umorientiertheit für den menschlichen Beobachter nur undeutlich zu erkennen: Ihr *Halsvorstrecken* kann *sowohl* Angriffsbewegung (dann bei starker Intensität mit Zischen verbunden) *als auch* Begrüßung sein; im letzteren Fall sind Hals und Kopf nicht genau auf den Partner gerichtet, sondern *zeigen* mehr oder weniger *an ihm vorbei*.

Auch von den Gebärden und Verhaltensweisen, die *soziale Überlegenheit* oder *Unterlegenheit* ausdrücken, stammen viele aus anderen Verhaltensbereichen. Beim *Wolf* leiten sich die *Unter*legenheitsgebärden vom Verhalten des Jungtiers gegenüber den Eltern ab. *Paviane, Rhesusaffen* und andere verwenden als Manifestation der *Über*legenheit das Aufreiten, also einen Bestandteil des männlichen Sexualverhaltens; die soziale *Unter*legenheitsgebärde ist dagegen Präsentieren, d. h. ein ritualisierter Bestandteil des weiblichen Sexualverhaltens. Beide Arten von sozialen Gebärden werden je nach Situation von Männchen *und* Weibchen ausgeübt, sie sind also nicht geschlechtsspezifisch gebunden. Sie sind nur selten mit sexueller Erregung verknüpft und münden meist nicht in Sexualverhalten ein. In ihrer Rolle als soziale Signalgeber haben sie gleichsam ihren früheren Verhaltensbereich verlassen und ihre Bindung an die Sexualbereitschaft verloren.

B. Kampf, Drohung, Tötungshemmung

Den Ausdruck *Aggression* verwendet man in der Verhaltens-biologie für gegnerische Auseinandersetzungen zwischen Art-genossen oder auch zwischen den Vertretern verschiedener Tierarten. *Aggressivität* heißt *Bereitschaft* zur gegnerischen Auseinandersetzung. Aggressives Verhalten kann als Aus-druck von ganz unterschiedlichen inneren Bedingungen bzw. Verhaltensbereitschaften auftreten:

– Im Sinne einer allgemeinen *Selbstverteidigung* wehren sich Tiere aggressiv gegen Schreck, Schmerz oder gegen Fein-de. Beispielsweise kann ein Pferd ausschlagen, weil es er-schreckt wurde. Die Aggressivität kann größer werden, wenn ein Tier Junge führt (Abschnitt II E).

– Raubtiere greifen *Beutetiere* an; dabei wagen sie sich an um so größere und stärkere Feinde, je hungriger sie sind. Das Angriffsverhalten der Raubtiere ist ein Appetenzverhalten für die Nahrungsaufnahme; demgemäß ist es von der *Ernährungs-bereitschaft* abhängig.

– Vor dem Feind *flüchtende* Tiere gehen in vielen Fällen zum Gegenangriff gegen den Verfolger über, sobald eine be-stimmte »kritische Distanz« unterschritten wird. Dies kann er-folgen, wenn der Verfolger schneller ist und darum den Ver-folgten einholen kann oder wenn dem Fliehenden der Weg versperrt oder die Flucht auf sonstige Weise unmöglich ge-macht ist. Ein sonst keineswegs aggressiver Hund kann zum »*Angstbeißer*« werden, wenn ihm etwa in einer überfüllten Straßenbahn ein Passant zu nahe kommt und er nicht auswei-chen kann. Hier also schlägt die Verhaltenstendenz zur *Flucht* (subjektiv: die Angst) in Aggression um, sobald die Sinnesor-gane die Meldung liefern: »kritische Distanz unterschritten«.

– In der *Brunst* befindliche männliche Tiere können extrem angriffslustig gegen Rivalen sein. Das männliche Sexualhor-mon Testosteron steigert zugleich mit der sexuellen Appetenz auch die Aggressivität gegen andere Männchen. Hier ist, wie schon beim Stichling beschrieben, die *sexuelle* Bereitschaft mit der *aggressiven* identisch. Vielfach gehören zum Rivalen-kampf andere Verhaltensweisen als zur Selbstverteidigung:

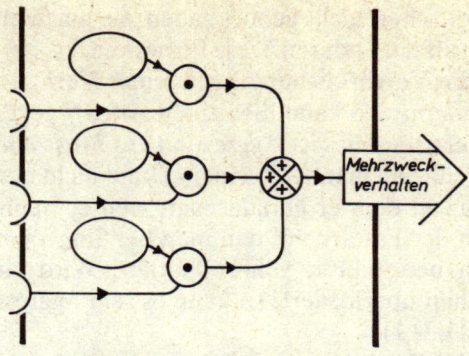

Abb. 32 Idealisiertes Funktionsschaltbild für ein Verhaltensmuster, z. B. Fortbewegung oder Aggression, das im Dienste verschiedener Antriebe ausgeführt werden kann.

Giraffen kämpfen gegen Rivalen mit den Hörnern, gegen Raubfeinde mit den Hufen.

– Viele höhere Tiere verteidigen einen bestimmten *räumlichen Bereich* gleichsam als Eigentum und greifen Eindringlinge an, um sie zu vertreiben. Ihre Aggressivität ist an den ihnen bekannten Raum gebunden: Je näher sie dem Zentrum ihres Reviers sind, mit desto größerer Vehemenz greifen sie an (siehe nächster Abschnitt C). Hier ist die Aggressivität also gebunden an die *Revierbehauptung* und damit an das Kennen (= Gelernthaben) eines bestimmten Geländebereichs.

– Bei den meisten in Gruppen lebenden Säugetieren und Vögeln entsteht eine *soziale Rangordnung* durch die Ergebnisse von Auseinandersetzungen zwischen den Individuen (siehe Abschnitt G). Dieser *Rangstufenkampf* ist ein normaler Bestandteil des gruppeninternen Sozialverhaltens. Bei Jungtieren hat diese Aggressionsform den Charakter der *aggressiven sozialen Exploration*.

– Bei vielen in Gruppen lebenden Säugetieren und Vögeln löst der Angstschrei eines Tieres den *kollektiven Angriff* auf den Gruppenfeind aus. Diese *Gruppenaggression* ist anstekkend, d. h. es greifen auch diejenigen Tiere an, die den auslösenden Angstschrei nicht gehört haben; sie machen mit, wenn sie den Angriff der anderen Tiere bemerken.

– Stößt die Verwirklichung irgendeiner Verhaltenstendenz auf ein *Hindernis*, so kann dies einen *Angriff* gegen das Hindernis veranlassen; dies ist *Aggression aus Frustration*. Wie jedermann weiß, soll man z. B. einem Hund nicht den Knochen wegnehmen, an dem er gerade nagt, weil er dann bisweilen beißt. Auch der Futterneid, den man bei Singvögeln am Futterhäuschen beobachtet, gehört hierher. Wird ein Tier bei Lernversuchen überfordert, so kann es sehr aggressiv werden (Abschnitt IV B 1).

– Auch das *Spielen* vieler Lebewesen enthält Angriffs- und Kampfhandlungen (siehe Abschnitt I C 3); sie sind so beschaffen, daß der Spielkampfgegner nicht verletzt wird. Hier ist also die *Spielbereitschaft* der Motor von Angriffshandlungen.

Vergleich aggressiver Verhaltensweisen. Die vorangegangene Übersicht zeigt: In die »gemeinsame Endstrecke« des Aggressionsverhaltens münden die steuernden Signale von einer ganzen Reihe verschiedener Verhaltensbereitschaften. In dieser Hinsicht ist Aggression also – wie die Fortbewegung – ein *Mehrzweckverhalten*[1] (Abb. 32).

Unterschiede im Verlauf verschieden motivierten Aggressionsverhaltens: Bei der Selbstverteidigung kann der Feind verletzt werden; der sexuelle Rivalenkampf aber ist prinzipiell unblutig, doch gibt es Sieger und Besiegte; und beim spielerischen Kampf wird kein Sieg, sondern allein das Kämpfen angestrebt. – Besonders interessant ist der Vergleich zwischen den beiden sozial bedingten Kampfarten Rangstufenkampf und Gruppenaggression. Beide spielen sich zwischen Artgenossen ab; beim Rangstufenkampf gehören diese demselben Sozialverband (z. B. Rudel) an, beim Kampf zwischen verschiedenen Gruppen aber natürlich *verschiedenen* Verbänden. Die Unterschiede sind:

– Der *Rangstufenkampf* ist in der Regel unblutig; er wird durch Unterlegenheitssignale beendet; die Aggressivität greift selten auf andere Gruppenmitglieder über; und die Gegner leben in der Regel nach dem Kampf weiter in derselben Gruppe zusammen (siehe Abschnitt II F).

– Der *Kampf gegen Gruppenfeinde*, auch wenn sie Artgenossen sind, wird dagegen *nicht* durch soziale Signale beendet, sondern durch Vertreiben oder Töten der Unterlegenen; die Motivation ist ansteckend durch die ganze Gruppe hindurch; und ein Einbeziehen des Gegners nach dem Kampf in die eigene Sozialstruktur ist undenkbar.

Gibt es einen allgemeinen *Aggressionstrieb*, dessen Intensität von selbst ansteigt und der von Zeit zu Zeit zu einer Befriedigung durch Kämpfen drängt? Diese anthropologisch (z. B. für die Friedens- und Konfliktforschung) bedeutsame Frage ist für den Bereich der Tiere nach dem heutigen Wissen folgendermaßen zu beantworten: Bei einigen der zuvor beschriebenen Aggressionsformen gibt es eindeutig einen *Drang zum Kämpfen*. Er äußert sich in Angriffshandlungen gegen Artgenossen, auch wenn diese den Angriff durch kein eigenes aggressives Verhalten provozieren. So etwas kommt vor bei sexueller Rivalität, bei Auseinandersetzungen an Reviergrenzen, beim Kampf zum Erreichen einer höheren Rangstufe im Sozialverband sowie beim spielerischen Angriff. In diesem Sinne gibt es also sogar mehrere »Aggressionstriebe«. Fragt man darüber hinaus nach einem *allgemeinen* Aggressionstrieb, der von allen genannten Bereitschaften unabhängig sein soll, so wird man zumindest beim heutigen Kenntnisstand schwerlich eine Antwort finden. Man müßte ja bei dem in Frage kommenden Kampfverhalten nachprüfen, ob alle sonstigen aggressionsauslösenden Motivationen ausgeschlossen sind. So etwas ist nach meiner Kenntnis noch nie versucht worden; es wäre auch bei der Vielzahl der zur Aggression disponierenden Bereitschaften ziemlich aussichtslos. Andererseits erhebt sich die Frage: Welchen biologischen Überlebenswert sollte ein *allgemeiner* innerartlicher Aggressionstrieb ohne Koppelung an die zuvor genannten Motivationen überhaupt besitzen? Die meisten Probleme der biologischen Aggressionsforschung lassen sich denn auch an Hand der *bekannten* Verhaltensbereitschaften behandeln. Als Ergebnis kann man daher festhalten: Die derzeitigen Kenntnisse der Verhaltensbiologie geben der Vorstellung eines *unabhängigen* Aggressionstriebes keine Stütze.

Außerhalb der oben zusammengestellten Aggressionsmotivationen gibt es noch weitere aggressive Verhaltensweisen, die aber nur unvollkommen erforscht sind. Hierfür folgen fünf Beispiele: Bei Tieren, die in Gruppen leben, gibt es eine ausgesprochene Aggressivität gegen Artgenossen, deren Aussehen vom Durchschnitt abweicht. – Raubkatzen-Mütter töten bisweilen kranke oder schwache eigene Junge[1]. – Wenn sich innerhalb einer Gruppe zwei niederrangige Mitglieder streiten, so fährt vielfach ein höherrangiges Tier dazwischen und trennt die Gegner. – Wenn sich zwei Tiere in Anwesenheit von Artgenossen paaren, werden sie bisweilen von diesen angegriffen (»Anstoßnehmen«). – Manche Singvögel »hassen« auf Eulen; falls eine Eule täglich am selben Ort ihre Tagesruhe verbringt, besuchen manche Vögel sie regelmäßig, um eine Zeitlang Drohlaute gegen sie auszustoßen; ja sie besuchen den Eulenplatz manchmal sogar noch und hassen auf ihn, nachdem die Eule ihn schon gar nicht mehr benutzt.

Besondere Aggressionsursachen beim Menschen[2]. Aus der im Tierreich feststellbaren Vielursächlichkeit der Aggressivität läßt sich für den Menschen eine Hypothese herleiten: daß er auf der Ebene der aggressiven Verhaltenstendenzen kaum sehr viel einfacher angelegt sein dürfte. Beim Menschen kommen überdies noch mindestens drei weitere Aggressionsursachen zu denen der Tiere hinzu: Das Nachahmen von aggressivem Verhalten, welches man bei anderen beobachtete oder dessen Opfer man war; das bewußt kalkulierte Planen und Durchführen von aggressiven Aktionen; und das Ausführen befohlenen Aggressionsverhaltens aus Gehorsam[3].

Drohen. Im Prinzip ist das Drohen das Einnehmen der Haltung des Angriffs, ohne doch in diesem Augenblick wirklich anzugreifen. Zur Vorbereitung des Angriffs gehört es, den Gegner ins Auge zu fassen. Demgemäß hat vielfach das direkte Ansehen eine Drohwirkung. Bei vielen Tieren ist das Drohverhalten stark ritualisiert. Oft hat es dann den Charakter eines »Imponierverhaltens«: Die Tiere vergrößern ihren Umriß durch Aufrichten von Haaren, Abspreizen von Federn oder Flossen, Aufblasen von Körperanhängen, Sich-Aufrichten oder ähnliches. Zu dem optischen kann akustisches Drohen treten wie gegenseitiges Sich-Ansingen bei Singvögeln, Knurren und Fauchen bei Raubtieren. Häufig wird eine Auseinandersetzung schon auf dieser Stufe entschieden, indem einer der Partner das Feld räumt, eingeschüchtert durch das wirkungsvollere Imponieren des Gegners. Beim Drohen sind vielfach (oder stets?) zwei Verhaltenstendenzen zugleich aktiviert, Angriff und Flucht. Manche Gebärden des Drohens – z. B. der Buckel der Katzen und die Drohhaltung des Stichling-Männchens – zeigen das Tier in einer Position quer zur Angriffsrichtung und damit in Bereitschaft sowohl zur Flucht als auch zum Angriff.

Beschädigungskampf und ritualisierter Kampf. Kommt es zwischen Artgenossen zum körperlichen Kampf, so wird dieser manchmal mit denselben Waffen geführt, mit denen sich das Tier auch gegen artfremde Feinde verteidigt; so bestehen Kämpfe zwischen Wölfen vielfach in einer regelrechten Beißerei (»Beschädigungskampf«). In anderen Fällen wird der Kampf gegen Artgenossen auf besondere, ungefährliche Art als »Turnierkampf« durchgefochten: So kämpft der Galapagos-Leguan gegen artfremde Feinde durch Beißen; rivalisierende Männchen dagegen versuchen den Gegner mit der Stirn aus dem Revier hinaus oder in Steinspalten zu drängen.

Demutshaltung, Tötungshemmung. Den Abschluß eines Kampfes zwischen Rivalen bildet manchmal eine *Demutshaltung* des unterlegenen Tieres, auf welche der Sieger mit sofortigem Einstellen des Kampfes reagiert. Die Unterlegenheitsgebärde ist häufig das gestaltliche Gegenteil der Drohgeste: Der männliche Galapagos-Leguan, der beim Drohen und beim Kampf seinen Leib vom Boden abhebt und den Rückenkamm hochstellt, legt sich zur Demonstration seiner Unterlegenheit mit abgespreizten Beinen platt auf den Boden. – Demutshaltungen *fehlen* im Verhalten von Tieren mit gutem Fluchtvermögen oder geringer Bewaffnung (z. B. Tauben). Ist diesen Tieren durch einen engen Käfig die Fluchtmöglichkeit genommen, so kommt es bei ihnen eher zum Verletzen und Töten von Artgenossen als bei wehrhaften Tieren, deren instinktgegebene Tötungshemmung sich auch in solchen Ausnahmefällen bewährt[1].

Keine Tötungshemmung gegen gruppenfremde Artgenossen bei starken Raubtieren. Beim Löwen, also einem in Rudeln lebenden, sehr wehrhaften Raubtier, aber auch bei der Wanderratte, gibt es beim Kampf zwischen Angehörigen *verschiedener* Rudel keine Tötungshemmung[1]. Das innerartliche Töten übt dort vermutlich sogar die biologische Funktion der Kontrolle der Bevölkerungsdichte aus. Daß wehrhafte Tiere sich gegenseitig nicht töten, weil sie daran durch die Demutshaltung des Unterlegenen gehindert werden, ist somit keine allgemein gültige Gesetzmäßigkeit. Dies ist anthropologisch von Bedeutung, weil nun diesbezügliche Folgerungen für den Menschen nicht mehr mit Sicherheit gezogen werden können.

C. Revierverhalten und Bevölkerungsdichte

Daß Schwalben, die auf einem Leitungsdraht sitzen, häufig genau gleiche Abstände voneinander halten, liegt daran, daß die Tiere eine für sie erträgliche »Individualdistanz« nicht unterschreiten.

Viele Tiere verteidigen ein bestimmtes Gebiet als ihr Eigentum. Meist liegt in dessen Zentrum das Nest bzw. die Höhle, wo die Jungen aufgezogen werden. Artgenossen, gelegentlich auch artfremde Lebewesen, werden angegriffen und vertrieben, wenn der Revierbesitzer sie in seinem Territorium antrifft. Dabei hilft ihm die schon genannte Gesetzmäßigkeit, daß die Kampfkraft durch die Anwesenheit im *eigenen* Revier zunimmt, im fremden Revier abnimmt. Dies hat zur Folge, daß einmal besetzte Reviere (z. B. von Singvögeln im Frühling) meist nicht mehr ihren Besitzer wechseln; die Aufzucht der Brut ist nicht von Störungen durch Artgenossen bedroht, die kein Territorium erobern konnten. – Das innere verhaltensbestimmende Prinzip für jedes Einzeltier läßt sich so formulieren: Das Wahrnehmen der bekannten (= erlernten) Umgebung vermindert etwaige Fluchtbereitschaft und stärkt die Bereitschaft zur Verteidigung. Das erhöht auf tier*soziologischer* Ebene die *Stabilität* der Revierverhältnisse.

Das Revier von räuberisch lebenden Tieren kann eine innere »Schon-Zone« besitzen, in der sie niemals Beute schlagen: Darum bauen Singvögel gelegentlich ihre Nester seitlich in bewohnte Raubvogelhorste hinein. – Säugetier-Reviere können außer dem Schlafplatz bestimmte Eß-, Trink-, Vorrats-, Kotstellen, Bade-, Suhlplätze, Scheuerstellen (zur Fellpflege) und noch andere durch Gewohnheiten festgelegte Plätze enthalten, die meist auch durch feste Wechsel miteinander verbunden sind[1].

Singvögel, Löwen und Seelöwen *markieren* ihr Revier durch stimmliche Äußerungen: Das Revier reicht so weit, wie die eigene Stimme andere Artgenossen zur Flucht oder zum Kampf reizt. Versuchen zwei Tiere – oder beim Löwen: zwei Rudel – die Mittelpunkte ihrer Reviere näher aneinander festzulegen, als es der kritischen Lautstärke des gegenseitigen

Hörens entspricht, so löst dies so lange Kämpfe zwischen ihnen aus, bis die Partner auf größeren Abstand ausweichen.

Wo bei einer Tierart die Reviergründung zum artgemäßen Fortpflanzungsverhalten gehört, kommen Individuen, die kein Revier zu erobern vermögen, auch nicht zur Fortpflanzung. Besonders eindrucksvoll zeigt sich das beim Stichling: Bringt man in ein Aquarium, das der Minimalgröße eines Stichlingsreviers entspricht, mehrere Männchen, die sich alle durch den rot gefärbten Bauch, das Signal für den Rivalenkampf, auszeichnen, so behauptet nach schweren Kämpfen schließlich doch nur eines dieses Revier. Die anderen Männchen halten sich danach nur noch am Rande und in den Ecken des Aquariums auf und verlieren binnen Tagen sogar ihren roten Bauch – Zeichen einer hormonellen Umstellung.

Sozialer Streß bei Tupajas. Auch bei Säugetieren finden sich tiefgreifende Einflüsse auf körperliche Vorgänge und auf das Verhalten, sofern sie kein genügendes Lebensareal als Revier zur Verfügung haben, in dem sich *keine* anderen Artgenossen befinden. Der Zoologe Dietrich VON HOLST[1] hat dies an einem dafür besonders geeigneten Säugetier, dem südostasiatischen Spitzhörnchen (Tupaja) sorgfältig studiert. Wenn diese einem Eichhörnchen entfernt ähnlichen (mit ihm aber nicht näher verwandten) Tiere fortwährend Artgenossen in ihrer Nähe wahrnehmen, denen sie nicht ausweichen können, so verschlechtert sich ihr Gesundheitszustand bis zum Tode durch Nierenversagen; die Weibchen tragen ihre Jungen nicht aus, sie stillen geborene Jungen zu wenig oder verzehren sie sogar. Bei den Männchen entwickeln sich die Hoden nicht zur Funktionsreife, oder sie bilden sich zurück. In Folge aller dieser – und weiterer – Vorgänge nimmt die Fortpflanzungsgeschwindigkeit ab, und die Bevölkerungsdichte hält sich auf einem Wert, der sich aus der für das Einzeltier erforderlichen Reviergröße herleitet.

Revierverhalten der Löwen. Beim Löwen müssen Einzelgänger, die keinem Rudel angehören und somit keine Mitbesitzer eines Revieres sind, sogar damit rechnen, von den Artgenossen getötet zu werden, in deren Revier sie eindringen. Dabei wird besonders deutlich, welche biologische Rolle der

Revierbesitz spielt. Wenn jedes Rudel ein Areal bestimmter Größe gegen jeden fremden Löwen verteidigt, wird eine obere Grenze der Bevölkerungsdichte festgelegt. Solange Beute in Hülle und Fülle vorhanden ist, scheint wegen dieses Revierverhaltens das vorhandene Lebenspotential nicht voll genutzt zu werden. Da aber die Menge des Jagdwildes durch Wanderungen sehr stark schwankt, würde auf eine hemmungslose Vermehrung der Löwen »in guten Zeiten« leicht ein Raubbau an den Nahrungsreserven für schlechte Zeiten folgen: Zu starke Dezimierung der Beutetiere würde Hungerkatastrophen bringen, denen das Absterben vieler Löwen folgen würde. Das Revierverhalten wirkt jedoch der Überbevölkerung gleichsam durch ein Opfer an Fortpflanzungspotential entgegen und verhindert dadurch instabile Schwankungen der Bevölkerungsdichte.

Pendelflucht. Bei manchen Vogelarten, z. B. Rebhühnern, kommt es vor, daß zwei Männchen ihre Reviere zu nahe aneinander zu begründen versuchen. Vertreibt dann ein Männchen das andere aus der zu großen Nähe seines Revierzentrums, so verfolgt es den Gegner bis in die Nähe von dessen Reviermittelpunkt. Dort dreht sich der Verfolgte um, kräht und vertreibt den Eindringling, den er dann seinerseits bis in dessen Revier hinein verfolgt, wonach das ganze von vorne beginnt und sich lange Zeit als Pendeln zwischen Flucht und Angriff fortsetzen kann. Aufgrund des Zusammenhangs zwischen der Nähe zum Revierzentrum einerseits und der Verfolgungs- sowie Fluchttendenz andererseits bilden die Kampfpartner hier ein instabiles System, das regelmäßige Schwingungen erzeugt.

Tödlich endende Storchenkämpfe um Nistplätze kommen gewöhnlich nur in einem bestimmten, kennzeichnenden Sonderfall vor: Wenn ein junges Storchenpaar einen Nistplatz in Besitz genommen hat, später aber ein älteres Storchenpaar vom Winterzug zurückkehrt, das diesen Platz im Vorjahr innehatte. Dann kämpfen in tragischer Verstrickung zwei Storchenpaare gegeneinander, für die *derselbe* Ort das Zentrum des eigenen Reviers bildet. Beide Paare greifen daher einander mit dem größtmöglichen Kampfeinsatz an. Das führt meist zu Verletzungen oder zu Todesfällen[1].

D. Balz und Paarbildung

Die urtümlichste Verhaltensbeziehung zwischen Artgenossen ist die Vereinigung der Geschlechter zur Übertragung des männlichen Samens. Die Signale, mit deren Hilfe die Männchen zu den Weibchen finden, sind vielfach chemischer Art (Sexual-Lockstoffe). Die Stoffe werden nur während der Brunftzeit abgegeben; allgemein bekannt ist die stimulierende Wirkung des Geruchs einer läufigen Hündin auf alle in ihrer Reichweite wohnenden Rüden.

Werbung, Balz. Ist ein sexuell gestimmtes Männchen auf ein Weibchen seiner Art getroffen, so erfolgt vielfach nicht gleich die Paarung, sondern zunächst eine Phase der Werbung; dabei kann auch das Weibchen aktiv sein. Zur Balz können gehören:

– *Lautäußerungen*, z. B. der Männchen-Gesang vieler Singvögel (der meist zugleich der Revierabgrenzung dient, Abschnitt C) oder das nächtliche Konzert liebestoller Kater

– *Schaustellungen* wie der Schwanzfächer des Pfauenhahnes oder die »Scheibenstellung« des balzenden Eichhörnchens[1]

– Balz*bewegungen* wie der Balzflug des Baumpiepers und das Imponierlaufen mancher Gazellen

– ritualisierte *Nestbauhandlungen* wie das Herstellen vieler Nestmulden beim männlichen Sandregenpfeifer (wovon dann das Weibchen eine zum endgültigen Nestbau auswählt)

– ritualisiertes *aggressives* Verhalten wie die gegenseitigen Angriffe beim Turnier der männlichen Kampfläufer

– ritualisierte *Flucht* wie das »Sprödigkeitsverhalten« vieler Säugetierweibchen, ein spielerisch anmutender Wechsel zwischen betontem Flüchten vor dem werbenden Männchen und Abwarten, um es zum weiteren Verfolgen zu animieren

– ritualisiertes *Jungenverhalten* wie das Futterbetteln bei der Balz der weiblichen Silbermöwe sowie Jungenrufe beim männlichen Eichhörnchen

– ritualisiertes Jungen*füttern* wie bei der Werbung der männlichen Seeschwalben, die dabei dem Weibchen stets einen Fisch anbieten (»Fischflug«)

– *körperliche Zärtlichkeit* wie das Berühren und Belecken verschiedener Körperteile bei Säugetieren, z. B. »Schnauzen-zärtlichkeit« der Wölfe.

All diese und noch viele weitere Verhaltenselemente kommen bei verschiedenen Tierarten in den unterschiedlichsten Kombinationen vor. In dem Prachtwerk »Die Vögel Mitteleuropas« von O. und M. HEINROTH findet sich am Beispiel der *Graugans* folgende berühmt gewordene Beschreibung eines besonders differenzierten Werbeverhaltens[1]: »Wenn die Geschlechter sonst äußerlich oft recht schwer zu unterscheiden sind, so ist es um diese Zeit sehr leicht, Männchen und Weibchen schon auf große Entfernung hin . . . zu erkennen. Der Gansert hat dann die eigenartig gespannten oder, wie man beim Menschen sagt, gezierten und stolzen Bewegungen, die man in der Tierreihe unter solchen Umständen so oft antrifft . . . Im Gehen, Schwimmen und Fliegen wird ein unnötiger Kraftaufwand zur Schau getragen und fast dauernd die Zärtlichkeitshaltung angenommen. Die Gatten entfernen sich kaum meterweit voneinander, und das Männchen sucht etwas darin, seinem Weibchen jeden Schritt schon vorher abzusehen: Es ist bewundernswert, mit welcher Genauigkeit es jede Wendung, jedes Rascher- und Langsamerwerden berücksichtigt. Dabei wird natürlich jedes schwächere in den Weg kommende Geschöpf vertrieben, und zwar eilt der Gansert dann häufig fliegend darauf zu, auch wenn die Entfernung nur wenige Meter beträgt. Ist der Scheingegner verjagt, so wird die kleine Strecke zur Gattin ebenfalls in der Luft durchmessen, und der sich Brüstende fällt dann mit Geräusch und hocherhobenen Flügeln vor seinem in das Triumphgeschrei mit einstimmenden Weib ein.«

Biologische Bedeutung der Balz. Im einfachsten Fall hat die Balz des Männchens die Wirkung, beim Weibchen die Bereitschaft zur Paarung zu erwecken. Je höher organisiert das Verhalten von Tieren ist, desto mehr Funktionen treten hinzu: Wo die Weibchen ein *Revier* besitzen, müssen die Männchen in dieses eindringen, also die aggressive Revierverteidigung der Weibchen überwinden; den Hamster-Männchen gelingt das durch ritualisierte Jungenlaute. Vielfach stiftet das Werben des Männchens die *individuelle Bekanntschaft*, die dafür notwendig ist, daß das Weibchen überhaupt einen Artgenossen in seiner Nähe duldet. Wo das Weibchen oder beide Gatten vor dem Eierlegen oder der Jungengeburt langwierige Vorbereitungen treffen, z. B. einen Nistplatz suchen und ein Nest bauen, kann die *Balz* die *Bereitschaft* hierzu herstellen, zum Teil – wie bei der Lachtaube in Abschnitt I A 3 beschrieben – durch Anregen der Erzeugung von Sexualhormonen. Die Partner werden durch die wechselseitig ausgetauschten Signale aufeinander abgestimmt (»synchronisiert«). Bei manchen Tieren ist die Balz jedoch viel komplizierter, als daß man ihren Ablauf nach einem oder mehreren der eben genannten Prinzipien verstehen könnte. So etwa kommen die Männchen mancher Vogelarten zu einer »Gesellschaftsbalz« zusammen; bei unserer häufigsten Wildentenart, der Stockente, ist diese Gesellschaftsbalz von fast exotischer Schönheit und Merkwürdigkeit.

Begattung. Bei fast allen Tierarten kommt die Begattung nur zustande, wenn *beide* Partner sie anstreben. Ausnahmen von dieser Regel sind verschwindend selten; ein Beispiel: Bei Entenarten versuchen die Männchen nach der Fortpflanzungszeit, fremde Weibchen zu vergewaltigen, und fliegen ihnen oft lange Zeit nach; doch bleiben sie fast stets erfolglos. Bei einigen Tierarten haben die Weibchen bestimmte Gesten der Paarungsaufforderung. Manche davon machen den Eindruck symbolischer Handlungen: Paarungswillige Weibchen mancher Säugetiere, z. B. Hunde, versuchen bei den Männchen aufzureiten, um sie zur Begattung aufzufordern. Ob Männchen oder Weibchen bei der Einleitung der Paarung der aktivere Teil sind, ist von Art zu Art verschieden. Bei einigen Arten bilden Männchen und Weibchen lange Zeit ein Paar, ohne daß es schon zur Paarung kommt (»Verlobungszeit«, z. B. bei der Graugans). Bei dem ersten von EIBL-EIBESFELDT (1951) aufgezogenen Eichhörnchen-Pärchen ging die erste Brunftperiode mit intensiver Werbung vorüber, ohne daß es zu einer Paarung kam[1].

Einflüsse von Erfahrung auf das Paarungsverhalten. Bei den meisten Tierarten ist das gesamte Paarungsverhalten angeboren. Nur die Männchen mancher Säugetierarten sind, falls sie isoliert aufgezogen wurden, bei den ersten Paarungsversuchen vielfach ungeschickt und orientieren sich nicht richtig am Körper des Weibchens. Dadurch wird die Vermutung nahegelegt, daß zum Paarungsverhalten dieser Männchen eine bestimmte Erfahrung notwendig ist. In welcher Lebensphase und auf welche Weise diese Erfahrung im Freileben erworben wird (vielleicht im Spiel, in dem ja spielerisches »Aufreiten« vorkommt), ist noch nicht sicher entschieden. – Auf die Wirkung von *schlechten* Erfahrungen auf die Bereitschaft zur Paarung wird im Zusammenhang mit der Verhaltens-Pathologie eingegangen werden (Abschnitt IV B 3).

Steuerung der sexuellen Aktivität. Bei vielen Tierarten ist die sexuelle Aktivität an bestimmte Jahreszeiten gebunden. In Mitteleuropa liegt die Balzzeit des Auerhahns im März / April, die »Ranzzeit« des Fuchses im Februar, die »Brunft« des Rothirsches im September / Oktober, die des Rehes im Juli / August und die »Rammelzeit« des Feldhasen im Februar / März. Zu anderen als diesen Zeiten ist, auch wenn Männchen und Weibchen beieinander sind, bei diesen Tierarten keine sexuelle Aktivität zu beobachten. Auch das Brutverhalten unterdrückt die sexuelle Aktivität (mittels Hormonwirkungen, siehe Abschnitt I A 3 am Beispiel der Lachtaube). Werden die Nester und Gelege von Vögeln wie dem Sandregenpfeifer zerstört – etwa durch Sandstürme oder Sturmfluten –, dann erfolgt bei den brütenden Tieren eine hormonelle Umstellung, und sie beginnen erneut mit Balz, Nestbau und Eierlegen – viel früher, als es sonst geschehen wäre[1].

Säugetiere ohne jahreszeitlich festgelegte Fortpflanzungszeit zeigen ein ähnliches Verhalten: Während der Trag- und Stillzeit sind die Weibchen der meisten Arten nicht sexuell ansprechbar; ihre sexuelle Bereitschaft steigt wieder, wenn die letzten Jungen erwachsen sind. Erfolgt keine Befruchtung, so bleibt die sexuelle Aktivität aber nicht dauernd erhalten, sondern zeigt eine eigene Periodik, vielfach im Zusammenhang mit einem Menstruationszyklus. Bei Affen und Menschenaffen sind die Weibchen vorwiegend während weniger Tage in der Mitte des Zyklus aktiv und für die Männchen sexuell attraktiv; dies sind zugleich die Tage, an denen eine Befruchtung möglich ist. Während dieser Tage verstärken sich beispielsweise am Gesäß des Pavian-Weibchens die auffallend gefärbten Genitalschwellungen als *soziale (sexuelle) Auslöser*. Bei vielen Affenarten und bei Schimpansen sind jedoch unfruchtbar bleibende Begattungen auch außerhalb der »fruchtbaren Tage« die Regel.

Geschlechtsbedingte Verhaltensausrichtung. Bei mehreren Säugetieren, die man daraufhin untersucht hat, entsteht die *männliche* Verhaltensausrichtung des erwachsenen Tieres dadurch, daß die Keimdrüsen in der späteren Embryonalzeit oder (bei der Maus) in den ersten Tagen nach der Geburt das männliche Geschlechtshormon Testosteron ausscheiden; dieses wirkt auf einen Gehirnteil, den Hypothalamus, und bestimmt ihn so, daß der Organismus sich später männlich verhält, sofern dann auch weiterhin die männlichen Sexualhormone vorhanden sind. Die *weibliche* Verhaltensausrichtung entsteht, wenn im Embryo *kein* Testosteron auftritt und wenn dann beim *erwachsenen* Tier die weiblichen Geschlechtshormone wirken[1]. Trotz dieser hormonellen Wirkung verfügen viele Säugetiere aber auch über Verhaltenselemente des Gegengeschlechts – die Weibchen über das Aufreiten, die Männchen über »Präsentieren« (= weibliche Paarungsaufforderung). Dies gilt vor allem dort, wo geschlechtliche Verhaltenselemente durch *Ritualisierung* zu sozialen Signalen geworden sind, z. B. für soziale Überlegenheit oder soziale Unterordnung (siehe Abschnitt II F).

E. Betreuen von Jungen

Die Angehörigen der meisten Tierarten kommen in ihrem ganzen Leben niemals mit ihren Abkömmlingen in Berührung; wenn die Jungen die Eihülle verlassen, sind die Eltern längst tot oder an anderem Ort. Innerhalb der Wirbeltiere gilt das für die meisten Fische, Lurche und Kriechtiere. – Wo Elterntiere zu ihren Jungen Kontakt haben, können sie ihnen Nahrung bieten (Abschnitt III B 2), Schutz gewähren und auch Informationen übermitteln, die ihnen später im Erwachsenenalter dienlich sind. Falls sich Elterntiere um die Jungen kümmern, können es sein

– allein die Väter: beim Stichling, beim Vogel Strauß, aber bei keinem Säugetier

– beide Eltern: bei vielen Vögeln, z. B. Gänsen, und manchen Säugetieren, z. B. beim Wolf

– zuerst die Mutter, später der Vater: bei Krallenäffchen[1]

– allein das Muttertier: bei vielen Vögeln, z. B. Enten, und den meisten Säugetieren, z. B. Löwen, Affen und Menschenaffen.

Jungenverteidigung. Wird ein Haushuhn von einem Habicht angegriffen, so versucht es lautlos – möglichst nach unten hin – in eine Deckung zu flüchten. Eine Glucke, die Junge führt, verhält sich in dieser Situation völlig anders: Durch Ausbreiten der Flügel sucht sie die Jungen zu schützen und selbst möglichst groß zu erscheinen; sie läuft dabei in kleinen Kreisen und äußert aus Leibeskräften ein kreischend lautes Geschrei. Sie stellt sich damit zum Kampf, um die Küken zu schützen[2]. – Auch viele andere Tiereltern sind, wenn sie Junge führen, angriffslustiger als sonst. Man gehe auf einer Weide niemals versehentlich zwischen einer Stute und ihrem Fohlen hindurch, auch wenn beide anscheinend friedlich auf beiden Seiten des Weges grasen; man riskiert einen plötzlichen Angriff der Stute: Herangaloppieren, seitliches Abdrehen und Hufschlag. – In freier Wildbahn ist die »Fluchtdistanz« bei weiblichen Tieren vielfach größer, wenn sie Junge führen: Sie beginnen mit der Flucht schon bei einer größeren Entfernung des Feindes, als wenn sie kein Junges bei sich hätten.

Warnen. Durch Verteidigung und frühzeitige Flucht schützt das Muttertier seine Jungen vor aktuellen Fährnissen; durch sein *Warnen* behütet es sie zusätzlich vor Gefahren: Hat ein Muttertier durch eigene Erfahrung irgendeinen Gegenstand als gefahrvoll erlebt – z. B. in der afrikanischen Steppe den zu Fuß gehenden Menschen –, so warnt es das Jungtier bei dessen Anblick. Dadurch verknüpft sich für das Jungtier der sonst neutrale Eindruck des betreffenden Gegenstandes mit dem Warnruf der Mutter und erhält so eine »negative Valenz«, ohne daß das Jungtier selbst mit ihm seine – vielleicht lebensgefährliche – schlechte Erfahrung machen müßte. Das Warnen der Mutter liefert dem Jungen »Instruktionen« (gespeicherte Information) und erspart ihm dadurch zukünftige Gefahren.

Locken. Viele Tiermütter äußern Lautsignale oder Gebärden, auf deren Wahrnehmung ihre Jungen zu ihnen kommen. Die Rhesusaffenmutter verfügt über einen Gesichtsausdruck (Lock-Gesicht), mit dem sie ihr Junges zu sich locken kann.

E 1. Pflegebereitschaft

Hormonal bedingte Pflegebereitschaft. Die meisten Säugetiere sind keineswegs jederzeit pflegebereit: Wenn man ihnen neugeborene oder ältere Junge anderer Herkunft zuführt, lehnen sie diese ab und treiben sie fort. Die Injektion von Hormonen, etwa *Prolaktin*, in anderen Fällen *Oestrogenen*, kann dieses Verhalten im Experiment umsteuern, so daß die zuvor vertriebenen Jungen nun plötzlich angenommen und gepflegt werden. Hormone sind auch im Normalleben entscheidend dafür, daß Säugetierweibchen überhaupt ihre frisch geborenen eigenen Jungen annehmen.

Bei einem bestimmten Stamm der weißen Laborratte ist dies in jahrzehntelanger Arbeit von dem Team des amerikanischen Verhaltensbiologen Jay S. ROSENBLATT genauer verfolgt worden[1]: Etwa einen Tag vor der Geburt der eigenen Jungen beginnt das Muttertier auch fremde, ihm vorgelegte Jungtiere, die sonst unbeachtet bleiben würden, zu betreuen, d. h. sie zu lecken, ins Nest einzutragen und zu wärmen.

Bei der Ratte ist diese Umstellung durch eine Erhöhung des *Oestrogen*-Spiegels bedingt: Blutübertragung von einem Muttertier am Tag der Geburt auf ein jungfräuliches Weibchen stimmt auch dieses andere Weibchen dazu um, ihm vorgelegte Junge zu pflegen.

Werden einem Weibchen die Jungen gleich nach der Geburt weggenommen, so geht die hormonbedingte Bereitschaft zur Jungenbetreuung in drei bis sechs Tagen auf null zurück. Nach diesen Tagen werden auch die eigengeborenen, inzwischen allerdings ja nicht gesehenen Jungen abgelehnt, falls man sie der Mutter wieder anbietet.

Jungen-bedingte Pflegebereitschaft. Wenn, wie im Normalfall, die Jungen beim Muttertier bleiben, so hält sich die Pflegebereitschaft rund 16 Tage lang, also viel länger als die ebengenannte hormonbedingte Zeitspanne. Die Ursache sind *Signale, die von den Jungen ausgehen.*

Ursprünglich hatte man natürlich gemeint, die Sinnesreize von den Jungen würden dabei ihrerseits den Hormonspiegel beeinflussen, und dieser würde die Pflegebereitschaft hervorbringen. Die auf vollen Touren laufende Pflegebereitschaft z. B. am 6. Tag nach der Geburt läßt sich aber *nicht* mit dem Blut dieses Muttertieres auf andere Weibchen übertragen. Dieser und eine Fülle weiterer Befunde beweisen zweifelsfrei:

Die durch Reize von den Jungen ausgelöste Betreuungsbereitschaft ist ein *rein auf das ZNS beschränkter Prozeß.* Er ist übrigens auch bei Männchen auszulösen, obwohl dort ganz andere hormonelle Verhältnisse herrschen. Hier lag für die Verhaltensbiologen eine weitere Überraschung innerhalb der Untersuchungen von J. S. ROSENBLATT.

Komponenten der Pflegebereitschaft: In der Sicht dieser Experimente ist die Normalentwicklung der Betreuungsbereitschaft somit durch zwei Komponenten zu deuten, wie sie in Abb. 33 dargestellt sind:

Die Pflegebereitschaft wird – beginnend kurz vor der Geburt – durch Hormone in Gang gesetzt. Die neugeborenen Jungen bewirken durch Sinnesreize das Beibehalten dieses Status, dessen Hormonbedingtheit nach der Geburt schnell abnimmt. Zwischen beiden liegt eine kritische Übergangspha-

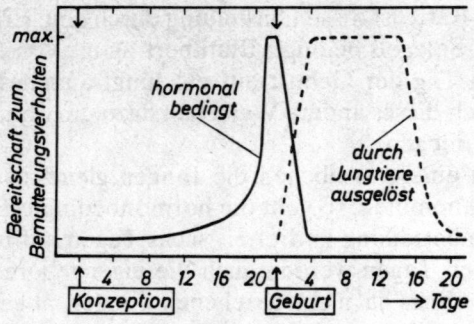

Abb. 33 Veranschaulichendes Schema der Forschungsergebnisse von J. S. ROSENBLATT über den Zeitablauf der Komponenten der Betreuungsbereit-schaft bei einem Stamm der weiblichen Laborratte von der Konzeption über die Geburt bis zum Selbständigwerden der Jungen.

se, in der die *Hormonbedingtheit* der Pflegebereitschaft ab-nimmt und die *Jungenbedingtheit* deren Rolle übernimmt. Der jungenbedingte Status der Pflegebereitschaft ist durch keine mit dem Blut übertragbaren Hormone bedingt, ist also ein rein zentralnervöser Zustand, dessen Natur aber noch unbe-kannt ist.

E 2. Fokussierung auf das selbstgeborene eigene Junge

Hauptversuchstiere waren hier Huftiere, deren Junge im Un-terschied zu den Rattenjungen Nest*flüchter* (Gegensatz Nest-*hocker*) sind, d. h. mit offenen, funktionstüchtigen Augen und Ohren zur Welt kommen und von vornherein selbständig laufen und dem Muttertier folgen können (Abschnitt III A 1). Bei manchen dieser Tierarten geht unmittelbar nach der Ge-burt ein dramatischer Stimmungsumschwung vor sich, den der Amerikaner P. H. KLOPFER an mehreren Tierarten, am ge-nauesten an einem Haustier, der Ziege Capra domestica, stu-diert hat[1].

Nach der Geburt und dem endgültigen Abschluß der We-hen nimmt das Muttertier intensiven Kontakt mit dem neuge-borenen Jungen auf. Diese *Kontaktnahme* hat zur Folge, daß

154

das Muttertier hinfort nur sein eigenes Junges pflegen wird und andere Junge intolerant abweist. Bietet man dem Muttertier in den ersten Minuten ein anderes Kitz an und nimmt ihr das eigene fort, so bindet es sich an dieses andere Jungtier, auch wenn es schon älter ist. Später aber ist – bis auf eine Ausnahme, die ich gleich nennen werde – *kein Jungenaustausch mehr möglich.*

Gleich nach dem Abschluß der Wehen ist das Muttertier – wie es auch von anderen Säugetieren bekannt ist – in einer außergewöhnlichen Verhaltensdisposition innerer Erregung und Stimmung. Das Muttertier projiziert eine fast leidenschaftlich anmutende Pflege- und Annahmebereitschaft auf sein Junges; ist es tot oder reagiert nicht, so richtet sich diese auf etwa anwesende fremde, selbst auf ältere Junge, und wenn diese fehlen, sogar auf einen anwesenden Menschen.

Sensible Periode des Bindungsverhaltens. Hat das Muttertier jedoch in der Stunde nach der Geburt *gar keinen* Kontakt mit *irgendeinem* reagierenden Jungtier, so ist das für sein verhaltenssteuerndes System ein total anderes Signal mit dem Inhalt: Ich habe kein lebendes Junges. Auf dieses Signal folgt ein totales Abschalten der Möglichkeit für Bemutterungsverhalten: Selbst das eigene Kitz, bei der Geburt von seiner Mutter getrennt, wird schon nach einstündiger Trennung von ihr nicht mehr angenommen.

Hatte das Muttertier aber gleich nach der Geburt für nur fünf Minuten Kontakt mit ihrem eigenen oder mit einem anderen Kitz, dann ist das Bemutterungsverhalten erst einmal gestartet. Jetzt können ruhig eine oder zwei Stunden der Trennung vergehen: Das fünf Minuten lang nach der Geburt kennengelernte Junge wird nach einer oder zwei Stunden wieder akzeptiert. Interessanterweise wird das selbstgeborene Kind nach einer oder zwei Stunden auch dann akzeptiert, falls ein fremdes Kitz das Bemutterungsverhalten in den ersten fünf Minuten in Gang gesetzt hatte; das eigene Junge wird dann vermutlich am Geruch erkannt.

Zusammenfassend kann man sagen: Die ersten fünf Minuten nach der Geburt sind bei diesen Tierarten Phasen einer dramatischen verhaltensbiologischen Weichenstellung:

1. An- oder Abschalten des Dranges und der Fähigkeit zum Bemutterungsverhalten und

2. Fokussierung der Pflegebereitschaft auf das dabei anwesende Junge, das im Normalfall ja das eigene Junge ist.

F. Rangordnung

Wenn Vögel oder Säugetiere auf engem Raum zusammenleben, so bildet sich in der Regel zwischen je zweien von ihnen ein Verhältnis der Über- und Unterordnung aus: Die Tiere geraten etwa um eine Nahrungsquelle oder um einen Platz in Streit. Eines der Tiere bleibt Sieger. Das Ergebnis des Kampfes wirkt als Dressur-Situation und wird erlernt. Das hat zur Folge, daß der Unterlegene den Sieger nun für längere Zeit nicht mehr bekämpft, ihm überall den Vortritt läßt, kurz, ihn als Überlegenen anerkennt. Durch solche Rangstufenkämpfe lernen innerhalb einer zusammenlebenden Gruppe allmählich alle Tiere einander individuell kennen, und es entsteht eine Rangordnung. Das stärkste Tier nennt man Alpha-Tier, das schwächste Omega-Tier.

Rangordnungen bilden sich auch zwischen Tieren ganz verschiedener Arten und Herkunft aus, ein Zeichen dafür, wie allgemein die Voraussetzungen dafür sind: Zur Bildung einer Rangordnung ist es notwendig, die Erfahrungen von Siegen und Niederlagen mit dem Aussehen der jeweiligen Gegner zu verknüpfen und dann gegen Überlegene nichts mehr zu unternehmen (bedingte Aversion, Abschnitt I B 4).

Alpha-Position und Geschlecht. Bei Tieren, die in freier Natur in Gruppen zusammenleben, ist das Leittier meist das stärkste Männchen (Wildpferde, Löwen, Paviane), bei manchen Arten jedoch ein Weibchen (Rothirsch außerhalb der Brunftzeit, Wildesel). Beim Wolf in Gefangenschaft bildet sich je eine Rangordnung innerhalb der Weibchen und der Männchen aus, und das Alpha-Weibchen und das Alpha-Männchen bilden ein Paar. Bei Schimpansen in der Gefangenschaft hängen die Dominanz-Verhältnisse von der Phase des Brunstzyklus des Weibchens ab: Im Zustand größter Empfängnisbereitschaft und Anziehungskraft auf die Männchen ist die soziale Stellung der Weibchen höher als sonst und übertrifft manchmal die der Männchen.

Stammesgeschichtliche Herkunft von Rangstufen-Signalen. Bei den Wölfen stammen manche Unterlegenheits-Signale aus dem Verhalten der Jungtiere, beispielsweise die Rückenlage mit abgespreizten »allen Vieren«. Bei Affen und Menschenaffen sind die Überlegenheitsgesten meist ritualisierte männliche Sexualgebärden, z. B. Aufreiten; die Unterlegenheit wird durch weibliche Sexualgesten, durch Präsentieren des Gesäßes, kundgetan – beides von Tieren beiderlei Geschlechts.

Sozialer Gradient. Die Schärfe der Dominanz-Verhältnisse zwischen verschiedenrangigen Tieren drückt sich darin aus, wie viele Handlungsmöglichkeiten die unterlegenen Tiere den überlegenen gegenüber behaupten. Der soziale Gradient ist einerseits von Art zu Art verschieden (z. B. beim Rhesusaffen steiler als bei den Brüllaffen); andererseits aber hängt er von der Möglichkeit zur Befriedigung der Lebensbedürfnisse ab. So verschärfen Nahrungsmangel und Raumnot die Dominanz-Verhältnisse und bringen auch dort Rangstufenkämpfe und soziale Rangordnungen mit der Unterdrückung schwächerer Tiere hervor, wo sie zuvor nicht ausgeprägt waren.

Rangordnungskämpfe. Rangordnungen sind nicht starr, sie werden in immer neuen Auseinandersetzungen neu festgelegt. Ein heranwachsender Wolf entwickelt ohne äußeres Zutun die Tendenz, sich gegen seine Kumpane durchzusetzen. Da er dies auch gegenüber menschlichen Pflegern tut, ist es unmöglich, einen Wolf wie einen Haushund zu halten, ohne sich ihm immer wieder im offenen Rangstufenkampf zu stellen und Sieger zu bleiben. Rangordnungskämpfe gehen meist nicht bis zum Verletzen oder Töten von Artgenossen, sondern werden durch soziale Unterlegenheits-Signale des schwächeren Tieres beendet. Vielfach gehen aber die Auseinandersetzungen gar nicht in der Form von Kämpfen vor sich, sondern es bleibt bei »Auftritten«, in denen lediglich gedroht wird. Bei Wölfen spielt hierbei der *Blick* eine besondere Rolle. Wenn ein Gruppenmitglied das andere fest anblickt, so wird das als Drohung empfunden: Beim Ranghöheren löst es eine Gegendrohung aus, den Rangniederen schüchtert es ein[1].

Individuelle Eigenschaften und sozialer Status. Die Stellung eines Tieres in einer Rangordnung ist abhängig von seiner Größe, seiner Körperkraft, seiner Geschicklichkeit, aber auch von seiner *Kampfbereitschaft.* Beispielsweise erkämpften *Tauben* innerhalb einer Kolonie einen höheren Rang und ein grö-

ßeres Revier, nachdem man sie mit dem männlichen Sexualhormon *Testosteron*, das die Kampfbereitschaft erhöht, behandelt hatte. Auch niederrangigen Tieren, die eine Zeitlang
aus dem Käfig herausgenommen und während dieser Zeit daran gewöhnt worden waren, über eine ausgestopfte Taube,
d. h. also über eine Rivalen-Attrappe, zu »siegen«, gelang eine Verbesserung ihrer Rangstufe – allerdings nur vorübergehend. Bei *Hirschen* und bei *Menschenaffen* haben bisweilen
besonders alte Tiere die Alphastellung in der Gruppe inne, obwohl sie sich an Körperkraft mit den jüngeren nicht mehr mes-
sen können. Hier muß etwas ganz anderes eine Rolle spielen:
die größere Erfahrung der älteren Gruppenmitglieder, aber
vielleicht auch besondere körperliche Merkmale älterer Tiere,
so die Grau- oder Weißfärbung von Teilen der Behaarung.
Vielleicht hat dieses »Alters-Prachtkleid« als sozialer Auslöser sogar die *biologische Bedeutung*, alten und erfahrenen
Gruppenmitgliedern trotz ihrer körperlichen Unterlegenheit
einen höheren Rang in der Gemeinschaft zu sichern[1].

Körperliche Auswirkungen des sozialen Status. So eigentümlich es klingen mag: Ob ein Tier in seiner Gruppe die Alpha-
Stellung innehat oder nicht, kann sich auf seinen körperlichen
Zustand auswirken. Bisher sind nur wenige Beispiele bekannt; doch handelt es sich möglicherweise um eine verbreite-
te Erscheinung. Beim männlichen *Orang Utan* bildet ausschließlich das Alpha-Tier die breiten Backenwülste aus, die
für das Gesicht dieser Menschenaffen so kennzeichnend sind.
Beim *Zwerg-Mungo*, einem sehr ursprünglichen kleinen
Raubtier, paart sich (zumindest in der Gefangenschaft) nur
das Alpha-Weibchen und gebiert Junge, während alle anderen
Weibchen der Gruppe auf dem sexuellen Reifestadium von
Jungtieren verharren (juvenil bleiben) und bei der Jungenaufzucht helfen[2]; dies erinnert an die Verhältnisse in Insektenstaaten, wo beispielsweise die Bienenkönigin durch die Abgabe »sozialer Hormone« verhindert, daß sich die Eierstöcke
der Arbeiterinnen voll ausbilden. In den Gruppen von Krallenäffchen (Callithriciden) gebiert immer nur das ranghöchste
Weibchen Junge, obwohl Paarungen zwischen allen Gruppenmitgliedern zu beobachten sind[3].

Abgeleiteter sozialer Status. Außer den im Kampf erworbenen gibt es »abgeleitete« soziale Stellungen: Bei der Dohle und bei Affen rücken Weibchen in die Stellung desjenigen Männchens auf, mit dem sie eine Verbindung eingehen. Junge Affen erfreuen sich der Rangstufe ihrer Mutter, Graugans-Gössel derjenigen ihres Vaters.

Sozial tiefstehende Gruppenmitglieder. Das Verhalten von sozial tiefstehenden Gruppenmitgliedern ist von dem Schweizer Zoologen Rudolf SCHENKEL bei Wölfen im Baseler Zoo besonders sorgfältig beobachtet worden[1]. Die Körperhaltung ist geduckt, der Blick unsicher, die Mundwinkel sind nach hinten gezogen. Trotz ihrer Unterlegenheit sind die Tiere aggressiver als die Überlegenen, aber im Sinne des »Angstbeißens« (siehe Abschnitt II B): Durch ihre »Verteidigungs-Angriffe« richten sie selten etwas aus und verbessern ihre Rangstufe nicht.

G. Gruppenbindung aufgrund individuellen Kennens

Gruppen aus Artgenossen, die einander individuell kennen, gibt es bei Säugetieren als »Großfamilien«, die durch das Zusammenbleiben von Elterntieren und erwachsenen Jungen entstehen. Hierzu muß eine angeborene Bereitschaft vorliegen; denn versucht man, Junge von *nicht* sozialen Säugetieren (z. B. Hamster) in einer Gemeinschaft zu halten, so werden sie unverträglich und können im Extremfall einander töten. Die Grundlage für die Gruppenbildung und -erhaltung unter Vögeln und Säugetieren ist die Tendenz der Einzeltiere zum Zusammensein mit Artgenossen.

Dabei besteht bei vielen Arten ein Unterschied, wie er schärfer gar nicht gedacht werden kann, zwischen dem Verhalten gegenüber individuell *bekannten* und *unbekannten* Artgenossen: Die ersteren werden gut behandelt; nach einer Trennung werden sie freudig begrüßt. Die letzteren aber sind Feinde und werden bei vielen Tierarten sofort angegriffen und vertrieben oder – bei Löwen – auch getötet. Nur das Sexualverhalten macht dort eine Ausnahme: Männliche Löwen werben bisweilen um paarungsbereite Weibchen aus einem benachbarten Rudel.

Neben der gegenseitigen Anziehung zwischen individuell bekannten Artgenossen gibt es einige *angeborene soziale Reaktionsweisen* der Einzeltiere, die zum Wohl und zum Zusammenhalt der Gruppe beitragen:

– Das Leittier ist aufmerksamer als die übrigen Gruppenmitglieder und warnt diese bei Gefahr.

– Die Gruppenmitglieder folgen dem Leittier.

– Ältere Gruppenmitglieder hindern jüngere daran, sich von der Gruppe zu weit zu entfernen, und treiben sie zurück (Paviane).

– Streit zwischen Gruppenmitgliedern veranlaßt höherrangige Tiere, dazwischenzufahren und Frieden zu stiften. Bei den Dohlen ist das mit einem bestimmten Laut (»jüp«) verbunden.

– Individuelle Hilfeleistung gegenüber kranken oder verletzten Artgenossen ist bei nur ganz wenigen Tierarten, z. B. beim *Elefanten*, beobachtet worden. *Delphine* heben geschwächte Artgenossen zum Atemholen an die Oberfläche.

– Bei manchen in Gemeinschaft lebenden Tieren, z. B. bei Dohlen und Affen, wird durch das Signal »Artgenosse in Gefahr« ein sofortiger gemeinsamer Angriff gegen den Störer ausgelöst. Hierbei spielt der soziale Rang des gefährdeten Artgenossen keine Rolle. Dieser *Angriff auf den Gruppenfeind* ist von Individuum zu Individuum ansteckend und erfaßt dadurch die ganze Gruppe.

Individuelle Beziehungen zwischen Gruppenmitgliedern. Über die angeborenen sozialen Reaktionen hinaus erhalten die Gemeinschaften der Säugetiere ihre innere Struktur durch individuelles gegenseitiges Kennen. Dazu gehört einerseits das Verhältnis der Über- und Unterordnung im Sinne der Rangstufen (Abschnitt II F), andererseits aber eine Fülle von Beziehungen, von denen durch die folgenden Begriffe nur ein Ausschnitt angedeutet wird: sexuelle Anziehung; Freundschaft; gegenseitige »Beachtung«: Die Gruppenmitglieder richten ihr Verhalten danach ein, was *bestimmte* (und nicht *beliebige*) andere Gruppenmitglieder tun[1].

Zusammensetzung der Gruppen. Bei vielen sozial lebenden Säugetierarten haben die Gruppen eine typische Zusammensetzung aus erwachsenen Männchen (M), erwachsenen Weibchen (W), Heranwachsenden (A), und Jungen bzw. Säuglingen (J) (»Gruppierungstendenz«):

– Löwe[2] (Einzelbeispiel)   2 M / 13 W / 20 A + J
– Spinnenaffen[3] (Durchschnitt) 2 M / 4 W / 2 A / 2 J
– Pavian[4] (Einzelbeispiel)   8 M / 18 W / 54 A + J
– Gibbon[5] (Durchschnitt)   1 M / 1 W / 3 A / 1 J

Dabei fällt auf, daß in den Gruppen – mit Ausnahme des Gibbon – weniger erwachsene Männchen als Weibchen leben. Unter den Neugeborenen besteht aber ein Geschlechterverhältnis von annähernd 1 : 1. Wo bleiben die überzähligen Männchen? Beim Löwen scheinen sie kurz nach der Geschlechtsreife durch Revierkämpfe ums Leben zu kommen[6]. Bei vielen Affenarten – und auch beim Impala, einer Gazelle – sind sie zu reinen Männchen-Gruppen zusammengeschlossen. Bei diesen Arten gibt es also zwei Arten von Sozialverbänden: die gemischten Gruppen, in denen die Fortpflanzung stattfindet, und die reinen Männchen-Gruppen. Beim indischen Colobus-Affen lebten nach einer Zählung des Anthropologen Christian VOGEL[1] in einem überschaubaren Gebiet nur 26 % der Männchen in den gemischten, dagegen 74 % in reinen Männchen-Gruppen. Bei fast allen in Gruppen lebenden Säugetieren kommen in freier Natur zusätzlich noch Einzelgänger vor; zum Teil sind dies nur Männchen (z. B. Brüllaffe), zum Teil Tiere beider Geschlechter (Gibbon). Bei wieder anderen Arten sind die Einzelgänger vorwiegend sehr alte Tiere. – Beim Rhesusaffen gibt es neben den regulären Gruppen eine Art von Sondergruppen aus Heranwachsenden beider Geschlechter.

Soziale Gruppierungstendenz und Bevölkerungsstruktur. Die Struktur der Gruppen entspricht also bei keiner der eben genannten Arten der Geschlechter-Verteilung und Alters-Schichtung. Bei allen Arten gibt es Tiere, die nicht im gemischten sozialen Verband, sondern entweder als Einzelgänger oder in anders zusammengesetzten Verbänden leben; sie sind vermutlich größtenteils durch Kämpfe aus den gemischten Gruppen ausgestoßen worden. – Bei Überlegungen über biologische Grundlagen der Soziologie des *Menschen* können wir deshalb nicht von der Vorstellung ausgehen, seine biologisch bedingte *Bevölkerungs-Zusammensetzung* müßte mit seiner ebenfalls naturgegebenen (aber noch unbekannten), aus Verhaltensprinzipien hervorgehenden *Gruppierungstendenz* in Einklang stehen.

163

H. Anonyme Scharen und kollektive Staaten

In den Schwärmen von Wanderheuschrecken und Fischen, in den Wanderscharen von Zugvögeln, in den Rudeln von Wanderratten, aber auch in den Staaten von Termiten, Ameisen und Bienen sind die Individuen einander nicht individuell bekannt; die Einzeltiere sind vielmehr durch Signale und angeborene Reaktionen lediglich an das *Kollektiv als Ganzes* gebunden. Durch diese Organisationsform ist eine neue Möglichkeit erschlossen: Die Sozialverbände können viel mehr Mitglieder in sich vereinigen, bei Bienen über 10000, bei Termiten über 1000000.

Die *Brutkolonien der Vögel*, z. B. Möwen, vereinigen Merkmale derjenigen Verbände, die sich auf individuelles Kennen zwischen den Mitgliedern gründen, mit denen von Kollektiv-Verbänden: Das Einzeltier kennt seine näheren und ferneren Nachbarn individuell, doch machen diese – bei großen Kolonien – nur einen geringen Bruchteil des Kollektivs aus. Bei der Verteidigung kann jedoch die ganze Kolonie gemeinsam agieren (Gruppenaggression).

Insektenstaaten. Im Unterschied zu »anonymen Scharen« (Fischschwärme usw.) ist bei den Insektenstaaten eine Arbeitsteilung entwickelt, zum Teil auf der Basis von körperlich bedingten Verhaltens-Reifungs-Stadien, zum Teil durch Kastenbildung. So sind im *Bienenstaat*[1] die einzelnen Arbeiter *nach*einander Amme (zum Füttern der Larven), Baubiene, Wächter (Soldat mit der Bereitschaft zum Angriff auf jedes unbekannte Lebewesen, das sich dem Stock nähert) und Sammelbiene; bei den Termiten und Ameisen[2] übernehmen verschiedene *Größenklassen* von Arbeitern oder gar abgegrenzte *Kasten* aus unterschiedlich gebauten Individuen die verschiedenen Rollen der Aufzucht, der Nahrungsbeschaffung und der Verteidigung. Die Fortpflanzungsfunktion ist dabei stets auf ganz wenige Individuen: Königinnen und Drohnen (oder »Könige«) beschränkt; bei den übrigen Mitgliedern des Staatswesens sind die Geschlechtsorgane und -instinkte verkümmert; sie werden durch »Soziohormon«-Wirkung seitens der Königin niedergehalten. Alle Mitglieder eines Volkes erkennen einander an einem bestimmten »Nestgeruch«. Grundsätzlich besteht Todfeindschaft gegen die Mitglieder anderer Völker.

Im Rahmen verschiedener Insektenstaaten haben sich Verhaltensweisen entwickelt, die man mit Erscheinungen des menschlichen Soziallebens vergleichen kann, so

– Pflege und Zucht von Nutztieren, deren Produkte verwertet werden (Blattläuse der Ameisen)

– Aussaat, Düngung und Monokultur einer Nutzpflanzenart als Hauptnahrungsmittel (Pilzzucht der Blattschneiderameisen)

– organisierte Kriegszüge zum Puppenraub und Haltung von Sklaven im Staatsverband (Amazonenameisen)

– gezielte Informationssuche, Informationsaustausch und abstimmungsartige Entscheidungsstrategie (Entscheidung des Bienenschwarms für die bestgeeignete Nisthöhle[1])

– Führung einer Kollektivs von rund 10 000 Tieren durch eine Minderheit ($\approx 1\%$) von informierten Individuen (Leitung des Bienenschwarms, kilometerweit, beim Umzug zur ausgewählten neuen Nisthöhle[1]).

Diese Verhaltensstrukturen beruhen jedoch ausnahmslos auf instinktiver Basis. Wo Lerninhalte eine Rolle spielen, beziehen sie sich auf Maße und Daten wie Himmelsrichtungen und Entfernungen, nicht auf die Verhaltensstrukturen selbst. Die Ursachen der Verhaltensweisen sind also völlig andere als bei den funktionell entsprechenden menschlichen Errungenschaften; deren Entwicklung beruht vorwiegend auf dem menschlichen Intellekt, also auf Lernen und zielbedingtem Neukombinieren von Erlerntem.

Infolge des starren Versorgungssystems sind alle Insektenstaaten anfällig gegen Sozialparasiten. Diese kommen aus verschiedenen Insektengruppen (Käfer, Fliegen), aber auch aus der eigenen nächsten Verwandtschaft (parasitische Ameisen). Auch die Sozialparasiten folgen ausnahmslos *angeborenen* Verhaltensweisen. Sie nutzen die sozialen Reaktionsnormen ihrer Wirte, die unter allen Umständen als feste Programme ablaufen, zu ihren Gunsten aus. Beispielsweise betteln sie wie hungrige Larven um Futter, oder sie nähren sich von Eiern und Larven und vermeiden die Angriffe der geschädigten Wirtstiere durch chemische Signale, die den Signalen der Königinnen der Wirtsart entsprechen.

Rudel der Wanderratte. Die Rudel der Wanderratte, die mehrere hundert Tiere umfassen können, ähneln in ihrer Struktur mehr den Insektenstaaten als den übrigen Säugetiergruppen. In ihnen herrscht keine Rangordnung. Wanderratten erkennen einander am *Geruch* als zum selben Rudel gehörig. Es bildet sich keine Ehe aus, und die einzelnen Weibchen verteidigen kein eigenes Revier für sich und die Jungen. Die Jungen von mehreren Weibchen werden zusammen in derselben Wohnkammer des Baues versorgt. Ein brünstiges Weibchen wird von vielen Männchen des Rudels gedeckt, die unter sich keine Rivalenkämpfe ausfechten[1]. – Die Individuen eines Rudels können einander darüber informieren, von welchen Nahrungsmitteln Gefahr droht. Verschiedene Rattenrudel können daraufhin unterschiedliche Nahrung bevorzugen oder ablehnen. So hatten alle Ratten, die im Jahre 1946 plötzlich eine Hallig der Nordseeküste besiedelten, die Eigenheit, keinen Räucherfisch zu verzehren, während dies sonst eine Lieblingsspeise für Ratten ist. Dafür hatten sie eine ausgefeilte Taktik entwickelt, sich unauffällig Strandvögeln anzunähern und diese dann in blitzschnellem Angriff zu überwältigen[2] (Traditionsbildung, siehe auch Abschnitt I B 11).

III. Entwicklung des Verhaltens (Verhaltens-Ontogenie)

A. Biologischer Jungentypus

A 1. Nesthocker, Nestflüchter und Tragling

Vergleicht man ein frischgeschlüpftes Singvogeljunges mit einem gerade ausgekrochenen Gänse- oder Hühnerküken, so kann man sich kaum einen auffälligeren Unterschied vorstellen. Das Singvogeljunge ist unbefiedert; es ist noch blind und zur Fortbewegung und Orientierung gänzlich unfähig. Sein Entwicklungszustand mutet fast embryonal an. Mit seinen Geschwistern liegt es im schützenden Nest; sein Dasein ist ganz darauf zugeschnitten, von den Eltern in den bettelnd geöffneten Rachen hinein gefüttert zu werden. Nach der Fütterung dreht sich das Kleine um und läßt einen zusammenhängenden Ballen aus festem Harn und Kot austreten, den die Eltern erfassen und wegtragen (oder verzehren). – Ganz anders die Gössel (= Gänsejunge) und Hühnerküken: Sie tragen beim Schlüpfen schon ein Daunenkleid. Ihre Augen sind geöffnet und voll funktionstüchtig. Sie können ausgezeichnet laufen, und sie verlassen das Nest, in dem sie ausgebrütet wurden, schon nach kurzer Zeit. Sie suchen dann ihr Futter selbständig, behütet von dem Muttertier, manchmal auch von ihm angeleitet. Sie erkennen ihr Muttertier schon nach wenigen Stunden individuell. Sie sind also im Schlüpfstadium unvergleichlich viel weiter fortgeschritten als die Singvogeljungen, die ein entsprechendes Stadium erst nach mehrtägigem bis wochenlangem Nestaufenthalt erreichen. – Der Naturforscher und Philosoph Lorenz OKEN (1779–1851) prägte für die beiden Jungentypen der Vögel treffende und anschauliche Fachausdrücke: Er nannte sie *Nesthocker* und *Nestflüchter*.

Zwischen ausgeprägten Nesthockern und Nestflüchtern gibt es Zwischenstufen, so die Jungen der Eulen und der Tagraubvögel: Sie bleiben zwar wie Nesthocker lange Zeit – bis zu 3

Monate lang – im Nest, kommen aber wie Nestflüchter mit einem Daunenkleid und mit offenen Augen zur Welt. Andererseits schlüpfen die *Möwen*jungen als wohlausgebildete Nestflüchter aus dem Ei, bleiben aber trotzdem noch ein paar Tage im Nest und halten sich danach auch meist noch in dessen Nähe auf; die Elternvögel kommen dorthin, um sie zu füttern.

Bei den Säugetieren finden sich entsprechende Verhältnisse: Manche, wie Kaninchen, Mäuse und Eichhörnchen, kommen nackt, blind und mit geschlossenen Gehörgängen zur Welt, und sie sind unfähig zur selbständigen Fortbewegung. In der Höhle bzw. im Nest werden sie vom Muttertier gesäugt. Viel weiter ausgereift sind neugeborene Feldhasen, Pferde, Rinder, Antilopen, Robben, Wale und andere: Sie werden mit fertigem Haarkleid, offenen Augen und Ohren geboren, sind vollendet bewegungs- und orientierungsfähig, und sie folgen (mit Ausnahme der still sitzenbleibenden jungen Feldhasen) dem Muttertier bald nach der Geburt, z. B. wenn es zur Herde zurückkehrt. – Auch auf die Säugetierjungen wandte man in der Folge die Ausdrücke *Nesthocker* und *Nestflüchter* an.

Doch erst in letzter Zeit wurde man darauf aufmerksam, daß diese Aufteilung unvollständig ist: »Allgemein unterteilt man junge Tiere in Nesthocker und Nestflüchter . . . Beuteltiere, Fledermäuse und Affen aber passen in keine dieser beiden Kategorien; ihre Jungen sind zwar noch unfertig, kommen aber in kein Nest, sondern bleiben am Körper der Mutter oder anderer Erwachsener und werden dort herumgetragen.«[1] Unter den von der Mutter mit sich getragenen Jungen gibt es solche, die mit offenen Augen und Gehörgängen und mit voller Behaarung geboren werden und die sich mit eigener Kraft an das Muttertier anklammern. Jungtiere dieses Typus sind in ihrer ersten Lebensperiode noch völlig unfähig, dem Muttertier aus eigener Kraft zu folgen; sie sind ganz darauf angewiesen, vom Muttertier getragen zu werden. Ich nenne diese vom Muttertier stets mit sich getragenen Jungen *Traglinge*; auch sonst bezeichnen wir Tierjunge und Menschenkinder nach dem, was sie von Eltern und Betreuern erfahren, und fügen dann die Nachsilbe *-ling* hinzu wie in den Worten Säugling, Schützling, Liebling, Findling usw.

Traglinge kommen bei verwandtschaftlich einander ganz fernstehenden Säugetieren vor: bei Fledermäusen, beim Koala (baumkletterndes Beuteltier), bei Faultieren, bei manchen Halbaffen sowie bei den Affen und Menschenaffen. Innerhalb der Halbaffen gibt es sowohl Nesthocker als auch Traglinge, dazu Übergangsformen zwischen beiden[1]. Der ursprüngliche Typus bei den Säugetieren ist der des Nesthockers. In der Stammesgeschichte entwickelten sich von hier aus bei manchen schnell laufenden und bei schwimmenden Tieren die Nestflüchter, bei fliegenden und bei manchen baumkletternden Arten die Traglinge.

Die Jungen der meisten baumlebenden Säugetiere können sich mit eigener Kraft am Haarpelz des Muttertieres festhalten; sie sind *aktive Traglinge*. Doch sind die neugeborenen Jungen der *Menschenaffen* bisweilen noch zu schwach oder auch zu ungeschickt dazu. So faßte einmal ein in freier Natur beobachtetes Schimpansenjunges versehentlich mit der Hand an seinen eigenen Hinterfuß anstatt ans Fell der Mutter und verlor dadurch seinen Halt[2]. Hier sind die Mütter sehr besorgt und unterstützen das Kleine mit einer Hand – vor allem, wenn sie einmal schnell rennen oder springen müssen. Wenn sie sitzen, nehmen sie das neugeborene Junge oft ganz dicht an ihren Leib und umhüllen es gleichsam mit Beinen, Brust und Armen, so daß man es von außen zunächst oft kaum sehen kann. Menschenaffenmütter stützen auch den Kopf des Jungtiers, solange dieses noch nicht kräftig genug ist, ihn selbständig hochzuhalten[2].

A 2. Das Menschenkind: Ehemaliger Tragling und sekundärer Nesthocker

Der neugeborene menschliche Säugling ist kein Nesthocker. Ihm fehlt dafür das entscheidende Kennzeichen, die geschlossenen Augenlider und Gehörgänge. Der menschliche Embryo macht im Mutterleib gleichsam ein Nesthockerstadium durch: Vom 3. bis 5. Entwicklungsmonat sind die Augenlider geschlossen, dann öffnen sie sich bereits. – Der menschliche

Säugling ist auch kein Nestflüchter. Es dauert nach der Geburt noch ein Jahr oder mehr, bis er laufen kann, und erst viel später kann er aus eigener Kraft mit den Erwachsenen Schritt halten. – Der menschliche Säugling ist aber, so wie er geboren wird, auch kein Tragling, zumindest kein aktiver; denn er kann sich nicht aus eigener Kraft an einem erwachsenen Menschen festklammern und dabei Halt finden. – Der menschliche Säugling stimmt also mit keinem der drei biologischen Jungentypen der Säugetiere überein.

Hierauf erhebt sich die Frage: Wenn der menschliche Säugling schon keinem bekannten Jungentypus der Säugetiere genau entspricht, wem *ähnelt* er dann am meisten? Prüft man daraufhin seine Ausstattung mit angeborenen Verhaltensweisen, so kommt man zum Ergebnis: Am meisten ähnelt er einem *Tragling*. Das zeigt jedes gesunde Neugeborene beispielsweise durch seinen *Handgreifreflex*: Legt man in die Handfläche eines Säuglings einen Finger oder einen anderen ähnlich geformten Gegenstand, so greift sein Händchen fest zu. Viele Neugeborene (besonders Frühgeburten), lassen sich, so unentwickelt auch sonst ihre Motorik noch ist, sogar auf diese Weise hochheben, ohne loslassen zu müssen. Eine solche Reaktion ist unter Tierjungen weder von Nesthockern noch von Nestflüchtern bekannt, sondern nur von den von der Mutter getragenen Tierjungen. Auch daß ein verängstigtes Kind sich an seiner Mutter anzuklammern versucht, entspricht dem Verhalten eines Traglings. – Stünde das Menschenkind dem Typus des *Nesthockers* näher, so würde man von ihm nicht einen Klammerreflex, sondern eher eine andere Reaktion, die »Tragstarre« erwarten: Viele Nesthocker-Mütter (z. B. Igel, Eichhörnchen, Katzen) tragen ihre Jungen von einem unsicher gewordenen Ort zu einem anderen, den sie für sicherer halten; dabei fassen sie die Jungen vorsichtig mit dem Maul an der Rückenhaut. Die Jungen reagieren ihrerseits damit, daß sie, solange sie getragen werden, in eine »Tragstarre« verfallen und dabei alle vier Beine schlaff hängen lassen. Für eine solche Reaktion gibt es beim menschlichen Säugling keinerlei Anzeichen.

Aber der menschliche Säugling zeigt seine Verwandtschaft

mit dem Typus des Traglings doch nur in Spuren: Der Klammerreflex, so kräftig er bei manchem Neugeborenen ist, ermöglicht es ihm nicht, sich wirklich an der Mutter festzuhalten. Die entscheidenden Gründe dafür sind das Fehlen eines Haarkleides am menschlichen Körper (die Jungen der Affen und Menschenaffen halten sich ja im Haarkleid der Mutter fest) und der kaum zum Greifen fähige Fuß des Säuglings. Wenn nun ein Verhalten wie der Klammerreflex zwar vorhanden, aber funktionslos ist, dann vermutet der Biologe: Die Funktionslosigkeit bestand nicht von Anfang an; in einem früheren Stadium der Stammesgeschichte dürfte das Verhalten einen biologischen Sinn gehabt haben. In der Tat spricht eine Fülle von Indizien dafür, daß die Vorfahren des Menschen Baumkletterer gewesen sind[1], und für Baumkletterer ist die Jungenform des Traglings die einzig mögliche (außer für kleine Tierarten wie Eichhörnchen oder manche Halbaffen, die Nesthocker-Junge haben und diese in einem Nest oder einer Baumhöhle aufziehen). Hieraus kann man schließen: In der Stammesgeschichte der Vorfahren des Menschen gab es eine Periode, in der die Säuglinge echte Traglinge waren. Im Verlauf der Menschwerdung entstand der aufrechte Gang, der Kletterfuß formte sich zum Lauffuß um (das wiederholt sich noch heute bei der Fußentwicklung jedes menschlichen Embryos), das Haarkleid verschwand bis auf geringe Reste, und der Säugling verlor den Charakter des Traglings, obwohl davon noch heute Verhaltensspuren zu erkennen sind. Der menschliche Säugling ist demnach ein *ehemaliger Tragling*.

Sollte diese Feststellung richtig sein, so wäre sie für die biologische Natur des Menschenkindes in mehrfacher Hinsicht von Bedeutung. Denn es ist denkbar, daß sich außer dem Klammerreflex noch andere Verhaltenseigenschaften aus der stammesgeschichtlichen Traglingszeit bis heute erhalten haben, die unter den gegenwärtigen Umständen nicht mehr verständlich sind. Diese Möglichkeit liegt nahe, weil sich genetisch bedingte Verhaltenseigenschaften in vielen Fällen bei stammesgeschichtlichen Veränderungen als beständiger und unveränderlicher erweisen als körperliche Merkmale (beispielsweise besitzen sowohl die Feldgrille wie der Vogel

Strauß noch die Fähigkeit zu Flugbewegungen mit ihren Flügelstummeln[1], obwohl beide zu reinen Lauftieren geworden sind und ihre Flugfähigkeit schon vor Jahrmillionen eingebüßt haben). Vor allem erhebt sich die folgende Frage: Ist womöglich das Verhaltenssystem des menschlichen Säuglings noch darauf zugeschnitten, der Mutter stets körperlich nahe zu sein? Denn für Traglinge in freier Natur, d. h. in den Kronen des Urwalds, liegt eine ganz besondere Gefahr darin, von der Mutter getrennt zu werden; dann hat der verzweifelte Versuch, die Verbindung wiederzufinden, Vorrang vor allen anderen Bedürfnissen. Aber auch in anderen Zusammenhängen könnten Verhaltenseigenschaften aus der Traglingsphase des Menschen noch heute den biologischen Hintergrund für Verhaltenseigentümlichkeiten und angeborene Bedürfnisse des menschlichen Säuglings bilden.

Wenn der menschliche Säugling ein *ehemaliger* Tragling ist, was ist er dann in seinem *heutigen* Zustand? Hier ist dem Baseler Zoologen Adolf PORTMANN[2] recht zu geben, der ihn als *sekundären Nesthocker* bezeichnet und damit ausdrückt, daß das neugeborene Baby in der Tat so hilflos ist wie ein Nesthocker. Gleichwohl wird der Säugling bei vielen Naturvölkern von der Mutter bei der Arbeit mit sich getragen. Er ist dabei also ein Tragling, wenn auch kein aktiver, der sich selbst festklammert, sondern ein *passiver Tragling*, den die Mutter festhält oder mit einem Tragetuch an der Seite, z. B. auf der Hüfte, oder auf dem Rücken trägt.

Daß der menschliche Säugling ein ehemaliger Tragling ist und auch heute noch angeborene Verhaltenskennzeichen aus der stammesgeschichtlichen Traglingsphase in sich tragen könnte, sollte jeder im Blick behalten, der sich über die psychischen Bedürfnisse des Säuglings Gedanken macht.

B. Verhaltensentwicklung der Tierjungen

B 1. Geburt und erste Betreuung

Im Mutterleib ist das Säugetierjunge durch die Nabelschnur und den Mutterkuchen (Placenta) mit dem mütterlichen Körper verbunden. Durch die Nabelschnur empfängt es alles, was es zur Entwicklung braucht: Aufbau- und Nährstoffe sowie Sauerstoff zum Atmen; und durch die Nabelschnur gibt es die Endprodukte seines Stoffwechsels an den mütterlichen Körper zurück, vor allem Kohlendioxyd. Bei der Geburt ist das Jungtier noch durch die Nabelschnur mit der Placenta verbunden, die als Nachgeburt erscheint; auch ist es bei manchen Arten noch von Embryonalhüllen umgeben. Die erste Betreuung, die das Muttertier dem Neugeborenen angedeihen läßt, besteht demgemäß vielfach darin, die Nabelschnur durchzubeißen und die Embryonalhüllen zu entfernen. Das ist jedoch nicht allgemein so: Bei Schweinen beispielsweise bleibt die Mutter passiv, und die Kleinen zerreißen selbst die Nabelschnur und strampeln sich aus den Hüllen frei[1]. An Schimpansenmüttern in freier Natur wurde beobachtet, daß sie die Nachgeburt am Jungen hängen ließen und sie nicht beachteten, bis sie von selbst abfiel[2].

Eigentümlicherweise bleibt es bei den meisten Säugetieren nicht beim Durchbeißen der Nabelschnur und beim Befreien der Jungen aus den Embryonalhüllen: Das Muttertier verzehrt anschließend die gesamte Nachgeburt gierig. Dies tun auch extreme Pflanzenfresser, die sonst keine tierische Kost anrühren. Welche Bedeutung dieses Verhalten hat, wissen wir noch nicht. Würde das Muttertier mit der Nachgeburt irgendwelche lebenswichtigen Stoffe in sich aufnehmen, so müßte man Mangelerscheinungen beobachten, wenn man das Verzehren der Nachgeburt verhindert; so etwas ist aber bisher nicht bekannt geworden. – Sollte daher die biologische Bedeutung dieses Verhaltens im *Beseitigen* der Nachgeburt liegen? Das könnte ein Akt der mittelbaren Betreuung des Neugeborenen sein oder seinem Schutz dienen: Durch das restlose

Verzehren der Nachgeburt wird das Neugeborene mit Sicherheit ganz von dieser befreit. Auch werden etwaige Raubtiere dann durch die Nachgeburt nicht auf die Fährte des Jungtiers gelockt. Schließlich verbessert sich – bei »Nesthockern« – die Hygiene des Nestes. Falls eine – oder mehrere – dieser drei denkmöglichen Hypothesen über die biologische Bedeutung des Verzehrens der Nachgeburt den Tatsachen entsprechen sollte, so wäre dies doch nur schwer durch Experimente oder Beobachtungen nachzuweisen. Man wird sich daher wohl noch längere Zeit damit abfinden müssen, daß dieser Fragenkreis ungeklärt bleibt.

Zur ersten Betreuung des Neugeborenen gehört es weiterhin, daß es von der Mutter immer wieder gründlich geleckt wird. Dadurch werden auch das Harnen und die Kotabgabe ausgelöst und gefördert.

B 2. Nahrungsaufnahme

Die Jungen aller Warmblüter werden zu Beginn des Lebens von ihren Eltern mit Nahrung versorgt: durch Erzeugnisse des mütterlichen Körpers (Kropfmilch der Tauben, Milch der Säugetiere) oder durch gesammelte und herangeschaffte Nahrung. Außerhalb der Säugetiere und Vögel füttern nur in wenigen Tiergruppen die Eltern ihre Jungen bzw. Larven: Bienen, Ameisen und andere Hautflügler, Termiten und manche Käfer, z. B. die Totengräber[1]. Eigentümlicherweise gibt es kein Jungenfüttern bei Amphibien und Reptilien.

Bei einigen Säugetieren werden die Jungen von ihrer Mutter nur genährt und erfahren sonst so gut wie keinerlei Betreuung. Die europäische Häsin beispielsweise »setzt« ihre Jungen einzeln an geschützten Stellen, bleibt dann aber nicht dort, wärmt sie nicht, schläft nicht bei ihnen, sondern besucht sie nur zum Säugen. Das geschieht zum erstenmal unmittelbar nach der Geburt, danach aber erst wieder nach einer Pause von mehreren Tagen[2].

Wie finden die neugeborenen Säugetiere die Stelle am mütterlichen Körper, die ihnen Nahrung spendet? Einerseits macht das Muttertier ihnen dies leicht, z. B. indem es sich neben die Jungen auf die Seite legt und ihnen das Gesäuge darbietet (Hunde, Katzen) oder indem es das sich anklammernde Junge mit einer Hand unterstützt und zur Saugwarze hinführt (Affen, Menschenaffen). Andererseits suchen die neugeborenen Jungen selbst nach der Zitze, indem sie sich langsam voranschieben und dabei den Kopf unregelmäßig suchend nach beiden Seiten hin und her bewegen. Berühren sie dabei die Zitze mit den Lippen, so saugen sie sie sofort ein. Solche Suchbewegungen und die Reaktion des Einsaugens der Mamilla besitzt auch der menschliche Säugling. Diese Verhaltensweisen sind für ihn im gleichen Sinne »angeboren« wie der erste Atemzug nach der Geburt und wie der Greifreflex.

Auch neugeborene Huftiere suchen – sicherlich angeborenermaßen – am Körper des (stehenden!) Muttertiers nach dem Gesäuge. Sie tun das aber anfangs oft an der falschen Stelle; denn sie suchen zunächst in den »dunklen Winkeln« zwischen dem Körper und den Beinen *sowohl vorne* (siehe Schutzumschlag dieses Taschenbuchs, oberes Bild) *als hinten*. Doch lernen sie es dann binnen kurzer Zeit, *sogleich* die richtige Stelle zu finden[1] (siehe Schutzumschlag, unteres Bild). Hier ist in die Entwicklung von Tieren im Rahmen der Reifung des instinktiven Verhaltens schon ganz früh ein echter Lernprozeß einprogrammiert (bedingte Appetenz, Abschnitt I B 2).

Die erste Milch, die das neugeborene Säugetier vorfindet, hat meist – vielleicht sogar immer – eine andere Konsistenz und Zusammensetzung als die später gebildete. Bei vielen Säugetieren, z. B. Pferd und Rind, enthält sie in großen Mengen Immun-Globuline. Diese hochwirksamen Stoffe zur Abwehr von Infektionskrankheiten werden von der Darmwand des Jungtiers resorbiert, ohne zuvor von Verdauungsfermenten in Aminosäuren gespalten worden zu sein. Sie gelangen ins Blut und bilden – zusammen mit Antikörpern, die über die Placenta in den Kreislauf des Embryos übergetreten sind – die erste Immunstoff-Ausstattung des Jungtiers[2]. Beim Menschen schützen die Immunstoffe der Muttermilch den Säugling vor krankhaften Darminfektionen und tragen hierdurch indirekt zur ungestörten Entwicklung seiner Immunabwehr bei.

Der *Beginn* der Milchbildung kommt durch die geburtsbedingte hormonelle Umstellung im mütterlichen Körper – den Wegfall des Hormons *Progesteron* – in Gang. Ob und wie stark die Produktion der Milch später weitergeht, hängt in einem von Tag zu Tag zunehmendem Maße davon ab, ob die Milch auch abgenommen wird. Die Milchbildung geschieht somit zu Beginn weitgehend eigengesetzlich, wird dann aber im Laufe der Zeit mehr und mehr von der Milchentnahme abhängig; dies läuft darauf hinaus, daß der mütterliche Körper jeweils gerade etwa so viel Milch produziert, wie die Jungen benötigen. – Die Anpassung der Milchproduktion an den Bedarf ist besonders für solche Tiermütter wichtig, die von Wurf zu Wurf verschieden viele Junge haben; beim Löwen schwankt die Zahl der Jungen eines Wurfes zwischen 1 und 6. Wenn es einmal besonders wenige Junge sind oder wenn mehrere Junge umkommen, würde der mütterliche Organismus *ohne* diese Anpassung dauernd zu viel Milch produzieren, die nicht abgenommen wird. – Viele Jungtiere fördern ihrerseits auch die Abgabe der Milch: Junge Hunde »massieren« beim Trinken das Gesäuge mit den Pfoten (»Milchtritt«); junge Ziegen, Kälber u. a. machen – mit ähnlichem Effekt – ruckartige Kopfbewegungen nach oben.

Wenn man Rhesusaffen-Müttern ihr Junges gleich nach der Geburt wegnimmt, so bildet sich bald keine Milch mehr. Zwei so behandelte Tiere erhielten 4 bzw. 9 Monate danach je ein neugeborenes Jungtier einer anderen Mutter[1]. Daraufhin bildete sich im Laufe weniger Tage erneut genügend Milch, um die Jungen zu ernähren. Damit ist nachgewiesen: Sinnesreize, die von den Jungtieren ausgehen, können unter Umständen die versiegte Milchbildung wieder in Gang bringen.

Wodurch wird aber nun gewährleistet, daß die Jungtiere, die ja selbst noch keine »Erfahrung« haben, wieviel für sie bekömmlich ist, normalerweise die für sie zuträgliche Nahrungsmenge und nicht etwa zuviel zu sich nehmen? Junge Vögel lassen sich nicht beliebig viel in den aufgesperrten Rachen stopfen; wenn sie genug erhalten haben, halten sie ihren Schnabel geschlossen und betteln nicht mehr. Auch bei den Säugetieren bestimmt es das Junge selbst, wieviel es trinkt. Das Junge trinkt jeweils soviel, wie es braucht, und hört selbständig auf. Wie zuvor dargetan, wird dann durch die Trinkmenge die Milchproduktion des mütterlichen Organismus gesteuert. So bilden Tiermütter und Junge zusammen ein sich selbst steuerndes System, das die gedeihliche Ernährung der Jungtiere garantiert.

Viele Jungvögel »sperren«, d. h. sie öffnen den Schnabel weit und erhalten von den Altvögeln das Futter hineingesteckt. Im Laufe des Älterwerdens müssen sie dann irgendwann zur endgültigen Form der Nahrungsaufnahme übergehen, zum selbständigen Aufpicken der mit den Augen wahrgenommenen Nahrung. Auch die Säugetiere wechseln während ihres Aufwachsens von einer kindlichen Form der Nahrungsaufnahme, dem Saugen der Milch, zur Ernährungsweise der Erwachsenen über: dem Rupfen von Gras oder Blättern, dem Fangen und Zerreißen von Beute oder anderem. Es erhebt sich die Frage: Wie vollzieht sich der Übergang vom kindlichen Ernährungsverhalten zu dem der Erwachsenen?

Die Antwort ist durch Beobachtungen und Analysen hauptsächlich an Singvogeljungen gewonnen worden; sie gilt aber mit entsprechenden Abänderungen auch für andere Vögel und für Säugetiere: Der Übergang von der kindlichen zur endgültigen Ernährungweise vollzieht sich nicht abrupt – etwa von einem Tag zum anderen –, sondern fließend. Vorübergehend sind heranwachsende Singvogeljunge zu beiden Arten der Nahrungsaufnahme fähig: Ist ein Elternvogel zugegen, so betteln sie diesen an und lassen sich in den geöffneten Schnabel hinein füttern; finden sie – bei Abwesenheit der Eltern – Nahrung, so vermögen sie diese bereits selbst vom Boden aufzupicken. Während ihres gleichzeitigen Bestehens aber *hemmen* sich die beiden Verhaltensmöglichkeiten der Nahrungsaufnahme gegenseitig: Die Anwesenheit eines Elternvogels bzw. des Pflegers löst ausschließlich Betteln aus, und dies verhindert das selbständige Aufpicken, auch wenn die Jungen hungrig sind und ihnen die Nahrung offen vor Augen liegt.

Konrad LORENZ entdeckte diese Hemmung an ein paar handaufgezogenen Sperlingsvögeln, die sich während einer mehrtägigen Abwesenheit ihres Pflegers selbständig ernährt hatten. Nach seiner Rückkehr bettelten sie ihn wieder an; er hielt es aber nicht für nötig, sie zu füttern, weil sie ja an den Vortagen selbständig gefressen hatten. Nach ein paar Stunden merkte er aber zu seiner Überraschung, daß die Jungen in seiner Gegenwart einfach nicht vom Betteln zum selbständigen Picken überzugehen vermochten und schon matt wurden; sie wären vermutlich verhungert, wenn er sie nicht doch wieder geatzt hätte.

Merkwürdigerweise zeigt sich die gegenseitige Hemmung von Sperren und Picken in einer späteren Phase – wenn die Bereitschaft zu sperren schon fast erloschen ist – gleichsam mit umgekehrtem Vorzeichen: Das Sperren läßt sich dann bei starkem Hunger gar nicht mehr auslösen, wohl aber bei geringem. – An sich ist es nicht ungewöhnlich, daß sich zwei unterschiedliche Verhaltensweisen gegenseitig hemmen; ja, es entspricht sogar jener häufig verwirklichten Regel, daß sich von zwei oder mehr aktivierten Verhaltenstendenzen jeweils die stärkste durchsetzt und derweil die anderen unterdrückt (Abschnitt I A 9). Hierdurch wird gewährleistet, daß sich das *Neben*einander mehrerer Antriebe (z. B. Hunger, Flucht-, Brutpflegetrieb und Schlafbedürfnis) in ein *Nach*einander der zugehörigen Verhaltensweisen umsetzt. Es mutet aber doch eigentümlich an, daß hier zwei *zu demselben Funktionskreis* – Nahrungsaufnahme – gehörende Durchführungs-Verhaltensweisen zueinander im Verhältnis der gegenseitigen Hemmung stehen.

Die Jungen von Affen (z. B. Rhesus) und Menschenaffen trinken manchmal nicht aus Hunger: Wenn ältere Jungtiere ein wenig von der Mutter entfernt sind und dort einen Schreck bekommen, eilen sie zur Mutter, nehmen die Brustwarze in die Lippen und trinken ein paar Schlucke. Das Erfassen der Mamilla mit den Lippen scheint auch ohne Trinken beruhigend zu wirken: Affenjunge behalten sie oft ununterbrochen im Mundwinkel, auch wenn sie nicht saugen, ja sogar während sie neugierig umhergucken. Die mit den Lippen gefühlte Mamilla ist hier möglicherweise für das Tierkind zu einem körperlichen Anwesenheitszeichen der Mutter geworden, hat also neben der Funktion als Nahrungsquelle eine zusätzliche Rolle im Bereich der Bindung an das Muttertier erhalten: Sie beschwichtigt die Angst und befriedigt das Bedürfnis nach Sicherheit.

Bei manchen Säugetieren hat die Saugwarze (Zitze, Mamilla) einen noch weitergehenden Funktionswandel durchgemacht: Sie ist zur »Haftzitze« geworden, also zu einem Organ, an dem sich das Jungtier festhält. Bei Känguruhs schließen sich die Lippen des neugeborenen Jungen während seiner ersten Lebenszeit ganz fest um die im Beutel befindlichen Zitzen. Manche Fledermaus-Weibchen tragen ihre Jungen zeitweise an ihren Haftzitzen mit sich.

B 3. Verhalten gegenüber Elterntieren

Zusammenhalt zwischen Jungtier und Muttertier. So gut wie alle Jungtiere, die sich selbständig fortbewegen können, sind auch fähig, von sich aus mit ihrem Elterntier Kontakt zu halten. Die einzige mir bekannte Ausnahme ist lehrreich: Neugeborene *Seehunde* können schwimmen, sich aber nicht zum Muttertier hin orientieren; infolgedessen muß die Mutter hinter dem Jungen herschwimmen. Das ist aber nur bei *einem* Jungen möglich. Werden ausnahmsweise Zwillinge geboren, so kann die Mutter doch nur einem von ihnen nachfolgen; der andere wird verlassen und kommt um, falls er nicht auf einer Sandbank als »Heuler« von Menschen aufgefunden und künstlich aufgezogen wird. – Daß bei Seehunden überhaupt bisweilen Zwillinge geboren werden, muß man als naturbedingte Disharmonie auffassen: Die Anzahl der geborenen Jungen ist nicht vollständig an die Fähigkeit der Mutter zu deren Aufzucht angepaßt.

Reagieren auf soziale Signale der Eltern. Manche Tierjungen, die von Elterntieren geführt werden, nehmen zwar deren »soziale Signale«, z. B. Locksignale (zum Sich-Sammeln) und Warnsignale, wahr und reagieren sinngemäß; trotzdem kennen sie ihre Elterntiere nicht *individuell*. Sie haben lediglich einen *allgemeinen* Drang zum Kontakt mit einem schützenden erwachsenen Artgenossen (juveniles bzw. *frühkindliches Kontaktbedürfnis*). So kann man bei jungeführenden *Fischen*, z. B. Buntbarschen, die Elterntiere eines Jungenschwarmes austauschen, ohne daß sich am Verhalten der Jungfische irgend etwas ändert. Im Rahmen des nicht-individuellen Sozialkontakts sind alle Signale angeboren – sowohl das Aussenden als auch das sinnvolle Reagieren beim Empfänger.

Lautäußerungen der Jungen, auf die die Eltern reagieren. Die meisten Vogel- und Säugetierjungen verfügen ihrerseits über Lautsignale, mit denen sie ihren Eltern ihre Bedürfnisse kundtun. Besonders auffällig sind die Futterbettellaute mancher Singvogel-Nestlinge. Als ein *Kohlmeisen*-Weibchen beim Füttern der Brut sein Männchen verlor, gaben die nunmehr besonders hungrigen Jungen so intensive Laute von sich, daß ein *Zaunkönig* sich am Füttern zu beteiligen begann; da dies in der Nähe der Vogelwarte Möggingen geschah, wurde es sorgfältig beobachtet und protokolliert. – Sind *Mäuse*junge außerhalb ihres Nestes, so stoßen sie, falls sie von den Eltern nicht wieder eingetragen werden, bis zur völligen Erschöpfung ihre im Ultraschallbereich liegenden Alarmrufe aus.

Fünf angeborene Lautäußerungen des jungen Säuglings. Die Vielfalt angeborener Jungenlaute ließe sich am Beispiel unterschiedlicher Tierarten beschreiben. Da jedoch die Entdeckung entsprechender Laute des *menschlichen Säuglings* (durch den Biologen Michael MORATH) erst kurze Zeit zurückliegt, seien diese als Beispiel ausgewählt[1].

Schon bald nach der Geburt verfügt der junge Säugling über mindestens fünf angeborene (d. h. nicht durch Lernen entstandene) unterschiedliche, fest an bestimmte Situationen gebundene stimmliche Äußerungen, die zugleich Signale für die Mutter darstellen und gegebenenfalls von dieser instinktiv richtig beantwortet werden.

1. *Einzelner kurzer Kontaktlaut.* Dauer etwa 0,1 sec. Frequenz geräuschartig zumindest bis 8 kHz (Obergrenze der Registrierung). Situation: Alleinsein vor allem nach dem Aufwa-

chen aus dem Schlaf, keine andere Person wahrnehmbar. Funktion: Einen in Hörweite befindlichen Partner heranzurufen oder zumindest zu einer Antwort, zu einem eigenen stimmlichen Anwesenheitszeichen zu veranlassen.

Wird der Laut gleich nach dem Aufwachen aus dem Schlaf geäußert, so hat er den Charakter einer Frage: Ist jemand hier, oder bin ich allein und verlassen? Sinngemäß wird dieser Laut *nach* dem Empfang einer Antwort nicht wiederholt, wird aber beim Ausbleiben einer Antwort von dem »Alarmruf« Weinen abgelöst. (Kommentar einer auf diesen Laut angesprochenen Mutter: Den Laut kenne ich; falls ich auf ihn nicht antworte, beginnt der Säugling zu weinen.)

Nach allen genannten Kennzeichen handelt es sich verhaltensbiologisch gesehen um einen »Kontaktlaut« mit der Funktion, Stimmfühlung (besonders nach dem Aufwachen aus dem Schlaf) mit der Betreuerin zu halten bzw. herzustellen und im Fall fehlender Antwort entsprechend intensiver zu reagieren.

2. *(Rhythmischer) Unmutslaut.* Serie aus mehreren sehr kurz dauernden Einzellauten in einer Wiederholungsfrequenz von etwa 14 pro sec. Frequenzzusammensetzung ähnlich wie Laut 1. Situation: Soeben eingetretenes Unbehagen, z. B. beim Putzen der Nase oder Auswischen der Augen durch die Mutter oder durch das Mißlingen eines angestrebten Vorhabens, z. B. sich auf die Ärmchen aufzustützen. Funktion: Dem Partner das eigene Unbehagen zu signalisieren und ihn damit aufzufordern, die Ursache zu beheben, oder, falls er selbst die Ursache ist, das betreffende Verhalten zu beenden.

3. *Schlaflaut.* Dauer rund 0,3 sec. Frequenzzusammensetzung: Geräuschkomponente bis 3 kHz, einen reinen Ton (mit Obertönen bis 3 kHz) überlagernd. Situation: Im Schlaf geäußert in unregelmäßigen Abständen der Größenordnung von 15 min, gewöhnlich gekoppelt mit der motorischen Aktivität während einer Veränderung der Schlaflage. Der »wohlig« klingende Laut signalisiert Wohlergehen und die Abwesenheit von Störungen und ist als entsprechende »Mitteilung« an die Mutter zu deuten.

4. *Trinklaut.* Dauer rund 0,2 sec. Fast reiner Ton mit Obertönen bis etwa 5 kHz; geäußert im Saugrhythmus des Trin-

kens, also ziemlich genau 1,2 mal pro sec. Zusätzlich hört man mitunter zwischen je zwei Lauten ein einmaliges, ganz kurzes Geräusch, das sich wie ein Knacklaut anhört. Dieses entsteht durch den Schluckvorgang; der Trinklaut ist jedoch eine davon unabhängige echte Lautäußerung. Situation: Selten an der Flasche, viel häufiger an der Brust, und zwar als Signal dafür, daß die Milch in der richtigen Menge nachfließt. Der Inhalt des Lautsignals für die Mutter läßt sich – ein wenig zugespitzt – als Appell ausdrücken: Milch fließt gut, bitte Position beibehalten!

5. *Wohligkeitslaut*. Dauer rund 0,3 sec. Frequenzzusammensetzung: kaum Geräusch, fast reiner Ton mit Obertönen bis zu etwa 8 kHz. Falls er wiederholt wird, geschieht das in Abständen von etwa 0,5 sec. Situation: Dieser Laut ist nur zu hören, wenn der Säugling satt ist und sich unter Geborgenheit bietenden Umständen befindet, z. B. nach einer Mahlzeit auf dem Schoß der Mutter.

B 4. Individuelle Bindung an Elterntiere

Individuelle Bindungen von Jungtieren an Elterntiere sind bisher nur von Vögeln und Säugetieren bekannt geworden. Nach den Untersuchungen des Schweizer Zoologen Beat Tschanz lernen die Jungen einer in Kolonien brütenden Seevogelart, der Trottellumme, die individuellen Lockrufe ihrer Elterntiere schon vor dem Schlüpfen aus dem Ei[1]. Welche Laute von *ihren* Eltern stammen, erlernen sie in freier Natur daran, daß sie diese häufiger und lauter hören als Rufe anderer Elterntiere. Sind die Jungen dann geschlüpft, so reagieren sie weitaus stärker auf die ihnen schon »im Ei« bekannt gewordenen Laute als auf fremde.

In den meisten Fällen sind jedoch nach dem Schlüpfen aus dem Ei oder nach der Geburt die *ersten* Reaktionen auf das Muttertier oder die Elterntiere noch rein instinktiv, angeboren und daher »unpersönlich«; nicht nur das Muttertier, auch jeder andere Artgenosse kann die *ersten* Reaktionen der Jungen auf sich ziehen. Beispielsweise reagieren frischgeschlüpfte

*Gänse*küken *angeborenermaßen* auf die Lockrufe von Gänsemüttern durch Zulaufen, auch wenn die Laute aus einem Lautsprecher kommen oder von einem Menschen nachgeahmt werden. Bei Jungtieren, die sich erst nach dem Schlüpfen bzw. nach der Geburt an ein individuelles Muttertier binden, besteht somit zunächst noch eine rein instinktiv bestimmte, nicht-individuelle Bindungsphase.

Bei den meisten Nestflüchtern und, soweit bekannt, bei allen Traglingen bindet sich dann aber das Junge früher oder später durch einen *Lernprozeß* an einen *bestimmten* individuellen betreuenden Artgenossen, in freier Natur gewöhnlich an sein leibliches Muttertier, im Experiment aber auch an artfremde Lebewesen. Dieses »Kennenlernen« kann recht schnell gehen: Ein junges Gänschen bindet sich im Laufe von Stunden, spätestens von Tagen individuell an das Lebewesen, das seine ersten unspezifischen Kontaktreaktionen auslöst – ein Geschehen, das Konrad LORENZ entdeckt und am Beispiel der weltbekannt gewordenen Graugans Martina beschrieben hat[1].

Diese Art des Lernens hat besondere Eigenschaften, die ihr eine eigene Fachbezeichnung, *Prägung*, eingetragen haben: Die Prägung erfolgt vorwiegend nur in einer bestimmten »sensiblen (Lebens-)Phase«, die bei nestflüchtenden Vögeln vielfach nur einen Tag dauert. Ist die sensible Phase verstrichen, ohne daß eine Prägung möglich war, so ist diese nicht nachholbar. Ist ein Tierjunges auf ein bestimmtes individuelles Tier geprägt worden, so läßt es sich später nur schwer oder gar nicht mehr auf ein anderes umprägen; eine einmal erfolgte Prägung ist im typischen Fall – und für diesen wurde der Begriff eingeführt – unabänderlich (siehe Abschnitt I B 9).

Mit der Prägung beginnt die Phase der individuellen Bindung zwischen Jungtier und Muttertier. Das Tierjunge unterscheidet danach zwischen verschiedenen Individuen seiner Art: zwischen seiner Betreuerin und »den anderen«. Während das Junge stets Kontakt mit seiner Mutter zu halten versucht, verweigert es von nun an vielfach den Kontakt mit anderen Lebewesen: Das auf Konrad LORENZ geprägte Gössel Martina lehnte es strikt ab, sich von einer Gänsemutter betreuen zu lassen, und flüchtete vor ihr mit intensivem Verlassenheitsruf.

An welchen Partner bindet sich ein Jungtier, wenn ihm dafür verschiedene Individuen zur Verfügung stehen? Hierüber ist ausgiebig geforscht worden. Das wichtigste allgemeine Ergebnis dürfte das folgende sein: Jungtiere lassen Kontaktrufe ertönen, vor allem, wenn sie sich alleingelassen fühlen; beim Gänschen bezeichnet man diese Kontaktrufe oft als »Weinen des Verlassenseins«. Zum bevorzugten Bindungspartner für ein Jungtier wird dann dasjenige Lebewesen, das auf seine Kontaktrufe antwortet und dem es dann zuläuft. Man kann sagen: Die Jungtiere sind besonders bindungsbereit in den Augenblicken nach eigenen Kontaktrufen, wenn also ihr entsprechender Antrieb gerade besonders aktiviert ist.

Bei mehreren in Herden lebenden Huftierarten (Zebras, Elche, Wapitis) hat man ein Verhalten beobachtet, das vermutlich die Bindung des Jungtiers an seine leibliche Mutter unterstützt: Schon vor der Geburt werden die Weibchen feindlich gegen andere Herdenmitglieder, ja, sie sondern sich von ihnen ab. Während und nach der Geburt halten sie sich entweder mit dem Jungen fern von der Herde, bzw. sie lassen – innerhalb der Herde – die übrigen Herdenmitglieder mehrere Tage lang nicht an das Junge herankommen. Ob sich dieses Verhalten um der Sicherung der Bindung willen entwickelt hat oder ob es sich bei der (vermuteten) Unterstützung der Bindung um den Nebeneffekt eines Verhaltens handelt, das um anderer Selektionsvorteile willen entstanden ist, weiß man noch nicht.

Wirksamkeit angeborener sozialer Signale bei zugleich bestehender individueller Bindung. Hat sich ein Jungtier an ein erwachsenes Tier individuell angeschlossen, so können trotzdem solche sozialen Signale wirksam bleiben, die *angeboren* und somit *nicht-individueller* Natur sind. Hierfür ein Beispiel: Man trennte ein Rhesusaffen-Junges von seiner Mutter, an die es individuell gebunden war, und teilte es einem anderen Weibchen zu, das es annahm; das Junge hielt sich an dessen Fell fest. Nun wurden alle drei Tiere in einen Käfig gebracht, der durch eine Glasscheibe in zwei Teile geteilt war: In einem Abteil war die Mutter, im anderen ihr Junges, angeklammert an das andere Weibchen. Die Mutter versuchte nun, das Junge mit ihrer diesbezüglichen Mimik zu locken. Sobald das Junge dies sah, verließ es das andere Weibchen, um zur Mutter zu gelangen, wurde aber von den Glasscheiben gehindert und flüchtete zum anderen Weibchen zurück. Dabei zeigte es heftige Aufregung als Anzeichen eines inneren Konflikts. Die Aufregung schwand jedoch, solange das Kleine sich ans Fell des anderen Weibchens anklammerte und dabei nicht zu seiner Mutter hinschaute[1]. – Sicherlich trifft man das Richtige, wenn man diese Beobachtung folgendermaßen deutet: Der fellige warme Körper, an dem sich das Jungtier anklammern konnte, gab ihm eine gewisse Geborgenheit; hier waren allgemeine Wahrnehmungen des nicht-individuellen Bereichs wirksam, *unabhängig* von der individuellen Bindung an das Muttertier. Der Anblick des Muttertiers dagegen vermittelte die zur individuellen Bindung gehörigen Wahrnehmungen. Die experimentelle Anordnung gewährleistete, daß sich beide Wahrnehmungen ausnahmsweise auf verschiedene Partner bezogen, wodurch die allgemeine, nicht individuell gebundene Wirksamkeit des Fellkontakts gesondert sichtbar wurde.

»Kaspar-Hauser«-Experiment nennt man den Versuch, Jungtiere mit genügend Nahrung und Wasser, aber ohne Kontakt mit Artgenossen aufzuziehen. Je enger innerhalb einer Tierart die sozialen Beziehungen sind, desto schwerer sind die – oft unheilbaren – Schädigungen, die ein Tier durch isoliertes Aufwachsen auch bei Erfüllung aller sonstigen Bedürfnisse erleidet. »Kein Kontakt mit einem Muttertier, an das eine Bindung erfolgte«, bedeutet ja beispielsweise für eine junge Graugans oder einen jungen Rhesusaffen, daß es dann für diese Tiere keinen Ort der Geborgenheit, kein Ziel einer Flucht bei Gefahr geben *kann*. Als Folge davon ist die Bereitschaft zur Flucht dauernd gesteigert, sonstiges Verhalten aber gedämpft oder gehemmt. Junge Kaspar-Hauser-Rhesusaffen sitzen zusammengekauert in einer Käfigecke, umklammern den eigenen Leib mit ihren Armen und geraten bei allen Geschehnissen um sie herum in Panik. Sie verweigern sogar den Kontakt mit mütterlichen Weibchen, die sie aufzunehmen und zu

betreuen versuchen. Werden sie später zu anderen Artgenossen gebracht, so können sie kein normales Sozialverhalten entwickeln und bleiben im allgemeinen Außenseiter bis ans Ende ihres Daseins[1]. Kaspar-Hauser-Graugänse versuchen ausdauernd, Anschluß an Familien und Gruppen zu finden; sie machen es aber so ungeschickt und »taktlos«, daß sie niemals akzeptiert, sondern immer wieder abgewiesen werden[2].

Prägung oder Belohnungsdressur als Grundlage der Bindung an das Muttertier? In allen bisher beschriebenen Beispielen entstand eine individuelle Bindung des Jungtiers zu seinem betreuenden Muttertier durch Prägung oder prägungsähnliche Lernvorgänge, und dabei spielten soziale Signale wie Kontaktrufe die führende Rolle. Für eine Mutter-Kind-Bindung wäre aber auch eine andere Entstehungsursache denkbar: eine Belohnungs-Dressur (siehe I B 2); denn das Muttertier wärmt die Jungen, versorgt sie mit Nahrung, reinigt sie und schützt sie gegen Feinde – lauter Wohltaten, die ebenso zur Bindung von Tierjungen an ihre Mutter führen könnten, wie sie im Zoo die Bindung zwischen Tieren und deren Wärter hervorbringen und aufrechterhalten. Diese Vorstellung ist von besonderem Interesse, weil Sigmund FREUD sowie manche amerikanische Lerntheoretiker mit ihr auch die Entstehung der kindlichen Anhänglichkeit an die Mutter erklären wollten. Es ist also zu fragen: Ist die Tatsache, daß die Jungen der Vögel und Säugetiere von ihren Eltern ernährt werden, auch die Grundlage für ihre Bindung an die Eltern, oder handelt es sich beim Ernährungsverhalten und der Kind-Eltern-Bindung um zwei biologisch selbständige Verhaltensbereiche?

Für die Rhesusaffen ist die Frage durch Forschungen von HARLOW zugunsten der zweiten dieser Alternativen entschieden worden: Neugeborene Junge wurden von ihrer Mutter getrennt und isoliert aufgezogen. Als Mutterersatz wurden ihnen Puppen geboten, die schräg an einem Gestell befestigt waren. Diese Puppen waren im Sinne der Verhaltensforschung »Attrappen«. Alle hatten einen grob aus Holz gefertigten »Kopf«; der Körper war mit rauhem Tuch überzogen oder aus Drahtgeflecht geformt. Stellte man erfahrungslosen Affenkindern die beiden Mutterattrappen zur Wahl, so klammerten sie sich stets an die »Stoffmutter« an, niemals an die Drahtmutter – und zwar auch dann nicht, wenn die einzige Milchquelle, von der sie Nahrung erhielten, an der Drahtmutter angebracht war. Die Bindung an die Mutter entsteht demnach (zumindest bei Rhesusaffen) von seiten der Jungen nicht dadurch, daß ihr Kontakt mit der Mutter durch Nahrung belohnt wird; es sind andere auslösende Reize seitens des Muttertieres, zum Beispiel ihr weiches Fell, welche zur allerersten Bindung des Jungtiers an sie führen[1].

Leider enthalten die frühen Attrappenversuche von HARLOW einen für Experimentalwissenschaften unentschuldbaren Versuchsfehler: Da man an den Attrappen die Wirksamkeit der Oberflächenbeschaffenheit und der Nahrungsquelle erforschen wollte, hätten *alle anderen* Versuchsbedingungen *übereinstimmen* müssen. Tatsächlich gab man aber den zu vergleichenden Attrappen unterschiedliche Köpfe, wobei der Kopf auf der von dem Äffchen *bevorzugten* Attrappe für unsere Augen *weniger abstoßend erscheint*. Zwar ist nicht zu vermuten, daß das beschriebene Verhalten der Versuchtiere von den unterschiedlichen Köpfen herrührt; doch bleibt eine störende Ungewißheit erhalten.

Einen weiteren Hinweis darauf, daß die Bindung von Tierjungen an ihre Mutter nicht das Ergebnis einer Belohnungsdressur ist, geben andere Versuche von HARLOW: Er ließ aus Stoffpuppen, an die sich Affenjunge anklammerten, einen Luftstrahl herausblasen, der die Tiere erschreckte. Er bestrafte also gleichsam den Kontakt mit den Puppen, anstatt ihn zu belohnen. Daraufhin flüchteten die Affenjungen aber nicht von den Attrappen weg, sondern sie klammerten sich um so stärker an sie. Die Bindung an die Mutter-Attrappe, einmal entstanden, ist nicht mehr von Lohn und Strafe zu beeinflussen.

Adoption. In freier Natur – ohne das Eingreifen des Menschen – kommt es vermutlich nur ausnahmsweise zur Adoption, beispielsweise wenn ein Muttertier bei der Geburt stirbt und zufällig ein anderes Muttertier zugegen ist und das Waisenkind annimmt. Trotzdem ist die *Fähigkeit* zur Adoption unter Tieren weit verbreitet. Sie wird von Brutschmarotzern wie unserem Kuckuck gleichsam systematisch ausgenutzt: Die Adoptiveltern atzen den jungen Kuckuck sogar erheblich länger, als dies bei den arteigenen Jungen notwendig ist. Wechselt man *im Experiment* die neugeborenen Jungen verschiedener Muttertiere aus – beispielsweise beim Rhesusaffen –, so werden die fremden Jungen angenommen und genauso gepflegt und aufgezogen wie die eigenen. Dies gilt sogar, wenn die Adoptivjungen anderen Arten angehören, sofern sie sich in ihrem Verhalten nicht allzu sehr von den arteigenen Jungen unterscheiden. Beispielsweise werden junge Katzen von Hundemüttern aufgezogen. Als ein Bernhardiner-Muttertier seine eigenen drei Jungen durch einen Unfall verloren hatte, raubte es ein junges Kätzchen und zog es auf. Von weiblichen Rhesusaffen werden junge Katzen allerdings *nicht* angenommen, und zwar weil sie sich nicht wie Affenjunge am Körper des Muttertieres festklammern. – Die Jungtiere ihrerseits schließen sich durch Prägung vielfach ganz verschiedenen, ja fast beliebigen Partnern an, wie das Beispiel von menschengeprägten Gänsen, Hühnern, Dohlen, aber auch Rehen zeigt. Man hat im Experiment junge Enten sogar auf einen Fußball prägen können, wenn dieser durch einen eingebauten Lautsprecher den Entenlockruf ertönen ließ[1].

Schlußgedanke. Trotz aller Vielfalt der Jungtier-Eltern-Bindungen im Tierreich lassen sich einige allgemeine Gesetzlichkeiten herausschälen: *Nicht-individuelle* Bindungen von Jungtieren an Elterntiere beruhen durchweg auf *angeborenen* sozialen Signalen; *individuelle* Bindungen beruhen stets auf *Lernprozessen.* Hiermit ist zugleich etwas ausgeschlossen worden, was manche Menschen für biologisch zwangsläufig halten, worin sie sich aber fundamental täuschen: Der Geburtsakt oder gar die Zeugung tragen auf biologischer Ebene zur Knüpfung eines individuellen Bandes von den Jungen an ihre Eltern in keinem Fall bei. Die Alternative »selbst geboren« oder »adoptiert« existiert für kein Jungtier, sie ist gar nicht im Zentralnervensystem repräsentiert. Entscheidend ist der Bindungsprozeß nach der Geburt, durch welchen die nicht-individuelle in die individuelle Bindung übergeht.

B 5. Selbständigwerden durch Erkunden, Neugierde, Spielen, Nachahmen

Was ist eine »Familie«? Ein sozialer Verband aus Eltern und Jungtieren. Was tun und treiben Jungtiere in der Familie? Sie lassen sich warmhalten, füttern und genießen Schutz; sie wachsen allmählich heran, und schließlich verlassen sie den Familienverband. Diese Auskunft ist – im großen und ganzen – zutreffend und gilt für viele Vogelarten, z. B. für die Amsel und andere Singvögel. Im Neste schlafen die Jungen und nehmen Nahrung auf; allmählich wachsen die Flügel und werden dann und wann schon auf dem Nestrand flatternd bewegt; eines Tages fliegen die Jungvögel aus, werden noch wenige Stunden oder Tage von den Eltern zusätzlich gefüttert und gehen zum selbständigen Leben über. Die ganze Entwicklung ist ein geradliniges, übersichtliches Geschehen.

Je höher jedoch die Tierarten entwickelt sind, desto deutlicher schiebt sich ein ganz andersartiger Lebensabschnitt in die Tierjungen-Entwicklung ein: das *Spielalter*, oder genauer: eine Zeitspanne, in der Erkunden, Neugierverhalten, Spielen und Nachahmen den wesentlichen Lebensinhalt darstellen. Ein solches Spielalter ist bei vielen Säugetieren wie Eichhörnchen, Raubtieren, Affen und Menschenaffen ausgeprägt. Im folgenden sollen die Verhaltensweisen des Spielalters am Beispiel junger Löwen veranschaulicht werden[1].

Erkunden, Neugierverhalten und Spielen junger Löwen. Löwenmütter werfen ihre Jungen fernab vom Rudel an einem versteckten Ort. Dort bleiben sie etwa 10 Wochen lang. Solange die Löwin jeweils auf der Jagd ist, bleiben die Jungen ganz ruhig liegen. Kommt die Löwin zurück, so säugt sie die Jungen. Wenn die Jungen satt sind, so ist mit Sicherheit weder ihr Nahrungsantrieb noch irgendein anderer Antrieb, etwa aus dem Bereich der Selbsterhaltung oder der Fortpflanzung, aktiviert. Trotzdem bleiben die Jungen nicht inaktiv liegen, sondern sie laufen in der näheren Umgebung herum und untersuchen dort alles, was ihnen begegnet: Beispielsweise wird das Junge plötzlich aufmerksam auf einen Stock, einen kleinen Busch oder ein Grasbüschel, langt danach mit den Pfoten, rollt dabei auf den Rücken. Oft zieht dies ein anderes Junges an, das dann mitmacht. Zwei Löwenjunge, die man sorgfältig beobachtete, spielten zwei Stunden lang mit einem verlassenen Straußenei, das sie entdeckt hatten; andere patschten mit ihren Pfoten ins Wasser eines Baches und versuchten, am Ufer mit dem strömenden Wasser mitzulaufen.

Dann wieder nimmt ein Junges eine Körperhaltung an, die *Spielbereitschaft* anzeigt, und läuft auf ein anderes Junges zu, wirft sich über dessen Körper, bearbeitet den Spielgefährten mit den Pfoten, packt ihn mit dem Maul an der Backe, den Ohren oder im Nacken, leckt ihn, wirft sich auf den Rücken und kugelt mit ihm über den Boden. Oder die Mutter regt ein Junges an, mit ihrem Schwanz zu spielen, indem sie diesen mehrfach hin und her bewegt. Oder sie stupst eines der Kleinen mit der Nase oder einer Pranke; sie leckt es, wenn es dann mit allen Vieren strampelt.

Ältere Löwenjunge spielen mit ihren Spielgefährten alle Phasen des angeborenen Jagdverhaltens durch: Anschleichen; vorbereitende Haltung zum schnellen Angriff; Angriff und Ansprung; Jagen des Partners, falls dieser flieht; oder Kampf mit ihm, wenn er nicht flieht. Die Prankenschläge – stets mit eingezogenen Krallen – sind dabei weich und freundlich, aber wohlgezielt. Die spielerischen Bisse richten sich eindeutig auf die Kehle oder den Nacken des Spielpartners, so als wäre dieser ein »Modell« für ein Beutetier; niemals aber wird so fest zugebissen, daß ein Spielpartner verletzt wird.

Rolle der Elterntiere im Spielalter: Schon etwa vom 3. Lebenstag an kommt bei jungen *Rhesusaffen* ein erstes Interesse für die Außenwelt zum Ausdruck: Noch an das Fell des Muttertieres angeklammert, lassen sie bereits ihre Blicke neugierig in die Runde schweifen. Später lösen sich die Jungen dann auch körperlich von der Mutter, um selbständig zu untersuchen, was ihre Neugier erregt. Aber die Bindung an die Mutter bleibt in dieser Zeit erhalten; denn das Junge kehrt zwischendurch immer wieder zu ihr zurück. Entfernt man in einer nicht bekannten Umgebung die Mutter von dem Jungen, so kommt gar kein Erkundungsverhalten mehr zustande, sondern das Junge bleibt am Ort oder versucht nichts anderes, als die Mutter wiederzufinden. Sie allein gibt ihm die Sicherheit, *die für das Erkunden notwendig ist.*

Aus diesem Grunde zeigen *Kaspar-Hauser-Tiere* auch viel weniger oder gar kein Erkundungsverhalten; dieses setzt wie das Spielen die Abwesenheit anderer stark aktivierter Antriebe voraus, auch die Abwesenheit von Unsicherheit und Angst. Erkunden und Spielen erfolgen nur »im entspannten Feld«. Die dazu notwendige Geborgenheit (= Angstfreiheit) aber gewährleistet nur das anwesende Muttertier. Daher kann sich das Erkundungs- und Spielverhalten gerade beim mutterlosen Tierkind nicht normal entwickeln.

Weiterhin sind die Elterntiere für die Jungen auch Vorbilder für das *Nachahmen.* Was eine Affenmutter auch unternimmt – das Junge, das sich an ihr festhält, nimmt aufmerksam daran teil; wenn die Mutter Nahrung in den Mund nimmt, tut das Kind das gleiche; wenn die Mutter ein Objekt untersucht, beschäftigt sich auch das Junge damit. Durch all dies gewinnt das Junge vermutlich Erfahrungen, die es im Erwachsenenleben verwerten kann.

Spielhafte Aktivität in der Gruppe umfaßt auch *soziales Erkunden*: Das Jungtier »wendet sich mit den verschiedenartigsten spielerischen Handlungen an die Gruppenmitglieder und versucht, Effekte bei ihnen auszulösen. Je nachdem, ob diese Effekte ermunternd oder abweisend sind, entfaltet das Jungtier seine weitere Aktivität und macht neue Erfahrungen. Allmählich stimmt es seine eigenen Rollen auf die Tradition seiner Gruppe und auf die individuellen Gruppenmitglieder ab. Das Junge entwickelt ein Netz individueller Beziehungen und erringt den ihm zukommenden sozialen Status. Reifen dann später die primären Triebe (Sexualität, Kampf), so bleiben sie kontrolliert und relativiert durch das Gefüge der bereits entfalteten sozialen Beziehungen.«[1]

Während bei vielen Säugetierarten die Initiative zum Erkunden und Spielen hauptsächlich von den Jungen ausgeht, sind bei den *Menschenaffen* die älteren Individuen auch »bestrebt, das Verhalten der Jüngeren formend zu beeinflussen. Insbesondere die Mutter versucht durch geduldige Hilfe, das Kind zu sicherem Greifen, zum Kriechen, Klettern und Gehen zu bringen und später durch ihr Vorbild zur Nachahmung anzuregen. Es kommt schließlich zum Vorzeigen als Aufforderung zur Nachahmung«. Ferner lehrt die Mutter ihr Junges, »auf einfache Signale hin z. B. ein Ding liegenzulassen, einen Kontakt abzubrechen, der Mutter zu folgen, an ihr hochzuklettern oder von ihr abzusteigen«[1].

B 6. Sexualentwicklung

Wann ist ein Lebewesen erwachsen? Wenn es geschlechtsreif ist, wenn es also die Fähigkeit zur Fortpflanzung und damit zur Werbung (Balz), zur Paarbildung und zur Jungenaufzucht besitzt. Man könnte hieraus die Vermutung herleiten, in der Kindheit und Jugend von Tieren seien noch keine Andeutungen von sexuellem Verhalten festzustellen. Eigentümlicherweise trifft das aber nicht zu. Dabei meine ich nicht das kuriose Geschehen der Pädogamie (= Fortpflanzung von Jungtieren), das sporadisch im Tierreich auftaucht (z. B. pflanzen sich bei Pilzmücken schon die Larven fort), sondern vier Erscheinungen bei Tierjungen von Wirbeltieren: die *frühzeitige Teilreifung* sexueller Verhaltensweisen bereits in der Kindheit; die *sexuelle Prägung* vor Auflösung des Familienverbandes; die in der Jugendzeit angelegte, beim erwachsenen Tier manifest werdende *Inzesthemmung*; und das *Reagieren* unreifer Tiere *auf sich paarende erwachsene Tiere.*

Frühzeitige Teilreifung. Ein instinktiver Verhaltensbereich, der aus mehreren oder vielen Einzelhandlungen besteht, reift nicht in allen Fällen als in sich verbundenes Ganzes. Einzelne Handlungsbruchstücke können schon eher auftreten. Diese frühzeitig entwickelten Teilverhaltensweisen können ihre spätere Funktion in der Regel noch nicht erfüllen. In manchen Fällen ist zu dieser Zeit das zugehörige Ausführungsorgan noch gar nicht ausgebildet. Beispielsweise führen *junge Möwen* die Bewegungen des Startens zum Flug aus, auch wenn sie noch gänzlich unausgebildete Flügelstummel besitzen, und sie lassen dabei bisweilen die später fast unausbleibliche »Visitenkarte« fallen. Wenige Tage alte Wiederkäuer kauen oft an

Halmen herum, und Frischlinge des gleichen Lebensalters wühlen nach allen Regeln der Kunst den Boden auf, auch wenn sie sich noch lange Zeit allein von Muttermilch ernähren. Und Entenvögel, die als Erwachsene ihre Rivalen durch Schlagen mit dem Flügelbug bekämpfen, beginnen mit dieser Handlung schon, wenn sie erst ganz kurze Flügelstummel besitzen, mit denen sie keinerlei Effekt erreichen können.

Frühzeitige Teilreifung kommt auch im Bereich des Fortpflanzungsverhaltens vor: Beispielsweise hat man bei Vogeljungen verschiedener Verwandtschaftskreise (Schwalben, Enten) Paarungen beobachtet, obwohl die Keimdrüsen noch längst nicht funktionsfähig waren. Auch bei jungen Säugetieren, z. B. Jungfüchsen, kommen spielerisches Aufreiten, »Stoßen« und andere sexuelle Verhaltensbruchstücke im Spiel vor. – Ein knapp erwachsener Fischreiher im Berner Tierpark half seinen Eltern beim Nisten und brütete später eifrig auf den von seiner Mutter gelegten Eiern. Jungvögel, z. B. Fliegenschnäpper, füttern manchmal, bevor sie selbst ordentlich fressen können, schon jüngere bettelnde Nestlinge.

Sexuelle Prägung. Den meisten Lebewesen ist es *angeboren*, also durch *genetische* Information vorgegeben, daß sie Artgenossen des anderen Geschlechtes als Geschlechtspartner erkennen, sie umwerben und sich mit ihnen zu paaren versuchen. Aber es gibt Ausnahmen: Von den Männchen einiger Vogelarten weiß man genau, daß ihnen durch *Lernvorgänge* eingeprägt wird, an welchen Eigenschaften ihre künftigen Geschlechtspartner zu erkennen sind, und daß diese Lernvorgänge *vor* Erreichen der Geschlechtsreife stattfinden, während die Jungtiere noch im Familienverband leben. Man hatte nach der Entdeckung der Prägung zunächst gemeint, ein und derselbe Lernakt zu Beginn des Lebens bestimme nicht nur den individuellen »Elternkumpan«, sondern auch zugleich das Erscheinungsbild des künftigen möglichen Geschlechtspartners. Diese Anschauung hat sich als unrichtig erwiesen: Wo man genauere Untersuchungen darüber anstellte, fand man, daß die sexuelle Prägung ein eigenständiges Geschehen ist, das später erfolgt als die Mutterprägung und eine eigene sensible Phase besitzt.

Bei der europäischen Wildente (= Stockente) reagieren die
Weibchen auf das Prachtkleid der Männchen aufgrund eines
angeborenen Auslösemechanismus; d. h. sie erkennen die
Männchen ihrer Art, ohne daß sie es lernen müßten und ohne
daß sie durch künstlich im Experiment abgewandelte Lernvorgänge irregeführt werden könnten. Bei den Erpeln dieser Art
ist das anders. Läßt man sie in der Familie einer anderen En-
ten- oder gar einer Gänseart aufwachsen, so balzen viele von
ihnen später vor Weibchen von der Art der Pflegemutter. Auf
ähnliche Weise hat man ein noch merkwürdigeres Verhalten
hervorbringen können: Läßt man junge Stockerpel künstlich
in einem Käfig mit erwachsenen Stockerpeln aufwachsen
(normalerweise beteiligen sich Stockerpel überhaupt nicht an
der Jungenaufzucht), so versuchen die so aufgezogenen Jungtiere als Erwachsene vorwiegend oder ausschließlich mit
männlichen Artgenossen ein Paar zu bilden, verhalten sich also bei ihrer Werbung und den Paarungsversuchen homosexu-
ell (die Paarung mißlingt immer, weil der Partner-Erpel kein
weibliches Paarungsverhalten ausübt)[1].

Die Wildenten-Erpel besitzen sowohl Mutterprägung (auch
Nachlaufprägung genannt, weil die Jungen hinter der Mutter
herlaufen), als auch sexuelle Prägung; man kennt für beide die
zeitlichen Voraussetzungen: Die *sensible Phase* für die *Nachlaufprägung* beginnt und klingt ab mit dem ersten Lebenstag
nach dem Schlüpfen; die sensible Phase für die *sexuelle Prägung* beginnt mit der dritten und klingt ab mit der achten Lebens*woche*. Der Prägungs*vorgang* selbst vollzieht sich bei der
Nachlaufprägung in Sekunden bis Minuten; bei der sexuellen
Prägung sind dazu Tage nötig. Dazu tritt aber noch ein weiterer Unterschied: Die Nachlaufprägung vollzieht sich, während
die zugehörige angeborene Verhaltensweise – das Zulaufen
und Nachlaufen – *ausgelöst wird*; die sexuelle Prägung spielt
sich dagegen zu einer Zeit ab, in der noch keinerlei Sexualverhalten zu beobachten ist. Hier formt sich also *in der Jugendzeit*
das Auslöseschema für ein Verhalten, das *erst nach der Geschlechtsreife* ausreift und dann das Erwachsenenalter kennzeichnet.

Denkt man über diesen seltsamen Umstand genauer nach,

so kommt man zu dem Ergebnis, daß es gar nicht anders sein darf: Die sexuelle Prägung hat in der freien Natur die Funktion, sicherzustellen, daß es stets Artgenossen sind, die sich zur Paarung zusammenfinden. Bei vielen Tierarten sind die Auslöser für Balz und Paarung angeboren. Wo das nicht oder nur zum Teil der Fall ist, muß das Tier rechtzeitig *lernen*, wie sein Partner auszusehen hat. Ein sexuell prägungsbedürftiges Tier braucht dafür ein Vorbild; es muß garantiert sein, daß dieses Vorbild ein erwachsener Artgenosse von ihm ist. Dafür bieten sich *nur die Eltern*. Die sexuelle Prägung muß daher vor Auflösung der Familie, damit aber vor dem Geschlechtsreifwerden der Jungen erfolgen. Hiernach ist verständlich, aus welchen biologischen Gründen sexuelle Prägung und ausgereiftes Sexualverhalten zeitlich voneinander getrennt sein und in verschiedene Lebensphasen fallen müssen.

Hieraus ergeben sich mit Notwendigkeit zwei weitere Eigenschaften der sexuellen Prägung, die sie von der Prägung der individuellen Mutterbindung unterscheiden: 1. Die sexuelle Prägung bestimmt nach den bisherigen Tier-Untersuchungen nicht den *individuellen* Verhaltenspartner – sonst würde ja die spätere Paarung zwischen Kindern und *Eltern* zur Regel werden –, sondern sie bezieht sich auf allgemeine Züge, auf das »Artbild« des künftigen Sexualpartners. 2. Die Prägung erfolgt ohne erkennbare spezifische (sexuelle) Erregung einfach im Zusammensein mit dem Elterntier.

Inzesthemmung. Fragt man nach der biologischen Bedeutung (nach dem Selektionswert) der Sexualität im allgemeinen, so lautet die Antwort: Sie sorgt für die Umkombination und für die rasche Verbreitung von (vorteilhaften) Varianten der genetischen Anlagen und fördert dadurch die Anpassungsfähigkeit der Arten an wechselnde Umweltbedingungen. Dies wird beeinträchtigt durch Inzucht. Darum überrascht es nicht, daß sich in der Natur allenthalben Eigenschaften und Funktionen entwickelt haben, die die Möglichkeiten zur Inzucht und damit zum Inzest einschränken oder ganz unterbinden. Besonders deutlich ist das bei denjenigen Tierarten, bei denen Eltern und Geschwister lange Zeit fest in einem Familienverband zusammenhalten, einander sehr genau individuell kennen und miteinander im besten Einvernehmen leben. Man könnte meinen, die früheren familiären Bindungen zwischen Geschwistern verschiedenen Geschlechts könnten später, wenn sie herangewachsen sind, eine Paarung zwischen ihnen nur erleichtern. Aber das Gegenteil ist der Fall: Individuelles Kennen innerhalb einer Geschwisterschar verhindert in der Regel eine spätere gegenseitige sexuelle Anziehung (*Inzesthemmung*[1]). Beispielsweise bringt bei der Graugans das gemeinsame familiäre Aufwachsen von verschiedengeschlechtlichen Artgenossen desselben Jahrgangs eine so gut wie unüberwindliche Hemmung hervor, nach dem Heranwachsen miteinander in Balz und Paarbildung einzutreten[2].

Verhältnis zum Sexualverhalten Erwachsener. Im Lebenslauf der meisten Tierjungen ist es nicht die Regel, daß sie das Sexualverhalten erwachsener Artgenossen beobachten. Wo es zufällig doch einmal vorkommt, sind meist keine besonderen Reaktionen darauf zu erkennen. Doch wurde bei Schimpansen in deren natürlichem Lebensraum mehrmals folgendes beobachtet: Ein nahezu erwachsenes Jungtier war zugegen, als sich seine Mutter mit einem Schimpansen-Männchen paarte. Das heranwachsende Schimpansenkind reagierte darauf mit furchtbarer Aufregung, und es griff das Männchen an, um seine Mutter zu verteidigen[3]. Das Jungtier verstand also die Situation nicht, sein Verhalten war eigentlich ganz inadäquat. Und doch handelte es sich um Schimpansen, die völlig unbeeinflußt vom Menschen in freier Natur lebten. – Dabei wundert es den Biologen gar nicht, daß es kein »angeborenes Verstehen visuell wahrgenommenen Paarungsverhaltens« gibt; welch ein Selektionswert sollte ihm auch zukommen? Eher hätte man annehmen können, das Beobachten des Sexualaktes Erwachsener könnte bei Tierarten mit nur teilweise angeborenem Sexualverhalten seinen biologischen Sinn darin haben, daß das Jungtier dieses Verhalten durch Nachahmen erlernen kann. In den geschilderten Schimpansen-Beobachtungen ist das aber kaum zu vermuten.

B 7. Übergang zum Erwachsensein

Sind junge Singvögel, z. B. Amseln, flügge geworden und haben ihr Nest verlassen, so werden sie bisweilen noch eine Zeitlang von ihren Eltern weiter gefüttert, gegebenenfalls besonders das Nesthäkchen. Bald aber machen sich die Jungen selbständig, und mit dem Erlöschen ihres Sperrens (Bettelns) ist auch die Bindung an die Elterntiere völlig gelöst.

Anders ist es bei manchen Säugetieren. Bei ihnen ergreift das Muttertier die Initiative und vertreibt die Jungen, sobald diese ein bestimmtes Alter erreicht haben. Bei Goldhamstern erfolgt der erste Angriff des Muttertieres gegen die Jungen um deren 35. Lebenstag; zu dieser Zeit werden auch die Jungen untereinander unverträglich und beginnen, sich zu zerstreuen[1]. Bei Löwen werden die meisten Jungen im Alter von eineinhalb bis zwei Jahren von den alten Männchen des Rudels nicht mehr geduldet und dann wie fremde Eindringlinge ins Revier behandelt[2]. Bei den Languren (blattfressenden Altweltaffen) entwöhnt und verstößt die Mutter ihr Junges, wenn dieses etwa ein Jahr alt ist. Das Junge darf allmählich nicht nur nicht mehr saugen, sondern die Mutter verwehrt ihm auch ihren Schutz, wenn es bedroht wird und zu ihr flieht. Der Bruch ist vollkommen, sobald ein neues Junges geboren wird[3].

Ist das Junge, wenn es von seiner Mutter nicht mehr angenommen wird, stets selbst schon so weit erwachsen, daß es die mütterliche Fürsorge nicht mehr ernstlich nötig hat? Sicherlich besteht vielfach eine vorgegebene Harmonie zwischen der von der Mutter angestrebten und der durch die Entwicklung des Jungen vorbereiteten Selbständigkeit; aber mehrfach ist auch Gegenteiliges berichtet worden: Von ihrer Mutter verstoßene ältere Junge von Affen und Menschenaffen schienen noch sehr betreuungsbedürftig zu sein. Sie ließen sich eine Zeitlang von *erwachsenen Männchen* geradezu adoptieren, wurden von diesen herumgetragen und gegen Artgenossen verteidigt[4].

Bei einigen Säugetierarten brauchen sich jedoch Mutter und ältere Junge nicht unbedingt zu trennen, wenn ein jüngeres Geschwister geboren wird. Bei freilebenden Schimpansen wurde beispielsweise eine Mutter mit einem Säugling und einer älteren Tochter beobachtet: Die Tochter lebte in voller Eintracht mit der Mutter; aber sie drängte sich immer wieder dazu, den Säugling anfassen und betreuen zu dürfen. Doch die Mutter erlaubte es ihr nur selten und dann nur so lange, bis das Kleine das geringfügigste Signal der Unzufriedenheit von sich gab. Die ältere Tochter zeigte, wenn sie das Junge nicht berühren durfte, eine für den Beobachter höchst eindrucksvolle Mimik der inneren Spannung zwischen Wunsch und versagter Erfüllung[1].

Bei der *Graugans* bleibt die Familie, bestehend aus beiden Eltern und den Jungen der letzten Brut, fast bis zum Erwachsensein der Jungtiere beisammen. Die jungen Ganter trennen sich früher von ihrer Familie und werben aus einiger Entfernung um eine junge Gans, die noch mit ihren Eltern zusammen schwimmt. Nähert sich der werbende junge Ganter zu sehr der Familie, so wird er vom Vater verjagt. Wenn alles gut geht, folgt aber schließlich die junge Gans dem werbenden Ganter und verläßt die Familie. Zwischen den Gatten bildet sich ein zwiefaches Band: Das eine, sexuelle, bezieht sich auf die Paarung, das andere, die »Triumphgeschrei-Bindung«, auf den dauernden individuellen Zusammenhalt. Die Doppelnatur der individuellen Bindung in der Ehe der Graugans hat sich daraus erschließen lassen, daß in Ausnahmefällen die beiden unterschiedlichen Bindungen von einem und demselben Ganter aus mit zwei verschiedenen Gänsen geknüpft sein können. Im Normalfall erhält sich die eheliche Bindung bei den Graugänsen lebenslang[2].

B 8. Beziehungen der Jungen zu den Erwachsenen

Die Jungen mancher höherer Tierarten haben ein angeborenes Verständnis für den mimischen Ausdruck im Gesicht der Erwachsenen. Um das beim Rhesusaffen experimentell zu überprüfen, zog man einige Jungtiere auf, ohne daß sie Artgenossen oder ihr eigenes Spiegelbild sehen konnten. Man gab ihnen jedoch die Möglichkeit, Bilder, die man ihnen gezeigt hatte, selbst durch Hebeldruck erneut in ihrem Käfig zu projizieren. In den ersten Lebensmonaten bevorzugten die Äffchen dabei jedes Bild von Artgenossen, ganz gleich von welchem Gesichtsausdruck. Im Alter von 2½ Monaten, in dem die Tiere sonst von sich aus mit anderen Gruppenmitgliedern in Kontakt treten, begannen die isoliert aufgezogenen Jungen die Bilder *drohender* Artgenossen mit Angstlauten und Sich-Selbst-Umklammern zu beantworten, und sie projizierten diese Bilder von nun an weitaus seltener. Sie hatten niemals lernen können, daß die betreffende Mimik mit Drohlauten und Angriffen der Gruppengenossen einhergeht. Sie mußten die Information über die Bedeutung dieses Gesichtsausdrucks also aus einer anderen Quelle haben: Die Kenntnis mußte angeboren sein[1].

Bei den meisten Säugetieren, die in Scharen, Gruppen oder Rudeln zusammenleben, beruht der soziale Gruppenzusammenhalt auf gegenseitiger individueller Bekanntschaft. Dagegen besteht Feindschaft gegen unbekannte, also gruppenfremde Artgenossen. Wo sich nun die Weibchen, wie oben beschrieben, für die Geburt von der sozialen Gruppe absondern, muß das Muttertier bei seiner Rückkehr seine Jungen gleichsam als neue Mitglieder in die Gemeinschaft einführen und dabei die Intoleranz ihrer Gruppengenossen gegen Gruppenfremde zugunsten ihrer Jungen überwinden. Eine solche Szene ist in einem *Schimpansen*film aus freier Natur festgehalten worden: Die Mutter ist zugleich bemüht, ihr Junges den Gruppenmitgliedern zu zeigen, aber auch, es vor deren eventuell feindlichen Zugriffen zu schützen. Allmählich erreicht sie es, daß ihr Junges in der Gruppe akzeptiert wird[2]. – Hat eine *Löwin* ihre Jungen ins Rudel eingeführt, so ändert sich dort geradezu das »soziale Klima«: Besondere Freundlichkeit und Friedlichkeit werden nicht nur von allen Seiten den Jungen entgegengebracht, sie gewinnen auch im Verhalten der Alttiere zueinander mehr als sonst die Oberhand[3].

In welche Position innerhalb der *Rangordnung* rücken die Jungen ein, wenn sie geboren werden und allmählich heranwachsen? Hier gibt es zwei unterschiedliche Möglichkeiten: Die Jungen erhalten den Rang ihrer Mutter oder ihres Vaters;

oder sie fügen sich gar nicht in die Rangordnung ein, sondern besitzen eine Art Sonderstatus. Die Möglichkeit des *abgeleiteten Ranges* ist bei Wildgänsen und manchmal auch bei Rhesusaffen verwirklicht; man kann beispielsweise beobachten, wie ein winziges Gössel einen erwachsenen Ganter von der Futterschüssel vertreibt: Es hat einen einflußreichen Vater! Die Möglichkeit eines *Sonderstatus* der Jungen ist vielfach bei Affen anzutreffen: In einem Film über das Sozialleben von Totenkopfäffchen (in Gefangenschaft) konnte man beobachten, wie die Jungen von den Erwachsenen nicht nur ans Futter herangelassen wurden, sondern sogar dem stärksten Männchen (Alpha-Tier) ungestraft einen Bissen entreißen durften[1].

IV. Verhaltensstörungen bei Tieren (Verhaltens-Pathologie)

Je höher organisiert ein Lebewesen ist, desto verwickelter können auch krankhafte Vorgänge in seinem Inneren sein und desto schwieriger sind diese meist zu durchschauen. Durchschauen muß man aber ein Krankheitsgeschehen, will man nicht durch Probieren, sondern mit Hilfe von Einsicht, also gezielt, heilen und vorsorgen. Um ein verwickeltes Geschehen besser zu verstehen, gibt es nun nicht nur den Weg der unmittelbaren Analyse: Gelegentlich lohnt es sich auch, *Modellbeispiele* zu untersuchen, innerhalb deren *ähnliche* Elemente auf *einfachere* Weise zusammenwirken. Hat man einen Zusammenhang an einem Modellbeispiel aufgeklärt, so bleibt natürlich zu prüfen, inwieweit sich die gewonnene Erkenntnis auf das eigentlich zu erforschende System übertragen läßt. Dieser zweite Arbeitsgang darf nie außer acht bleiben. Beachtet man dies aber, so kommt man auf dem Weg über die *Analyse des Modellbeispiels und die Prüfung der Übertragbarkeit auf den Forschungsgegenstand* oft schneller zum Ziel als durch die *unmittelbare* Untersuchung. Dieser Gedanke der »Forschung am Modellbeispiel« liegt zugrunde, wenn im folgenden Kapitel Verhaltensstörungen *von Tieren* beschrieben werden und dies in der Hoffnung geschieht, dadurch Verhaltensstörungen *von Menschenkindern* besser zu verstehen.

Die *Grenzen zwischen gesund und krank* wie zwischen normal und pathologisch sind fließend. Die folgende Darstellung hält sich aus praktischen Gründen an folgende Begriffsbestimmung: Ein Verhalten gilt als gestört oder als krankhaft, sofern es das Individuum selbst, seinen Sozialverband oder seine Art schädigt oder aber sofern es aufgrund von äußeren Schädigungen oder nachteiligen Einflüssen auftritt, ohne den Organismus gegen sie zu schützen.

A. Nachteilige Umwelteinflüsse auf das Antriebsgeschehen

A 1. *Einengung des Bewegungsspielraums, Stereotypien*

Im Leben der verschiedenen Tierarten spielt die aktive Fortbewegung eine sehr unterschiedliche Rolle: Manche Raubtiere, z. B. der Löwe, suchen ihre Beutetiere und schleichen sich an, verfolgen aber ein flüchtendes Tier nur über kurze Strecken; andere, so der Wolf, verfolgen ihre Beutetiere über lange Strecken, um sie zu ermüden und dadurch schließlich zur Strecke zu bringen. Wie mancher Zoobesucher aus eigener Anschauung weiß, verhalten sich diese Tiere in ihren Käfigen unterschiedlich: die ersteren ruhen viel, die letzteren laufen unentwegt hin und her.

Erleiden bewegungsbedürftige Tiere eine weitgehende Einschränkung ihrer Bewegungsmöglichkeiten, z. B. durch Fußfesseln (Elefanten) oder in zu engen Boxen (Pferde), so treten oft monotone periodische Ersatzbewegungen auf, sog. *Stereotypien*[1]: Unaufhörliches Hin- und Her-Bewegen des Kopfes, Umtreten von einem Bein auf das andere, Sich-Drehen auf der Stelle u. ä.; können die Tiere im engen Käfig wenigstens ein wenig herumlaufen, so tun sie das gewöhnlich in einer bis auf die kleinste Einzelheit der Bewegungen festgelegten (stereotypen) Art und Weise. Dieser Gleichmäßigkeit der Bewegungen halber bezeichnet man ein solches Verhalten im Volksmund auch als »Weben«.

Pferde, die den größten Teil des Tages zu arbeiten haben, »weben« fast niemals; bei Reit- und Kutschpferden, die die meiste Zeit im Stall stehen müssen, kommt es viel häufiger vor. Bei ihnen vermindern sich die Stereotypien, sobald sie sich mehr bewegen können, z. B. aus Einzel- in Gemeinschaftsboxen umquartiert werden. – Ein jugendliches Panzernashorn ließ von seinen Stereotypien (Kopfpendeln und Abschleifen seines Hornes) ab, nachdem es einen schweren Gummiball erhalten hatte, mit dem es spielen konnte[2]. Hieraus und aus ähnlichen Beobachtungen ist zu folgern: Manche

Tiere brauchen pro Tag ein bestimmtes Quantum an körperlicher Bewegung; wird ihnen dieses verweigert, so äußert sich das überschüssige Bewegungsbedürfnis in Stereotypien.

Manche Bewegungsstereotypien gekäfigter Tiere beruhen nicht auf dem behinderten *allgemeinen* Bewegungsdrang, sondern sie stellen umorientierte *gerichtete Bewegungen* dar, entweder umorientierte Flucht oder Annäherung an die Nahrung. Die Abläufe und die Periodik dieser Art von Stereotypien beschleunigen sich, wenn eine Gefahr droht oder wenn der Wärter mit Futter naht. Löwen beginnen vielfach nur dann an Gitterstäben hin- und herzulaufen, wenn die Zeit der Fütterung herankommt oder sie bereits den Wärter hören oder sehen.

A 2. Aktionen am Ersatzobjekt

Kälber, die aus dem Eimer getränkt werden, saugen an den Ohren oder am Nabel ihrer Stallgenossen sowie an allen möglichen Gegenständen im Stall, an denen man saugen kann[1]. Rhesusaffen-Kinder, die ohne Mutter aufwachsen, umklammern als Ersatz eine Attrappe, die mit rauhem Tuch oder Fell bespannt ist[2]. Ein Stelzvogel in einer Voliere eines Zoos war von einem Stärkeren von seinem Platz vertrieben worden; daraufhin griff er einen anderen Vogel an, der mit dem Streit nichts zu tun hatte. Ein in Gefangenschaft lebendes Hyänenmännchen versuchte, seinen Wasserteller als Begattungsobjekt zu benutzen[3]. Ein Bernhardiner-Weibchen hatte drei Junge, die bald nach der Geburt starben; daraufhin raubte es ein junges Kätzchen, verteidigte es, ließ es auf sich klettern und trug es mit sich.

Diese Beispiele aus fünf verschiedenen Verhaltensbereichen (Ernährung, Geborgenheit bei der Mutter, Aggression, Paarungsverhalten und Jungenfürsorge) beruhen sämtlich auf folgender Konstellation von Ursachen: Ein spezieller Antrieb ist aktiviert, aber das zugehörige Antriebsziel (Triebobjekt) ist nicht vorhanden oder nicht erreichbar; in den fünf Beispielen wären dies: das mütterliche Euter für die Kälber, das Muttertier mit seinem Fell für das Affenbaby, der überlegene, aber darum nicht angreifbare Käfiggenosse für den Stelzvogel, der Geschlechtspartner für das Hyänenmännchen und die eigenen Jungen für die Hundemutter. In den meisten Fällen war jedoch ein Gegenstand von qualitativ vergleichbarem, wenn auch z. T. ungleich geringerem Auslösewert zur Stelle. An ihm konnte die Triebhandlung ersatzweise ablaufen. Das jeweilige Ersatzobjekt hätte in der Konkurrenz zu dem normalen Triebobjekt keine Chance gehabt, angenommen zu werden; ohne diese Konkurrenz aber und unter der Voraussetzung eines stark aktivierten Antriebs genügt in diesen Fällen der Auslösewert des Ersatzobjekts, und die instinktive Verhaltensweise spielt sich an ihm ab.

Diesem Geschehen liegt die Gesetzmäßigkeit der *doppelten Quantifizierung* bei der Auslösung instinktiven Verhaltens zugrunde: Ob eine instinktive Handlung stattfindet, hängt von den inneren und äußeren Bedingungen, also von der Stärke der Bereitschaft und der Intensität oder Eignung der auslösenden Reize (Schlüsselreize) ab. Ein stark aktivierter Trieb täuscht über etwaige Mängel der Reizsituation hinweg (Abschnitt I A 3).

Aktionen und Reaktionen am Ersatzobjekt veranschaulichen das Vorhandensein und die Aktivierung von Antrieben besonders gut, vor allem, wenn die Ersatzhandlungen gar keine wirkliche Befriedigung erzielen. Dies ist der Fall beim Saugen an Gegenständen, die keine Nahrung liefern: Die oben genannten Kälber bekamen genug zu trinken, konnten also eigentlich nicht hungrig sein. Trotzdem offenbaren sie den intensiven Drang zum Saugen an Ersatzobjekten. Hierfür ist auch folgendes Experiment eine gute Illustration (wenn auch wegen zahlenmäßig zu geringen Beobachtungsmaterials noch kein endgültiger Beweis): Von 6 Wurfgeschwistern (Hunde) wurden zwei vom Muttertier gesäugt; zwei wurden aus einer Flasche mit kleinem Loch im Sauger ernährt; die letzten zwei erhielten die Flasche mit einem großen Loch im Sauger, so daß das Trinken sie viel weniger Anstrengung kostete. Ergebnis: Die drei Gruppen zeigten zwischen den Mahlzeiten verschieden starkes Saugen – (gegenseitig an ihren Körpern oder an den eigenen Pfoten): die ersten saugten gar nicht, die zweiten wenig, die dritten aber fast die ganze Zeit[1]. – Für die genannten Tiere bestehen also im Zusammenhang mit der Ernährung zweierlei Notwendigkeiten: Erstens die Zufuhr von Nahrung als Substanz- und Energiequelle; zweitens aber eine bestimmte Quantität an Sauganstrengung. Wird diese nicht abgeleistet, so offenbart sich hierfür ein spezieller Antrieb, der sich beim Fehlen biologisch adäquater Antriebsziele an Ersatzobjekten abreagiert und dadurch für den Beobachter erkennbar wird.

A 3. Ersatzbefriedigung am eigenen Körper: Retrojektion

Wenn bei aktiviertem Antrieb weder ein adäquater Partner vorhanden ist noch geeignete Ersatzobjekte zur Verfügung stehen, dann bleibt in manchen Fällen eine letzte Möglichkeit: Organe des eigenen Körpers dienen als Ersatzobjekte. Die ursprünglich auf den Partner gemünzten Aktivitäten werden dann gleichsam auf den eigenen Körper gerichtet; ich nenne dies *Retrojektion* (»Rückwärts-Lenkung«). Einen fließenden Übergang von fremden zu eigenkörperlichen Ersatzobjekten zeigte eines der Beispiele von Abschnitt A 2: Die jungen Hunde, die im Experiment einen starken Saugdrang entwickelten, saugten in den Pausen zwischen den Mahlzeiten unterschiedslos an Körperteilen ihrer Wurfgeschwister *oder* an den eigenen Pfoten, je nachdem, was gerade besser zu erreichen war.

Für Retrojektionen liefert die vergleichende Verhaltensforschung Beispiele aus mehreren in diesem Buch behandelten Bereichen: Nahrungsaufnahme, Geborgenheit beim Elternkumpan, Selbstverteidigung, Fortpflanzung, Nestbauverhalten:

– Kätzchen, die von ihrer Mutter getrennt wurden, saugten an eigenen Körperteilen. Kleine Rhesusaffen, die nur Attrappen als Mutterersatz hatten, lutschten mehr am eigenen Daumen als die von einem Muttertier aufgezogenen[2].

– Rhesusaffen-Säuglinge, die im Experiment ohne Mutter und ohne eine mit Stoff oder Fell bespannte Mutter-Attrappe gehalten wurden, umschlangen den eigenen Kopf und Körper mit ihren Armen und drängten sich in dieser Haltung in eine Ecke des Käfigs; ihnen diente also der eigene Körper als Ersatzobjekt für den Leib des Muttertiers, an den sie sich sonst angeklammert hätten[1].

– Mutterlos aufgewachsene Rhesusaffen sind höchstgradig ängstlich; sie richten auch dasjenige Verhalten gegen sich selbst, mit dem sie sich *verteidigen*, die Aggression: sie beißen in eigene Körperteile, und zwar um so stärker, je größer die äußere Bedrohung ist. Ähnliche »Selbst-Aggressionen« finden sich bei Zoo-Tieren häufig, z. B. Beißen in den eigenen Fuß in der Situation heftiger Angst[1].

– Retrojektionen im Bereich des *Sexual*verhaltens sind sexuelle Selbstbefriedigung bzw. autoerotisches Verhalten: Erwachsene, sexuell erregte Bärinnen können mit den Tatzen an ihren Geschlechtsteilen reiben; männliche Säugetiere onanieren je nach den anatomischen Möglichkeiten mit dem Maul oder den Vorderextremitäten.

– In der Not kann sogar *Nestbau*verhalten zur Ersatzhandlung an einem Organ des eigenen Körpers werden: Bevor Ratten sich schlafen legen, sammeln sie trockenes Gras, Holzwolle oder ähnliches für ein Schlafnest. Gibt man einer Ratte in dieser speziellen Antriebssituation keinerlei entsprechende Stoffe, so trägt sie manchmal ihren eigenen Schwanz ein, d. h. sie nimmt ihn beim Weg zu dem gewählten Nestplatz ins Maul, legt ihn dort ab, läuft zurück und wiederholt dann das gleiche immer wieder. Bei diesem retrojizierten Nestbauverhalten tritt also der eigene Schwanz als Ersatzobjekt an die Stelle passenden Nistmaterials[2].

Vergleichen wir das Retrojektions-Verhalten der vier wichtigen Bereiche – Saugen, Sich-Festhalten am Muttertier, Aggression und Sexualverhalten – miteinander und fragen nach den zusätzlichen Sinnesreizen, die an den *manipulierten Körperteilen* durch das triebhafte Verhalten ausgelöst werden, so können wir folgendes vermuten: Die Empfindungen an den Fingern, an denen gesaugt wird, und ebenso die Empfindungen am Kopf und Körper bei denjenigen kleinen Affen, die sich selbst mit den Armen umschlingen, dürften neutral oder ausgesprochen positiv getönt sein. Die durch Selbstaggression erzeugten Schmerzempfindungen dagegen müßten primär eine negative Valenz haben, die durch autoerotisches Verhalten erzeugten wiederum eine positive. Wie kommt es dann aber, daß unter diesen Bedingungen selbstaggressives Verhalten überhaupt ausgeübt wird (der »Lohn« dafür ist Schmerz!); und wie ist es zu verstehen, daß die anderen drei Retrojektions-Verhaltensweisen, vor allem die autoerotischen, nicht auch beim Normaltier durch den ihnen eigenen Belohnungscharakter dauernd stärker werden? Vermutlich ist hierauf folgendes zu antworten: 1. Wenn sich Tiere bei großer Angst selbst verletzen, so muß diese Handlung für sie zugleich *entlastend* sein, so daß dies den selbsterzeugten Schmerz aufwiegt oder übertönt. 2. Alle genannten retrojizierten Verhaltensweisen setzen eine übermäßig gestaute Reaktionsbereitschaft voraus, und nur dadurch erhalten die Ersatzreize nach dem Prinzip der doppelten Quantifizierung einen hinreichenden Auslösewert für das retrojizierte Verhalten.

Abschließend sei noch folgende Frage aufgeworfen: Mit welcher Wahrscheinlichkeit gilt eigentlich die Aussage, retrojiziertes Verhalten sei instinktives Verhalten an Ersatzobjekten, also an *sekundären* Objekten?[1] Wäre es nicht auch denkbar, ja ist es nicht vielleicht sogar näherliegend, daß die Organe des *eigenen* Körpers die *primären* Objekte für die Antriebe darstellen und daß die äußeren Objekte erst sekundär deren Rolle übernehmen? Folgende Argumente sprechen jedoch gegen diese zweite Annahme: Im Freileben, also ohne Störungen seitens des Menschen, treten retrojizierte Verhaltensweisen, wenn überhaupt, nur in seltenen Ausnahmefällen auf. Wir kennen auch keinerlei anatomische Anpassungen, die darauf hinzielen, retrojiziertes Verhalten zu ermöglichen oder zu erleichtern (wenn eine biologische Funktion irgendeine positive Rolle im Leben von Tieren spielt, so finden sich dafür in der Regel auch irgendwelche anatomischen Anpassungen, zumindest bei einzelnen Tierarten). Tritt retrojiziertes Verhalten bei Tieren in der Gefangenschaft auf, so ist es, soweit mir bekannt ist, ohne Ausnahme zwanglos als Ersatzverhalten und damit als Anzeiger für *gestörte* Lebensverhältnisse zu deuten; dementsprechend nimmt auch seine Intensität mit der Schwere der Störungen zu. – Die vergleichende Verhaltensbiologie liefert also keinerlei Hinweis für die Richtigkeit der These, Organe des eigenen Körpers könnten als primäre Antriebsziele für Verhaltensweisen gelten, die sich erst später auf den endgültigen Partner richten. (Lediglich im Rahmen des Putz- und sonstigen »Komfort«-Verhaltens können Organe des eigenen Körpers das primäre Ziel von angeborenem Verhalten sein.)

A 4. Versiegen von Bereitschaften; Partnerverlust

Ähnlich wie manche Antriebe durch Umweltreize angeregt werden und sich steigern, so kann das Fehlen von Außenbedingungen einen Antrieb abschwächen und ihn versiegen lassen. Dieser Vorgang wurde beispielsweise bei einer Buntbarsch-(Cichliden-)Art, Pelmatochromis subocellatus, genauer untersucht: Sind diese aus Mittelafrika stammenden Fische erwachsen, so bekämpfen sie sich gegenseitig, sobald sie einander wahrnehmen; dies hängt mit ihrem Revierverhalten zusammen. Gibt man nun einem solchen Buntbarsch viele Wochen lang keine Gelegenheit zum Kämpfen, indem man ihn in einem Aquarium ohne Artgenossen streng isoliert – er darf auch keine Artgenossen durch die Glasscheibe *sehen* –, dann schwindet seine Kampfbereitschaft. Setzt man ihn danach mit einem gleich behandelten Fisch zusammen, so schwimmen die Tiere achtlos aneinander vorbei. Bei manchen Individuen kann sich die Kampfbereitschaft wieder erholen: Werden sie mit anderen, ebenso behandelten Tieren täglich für 5 Minuten zusammengelassen, so kämpfen sie von Tag zu Tag etwas intensiver und erreichen bald wieder die normale Kampfbereitschaft. Bei manchen Individuen aber belebt sich in dem genannten Verfahren die Kampfbereitschaft *nicht* wieder (der Versuch wurde 5 Tage lang fortgeführt)[1].

Das Versiegen von Bereitschaften nach langdauernder Nicht-Betätigung scheint im Widerspruch zum *Ansteigen* von Bereitschaften bei Nichtauslösung des zugehörigen Verhaltens zu stehen, das in den Abschnitten I A 7, I A 9 und I A 10 behandelt wurde. Die beiden Vorgänge unterscheiden sich jedoch in ihrer Schnelligkeit: Die *Zunahme* der Aktivierung eines Antriebs bedarf weniger Stunden oder Tage; das *Versiegen* des Antriebs folgt später und vollzieht sich viel langsamer; es dauert in der Regel Wochen oder Monate.

Einen solchen zuerst ansteigenden und *danach* abklingenden Verlauf, insgesamt also eine Optimum-Kurve (»umgekehrte U-Funktion«), beobachtet man auch in Experimenten, in denen Versuchstiere Arbeit leisten müssen, um Futter zu erhalten; das Arbeiten ist hier ein antriebsabhängiges erlerntes Appetenzverhalten. Je stärker das Nahrungsdefizit zunimmt, desto schneller arbeiten die Tiere – aber nur bis zu einem bestimmten Grade des Hungers. Dann nimmt die Arbeitsgeschwindigkeit wieder ab. Der Umkehrpunkt liegt weit vor dem Beginn körperlicher Schwäche, die das Arbeitstempo natürlich ebenso mindern würde. Es handelt sich also um eine zentralnervös bedingte Abnahme der hungerabhängigen »inneren Bedingungen« für das Arbeitsverhalten.

Im Bereich des *Betreuungs*verhaltens kann das Ausbleiben von Antwortreizen seitens des Verhaltenspartners einen Antrieb schwächen und ihn schwinden lassen. Eine Rhesusaffen-Mutter, die ihr eigenes neugeborenes Junges verloren hatte, adoptierte ein junges Kätzchen, das man ihr gab. Das Kätzchen konnte sich aber im Fell der Pflegemutter nicht festhalten und fiel jedesmal herunter, wenn die Mutter es losließ. Ein paar Tage lang holte die Mutter es zurück; dann aber verlor sie das Interesse an dem Kätzchen. – Das gleiche spielt sich auch gegenüber Jungen der eigenen Art ab, wenn diese abnorm reagieren: Man tauschte das Junge einer Rhesusaffen-Mutter gegen ein fremdes gleichaltriges Junges aus, das bis zu diesem Zeitpunkt *isoliert aufgezogen* worden war. Dieses Tierchen reagierte auf jede Berührung durch die Adoptivmutter nur mit Angst und Schrecken und kauerte sich auf dem Boden des Käfigs in eine Ecke. Vier Tage lang bemühte sich das Muttertier vergebens um das Kleine; dann aber versiegte ihre Betreuungsbereitschaft, und sie überließ das nicht kontaktfähige Jungtier seinem Schicksal[1].

Das Gemeinsame an den Beispielen dieses Abschnitts ist die Abnahme und das Versiegen einer Verhaltensbereitschaft, wenn das zugehörige Verhalten lange Zeit unzureichend oder gar nicht ausgelöst wird. Welche Prozesse im Inneren des Tieres diesem Vorgang zugrunde liegen, ist unbekannt; wir wissen noch nicht, ob das Ausbleiben der Sinnesreize oder das Nicht-Ausführen der Handlungen entscheidend ist. Auch könnten die inneren Abläufe beim Versiegen der Aggressivität der Buntbarsche, bei der mit zunehmendem Nahrungsmangel sinkenden Arbeitsintensität und beim Versiegen der Betreuungsbereitschaft der Rhesusaffen-Mutter ganz unterschiedlicher Art sein. Wichtig ist nur festzuhalten: Während eine *kurz*dauernde Nichtbefriedigung einen Antrieb in der Regel ansteigen läßt – möglicherweise bis zum Ausbruch in einer Leerlaufhandlung –, kann *lang*dauernder Nichtgebrauch eines angeborenen Verhaltens dessen innere Kraftquelle versiegen lassen.

Besonders umfassend ist der Rückgang der Antriebs-Intensität bei höheren Tieren, wenn sie eines Partners beraubt werden, an den sie individuell eng gebunden waren – vor allem, wenn Tierkinder ihre Mutter oder wenn erwachsene Tiere, soweit sie in individueller Einehe leben, ihren Ehepartner verlieren. Die Verminderung der Antriebe kann damit zusammenhängen, daß das alleingebliebene Tier unablässig nach dem verlorenen Partner sucht und daß dieses Verhalten alles andere verdrängt. – Hat ein Gössel seine Familie verloren, so rennt es suchend umher und »weint« dabei; in den ersten Lebenstagen läuft es auf jede Gans zu, die ihm begegnet. Fremde Gänse beißen nach dem Gössel, so daß es ausweicht und weitersucht. Während des Suchens vernachlässigt es alle lebensnotwendigen Tätigkeiten wie Fressen, Putzen, Schlafen, so daß es, wenn es seine Eltern nicht wiederfindet, zugrunde geht.

Hat eine Graugans-Ehe jahrelang bestanden und geht einer der Ehepartner zugrunde, so ändert sich das Verhalten des überlebenden Tieres von Grund auf: Es fliegt und schwimmt rufend und suchend umher, nimmt keine Körperhaltung mit straff angelegtem Gefieder mehr ein und hat die Augen oft halb geschlossen. Sein Ernährungs- und Gesundheitszustand verschlechtert sich. Die Farbe der Beine und Füße wird blasser, wohl als Symptom eines abnehmenden Sympathikotonus, und das Tier verliert seine frühere Stellung in der Rangordnung der Schar, zu der das Paar gehörte[1].

Ein spezieller Aspekt des Antriebsverlustes bei Tierkindern, die ihre gewohnten Betreuer entbehren müssen oder in eine ungewohnte Umgebung kommen, besteht darin, daß sie ihre andressierte Zimmerreinlichkeit verlieren[2].

B. Nachteilige Auswirkungen von Lernprozessen

B 1. Überforderungskrisen

Von PAWLOW stammt das folgende wohlbekannte Beispiel: Ein Hund hatte gelernt, daß ein Kreis »Futter« anzeigte, eine Ellipse (Achsenverhältnis 2:1) »kein Futter«. Dem so vorbereiteten hungrigen Tier wurde dann eine kreisähnliche Ellipse (Achsenverhältnis 9:8) geboten, die gestaltlich *zwischen* dem Kreis und der erlernten Ellipse stand. Hierdurch wurde bei dem Hund ein Verhalten ausgelöst, das nie zuvor beobachtet worden war: Er jaulte und winselte, versuchte zu entkommen und biß in alle Gummischläuche, die er von seinem Platz aus erreichen konnte. Tags darauf bellte er aufgeregt, als er in den Versuchsraum geführt wurde, und er konnte nicht mehr ausführen, was er früher erlernt hatte und zuvor sicher hatte reproduzieren können. – Derartige Überforderungskrisen werden auch als »experimentelle Neurosen« bezeichnet. Als Ursache nimmt man einen Konflikt zwischen zwei Verhaltenstendenzen an – hier zwischen den beiden einander entgegengesetzten Impulsen, zum Futter zu gehen und dies zu unterlassen, welche durch die ambivalente Versuchsanordnung zugleich ausgelöst wurden.

Unter den Ausdrucksformen der Überforderungskrisen dominieren Verhaltensweisen aus dem Bereich der Aggressivität und der Angst: Ein Elefant war ein Vierteljahr lang auf visuelle Musterunterscheidung dressiert worden, wobei ihm stets ein positiv (Futter) und ein negativ bewertetes Muster vorlagen. Als er dann einmal Muster nach einem anderen Schema vorgelegt erhielt (negativ gegen neutral), geriet er in Aufregung und begann wütend, die Versuchsanordnung zu zertrümmern[1]. – Dieses Beispiel zeigt eine durch Konflikt ausgelöste *Aggression*; das folgende zeigt eher die Tendenz zum Vermeiden, also wohl *Angst*, und zwar in diesem Fall aufgrund einer Überforderung der Leistungsfähigkeit der Versuchstiere: *Schafe* bekamen einen elektrischen Strafreiz in eines ihrer Vorderbeine, wenn sie es nicht auf ein akustisches Signal hin

(Metronom) anhoben. Unterwarf man die Tiere dieser Prozedur nur wenige Male nacheinander, so blieben sie ruhig, hoben jeweils das Bein und vermieden so die elektrischen Schläge. Überforderte man die Tiere jedoch durch zu langdauernde
Tests, so wurden sie unruhig, bewegten das Bein regellos und
hastig, blökten und gaben Kot und Urin ab[1].

B 2. Auswirkung chronischer Konfliktsituationen: Rituale, Fehlreaktionen und körperliche Symptome

Ratten wurden darauf dressiert, gegen aufrecht stehende Karten zu springen. »Positiv« zu bewertende Karten klappten dabei um, und die Ratte landete auf einem Futterplatz; die »negativen« Karten waren befestigt, so daß sich die Ratte daran
stieß und herunterfiel. Die beiden Karten hatten verschiedene
Muster. Wurde die Belohnung stets bei dem selben Muster
oder stets auf der gleichen Seite (rechts oder links) gegeben,
so lernten die Ratten dies schnell. Wurde die Belohnung aber
regellos zwischen den Mustern und zwischen rechts und links
vertauscht, so weigerten sich die Ratten bald, überhaupt zu
springen. Wurden sie durch einen elektrischen Strafreiz dann
doch zum Springen gezwungen, so legten sie sich auf eine der
beiden Seiten oder auf eines der beiden Muster fest – unabhängig davon, ob von nun an eine Korrelation zwischen den
Seiten oder Mustern und den Belohnungen eingehalten wurde
oder nicht[2]. – Hier erfolgte also in der dauernd wiederholten
Konfliktsituation eine Fixierung im Verhalten, die nicht durch
äußere Umstände gerichtet war (z. B. nicht durch Belohnung). Hierin könnte man den Beginn einer Erstarrung von
Verhaltensweisen im Rahmen chronischer Konfliktsituationen sehen.

Katzen wurden darauf dressiert, durch einen Knopfdruck
Nahrung zu erhalten. Nachdem sie mehrere Monate daran gewöhnt waren, wurde mit der Belohnung ein an sich ungefährlicher, aber störender Reiz gekoppelt: z. B. ein plötzlicher
Luftstrahl gegen die Schnauze oder ein schwacher elektrischer
Schlag durch den Körper über die Füße. Das Tier sprang zu-

rück, kam zögernd wieder. Einige Male wurde es nicht gestört, dann aber wieder einmal usf. Nach ein paar Tagen entstanden daraufhin allgemeine Fehlverhaltensweisen: Furcht vor Gegenständen, die mit der Schocksituation gar nichts zu tun hatten, Erschrecken bei harmlosen Reizen, reaktive Aggression bei jeder Versagung, Verlust der Rangstellung in der Gruppe. Auch körperliche Symptome ließen sich beobachten: beschleunigter Herzschlag, gefüllter Puls, erhöhter Blutdruck, Aufrichten der Haare, Schwitzen, Zittern, Verdauungsstörungen, Speichelfluß, Harnabgang, Asthma, sexuelle Impotenz u. a.[1]. Hier entwickelten sich bisweilen auch *Rituale*: Ein Hund, der wie oben beschrieben behandelt worden war, steuerte sein Fressen nie an, ohne sich zuvor dreimal linksherum zu drehen und den Kopf zu beugen[2].

Auch *Schafe*, die man chronisch neurotisierenden experimentellen Einflüssen – ähnlich wie im vorigen Abschnitt beschrieben – unterworfen hatte, zeigten das Phänomen: Von der speziellen belastenden und störenden Situation ausgehend, wurde allmählich das ganze Verhalten von anomalen Verhaltensfaktoren durchsetzt. Die Tiere reagierten auf normale Geräusche der Nacht, welche die übrigen Schafe nicht störten, mit Schreck, Erwachen und beschleunigtem Puls; wurde die Herde von Hunden angegriffen, so liefen die verhaltensgeschädigten Tiere nicht mit der Herde fort, sondern einzeln in andere Richtungen, oder sie waren unfähig zu fliehen. Als eines dieser Schafe ein Junges gebar, konnte es dieses nicht säugen[3].

Auch organische Leiden wurden bei Tieren als Folgen von chronischer Belastung durch Konflikte festgestellt: Ekzeme bei Hunden[4], Magengeschwüre bei Affen und Ratten[5], Hypertrophie der Nebenniere mit Todesfolge bei Ratten[6].

B 3. Traumatische Wirkung einzelner Vorfälle

Bisweilen kann auch die Wirkung eines einzelnen Vorfalls im Dasein eines Tieres so schwerwiegend sein, daß sich die Spuren davon während des ganzen späteren Lebens nicht mehr verwischen. Ein Foxterrier war von einem weißen Sportwagen überfahren worden, aber mit dem Leben davongekommen; später warf er sich *hinter* alle weißen Sportwagen, die er sah, auf den Boden und jaulte, als sei er wieder überfahren worden. – Ein anderer Hund war einmal auf der Jagd angeschossen worden; seitdem zog er, sobald er einen Schuß hörte, eines seiner Beine an den Körper und lief eine Zeitlang auf drei Beinen[1].

Auch im Bereich des Sexualverhaltens können einzelne Vorfälle das Verhalten im ganzen späteren Leben beeinflussen: Vor allem können negative Erfahrungen beim ersten Versuch eines Sexualaktes die spätere partielle oder vollständige Impotenz des betreffenden Tieres nach sich ziehen. Diese Gefahr ist Tierzüchtern wohlbekannt; deswegen achten sie bei zur Zucht bestimmten männlichen Tieren darauf, daß der erste Deckversuch mit einem Weibchen erfolgt, das den Versuch nicht durch Abwehr mißlingen läßt.

In Südamerika wachsen die künftigen Arbeits- und Reitpferde in so gut wie wildem Zustand in der Herde auf. Die »Zähmung« dieser Tiere, die sie zum Dienst für den Menschen geeignet machen soll, geht in *einem* Schritt vor sich. In einer vom Mitteleuropäer als beispiellos roh empfundenen Weise wird das Pferd im Kampf gegen einen Reiter, den es abzuwerfen versucht, so lange immer wieder erneut zum Widerstand aufgestachelt und dann niedergezwungen, bis es sich schließlich ohne Gegenwehr das Zaumzeug anlegen läßt. Die Erfahrung, trotz Aufbietung aller verfügbaren Leistung völlig unterlegen zu sein, hat zur Folge, daß das Tier sich sein ganzes weiteres Leben hindurch nie mehr gegen seine Bezwinger auflehnt. Dieses sogenannte »Brechen« der Pferde ist, vom Standpunkt der Tiere aus gesehen, ein Trauma, das sie für ihr ganzes Leben der Selbständigkeit des Verhaltens, vor allem jedes Kampfverhaltens, beraubt und sie zu einem gefügigen Werkzeug des Menschen macht.

B 4. Irrwege bedingter Aktionen

Der Lernprozeß der bedingten Aktion ist in freier Natur für die Lebewesen wohltätig: Wenn Verhaltenselemente eine Antriebsbefriedigung nach sich ziehen, so werden sie in Zukunft gerade dann wiederholt, wenn der betreffende Antrieb erneut aktiviert ist und der Befriedigung bedarf. – Man kann aber im Experiment künstliche Umweltbedingungen für Tiere schaffen, in denen sich diese Fähigkeit pervertiert und die Tiere zu sinnlosen oder gar für sie selbst verhängnisvollen erlernten Verhaltensweisen veranlaßt. Wären die Tiere unfähig zu lernen, so würden sie diese Situationen besser bestehen. – Es folgen drei Beispiele für solche künstlich hervorgerufenen »Irrwege bedingter Aktionen«; die ersten beiden von ihnen enthalten zusätzlich das Lernelement der bedingten Appetenz, also ein Lernen neuer auslösender und richtender Reize.

Überhöhtes Belohnen schnellerer Tätigkeit. Zu den beststudierten bedingten Aktionen gehören die Lernvorgänge aufgrund von unterschiedlichen »Belohnungsfolgen«[1]. Unter Verwendung automatischer Steuerungsapparaturen gibt man beispielsweise einer Taube jeweils ein Korn, nachdem sie dreimal an einen Auslöseknopf gepickt hat (»fixed ratio« = feste Verhältnis-Folge); oder sie bekommt je eine Belohnung beim ersten Picken nach 10 sec seit der letzten Belohnung (»fixed interval«); oder immer nur dann, wenn sie nach dem letzten Picken eine Pick-Pause von einer bestimmten Mindestdauer, z. B. 60 sec, eingelegt hat (»differential reinforcement of low rates« = Belohnung langer Tätigkeitspausen). Die Tauben erfassen die gegebenen Verhältnisse gewöhnlich recht schnell und lernen es, kürzere oder längere Verhaltenspausen einzulegen, wodurch sie jeweils zum Maximum an Belohnungen kommen. Ganz ähnlich reagieren Affen, Menschenaffen und sogar Bienen[2]. Man kann nun die Belohnungssteuerung auch so einrichten, daß *schnellere* Tätigkeit in *überhöhter* Weise, d. h. mehr als proportional, belohnt wird (»differential reinforcement of high rates«). In der Tat beschleunigen die Tiere daraufhin ihr Arbeitstempo bis zur Grenze ihrer körperlichen Leistungsfähigkeit. Dieser Lernprozeß ist unausweichlich; er spielt sich nämlich auch dann ab, wenn die Belohnungen, die sich die Tiere auf diese Weise erarbeiten, weniger einbringen als den Energieaufwand für diese Tätigkeit – wenn also die Tiere wegen ihrer eigenen Tätigkeit trotz der Belohnungen schneller verhungern würden, als wenn sie gar nichts täten. Diese Tiere wären also verloren, wenn man sie nicht außerhalb der Versuchsanordnung noch zusätzlich füttern würde. Die spezielle Strategie ihrer Umwelt – überhöhtes Belohnen beschleunigter Tätigkeit – veranlaßt sie also dazu, mit selbstzerstörerischer Geschwindigkeit zu arbeiten.

Selbstbelohnung durch Gehirnreizung. In freier Natur trägt das Verhalten der Lebewesen dazu bei, ihre Existenz zu sichern. Voraussetzung dafür ist, daß die Erfüllung der Lebensnotwendigkeiten (z. B. Nahrungsaufnahme) als *angenehm* empfunden wird und dadurch zur Wiederholung dieses Verhaltens drängt. Für die Verhaltenssteuerung bedeutet das: Erfüllen der Lebensnotwendigkeiten und individuelle Befriedigung (= positive Valenz der Signale) müssen miteinander gekoppelt sein. – Das Experiment der *elektrischen Gehirnreizung* ist aber fähig, diese Koppelung aufzuheben. Man kann die Elektroden an solche Stellen des Gehirns versenken, wo die künstlichen elektrischen Impulse gerade denjenigen Signalen entsprechen, die sonst die Erfüllung von Lebensbedürfnissen melden. Damit läßt sich den Tieren die entsprechende Befriedigung vermitteln, ohne daß den zugehörigen wirklichen Erfordernissen genügt wird. Die Tiere werden also experimentell getäuscht. Der amerikanische Forscher J. OLDS[1] kam nun als erster auf die Idee, den Versuchstieren die Möglichkeit zu geben, selbst die Bedienungstaste für ihre eigene Gehirnreizung zu betätigen. Damit war ein verhängnisvoller Wirkungskreis geschlossen: Die Tiere konnten *lernen*, wie sie sich befriedigen konnten, ohne die sonst dazu notwendigen Handlungen auszuführen. Das Erwartete trat ein: Die Tiere konzentrierten sich mehr und mehr auf das Bedienen der Taste, vernachlässigten ihre tatsächlichen Lebensnotwendigkeiten und wären verloren gewesen, hätte man sie nicht durch künstliche Hilfen am Leben erhalten. Das Entkoppeln von lebens-

notwendigem Verhalten und resultierender Befriedigung
konnte die Tiere gleichsam süchtig machen.

Bedingte Aktionen durch vorgespiegelte Belohnung. In den
beiden vorangehenden Beispielen waren die künstlichen, für
die Tiere verhängnisvollen Umweltbedingungen recht auf-
wendig: eine Steuerungsapparatur, die eingehende Signale
»überproportional« bewertet, bzw. die vom Tier selbst be-
dienbare elektrische Gehirnreizung. Fast noch unheimlicher
mutet es aber an, daß sinnlose Lernvorgänge auch durch Um-
welteigenschaften hervorgerufen werden können, die gar
nicht vom Tier selbst mitgesteuert werden, sondern nur die
Strategie befolgen, daß sie monoton gesetzmäßig ablaufen.
Ein berühmt gewordenes Experiment stammt vom Entdecker
der bedingten Aktionen, B. F. SKINNER; es gilt zugleich als eine der besten Demonstrationen für dieses Lernprinzip[1]:

Je eine Taube wird in eine Kiste gesetzt, in der genügend
Wasser und Körnerfutter zum Überleben zur Verfügung stehen. Die Körner fallen jedoch in gleichmäßigen Zeitabständen von ein paar Sekunden in den Käfig hinein. Nach dem
Einsetzen in die Kisten vollführen die Tauben irgendwelche
Tätigkeiten; sie laufen herum, erkunden die Wände, picken
da und dort oder putzen sich. Wenn das erste Korn fällt, haben sie gerade irgendeine dieser Körperbewegungen hinter
sich, die nun scheinbar durch das Korn belohnt wird. Wenn
das Tier daraufhin nach dem Prinzip der bedingten Aktion
diese belohnte Körperbewegung erneut durchführt, so wiederholt sich auch die »Belohnung« – wenn auch nur, weil die
Körner regelmäßig in festen Zeitabständen in den Käfig fallen. Auch weiterhin belohnt sich auf diese Weise für die Taube das stete Wiederholen ihrer ersten Bewegungen. Für die
Tiere führt das auf die Dauer zur festen Koppelung zwischen
irgendeiner ihrer Bewegungen und dem Antrieb zur Nahrungsaufnahme. In der Tat lernt in diesem Versuch jede der
Tauben ein anderes Verhaltenselement – Kopfbeugen,
Rechts- oder Linkswendung, eine Putzbewegung – das sie
dann pausenlos wiederholt, obwohl das sinnlos ist, weil keines
dieser Verhaltenselemente in Wirklichkeit etwas mit dem Erscheinen der Nahrung zu tun hat. Aber das erfassen die Tau-

ben ja nicht. Würden sie darüber sprechen können und ihr Verhalten begründen, so würde man sie »abergläubisch« nennen. Doch handelt es sich in Wirklichkeit um einen durch die Umwelt der Tiere hervorgerufenen zwangsläufigen Lernprozeß der bedingten Aktion.

Erlernte Manipulation am eigenen Körper. Ein letztes Beispiel soll dartun, daß biologisch sinnlose Lernprozesse nach dem Prinzip der bedingten Aktion auch ohne besondere künstliche Versuchsanordnungen möglich sein können. An weiblichen Affen im Zoo, z. B. Javamakaken, beobachtet man gelegentlich folgendes: Mit zwei Fingern melken sie ihre eigenen Saugwarzen ab und richten den entstehenden Milchstrahl geschickt in ihren geöffneten Mund hinein. Falls sie das häufig tun, ziehen sie dadurch sogar die Laktationszeit in die Länge und verhindern damit indirekt (über Hormonwirkungen) den erneuten Eintritt in den Brunstzyklus. Daß dieses erlernte Verhalten längere Zeit aufrechterhalten bleibt, liegt an dem Belohnungscharakter des Genusses der Milch aus den eigenen Milchdrüsen. Wie dieses Beispiel lehrt, kann die Manipulation am eigenen Körper (Retrojektion) zu einer erlernten und häufig wiederholten Verhaltensweise werden, falls sie eine Empfindung mit positiver Valenz hervorruft.

C. Beeinträchtigte Verhaltensentwicklung

C 1. Entwicklungsverlangsamung
und Entwicklungsrückschritte:
Retardation und Regression

Es gibt Bedingungen, unter denen sich die Verhaltensentwicklung eines Tieres verlangsamt (Retardation), zum Stillstand kommt oder sogar rückwärts geht (Regression).

Erhaltenbleiben kindlichen (infantilen) Verhaltens bei Unmöglichkeit des entsprechenden Erwachsenenverhaltens. Ein in einem Zoo gehaltener weiblicher *Häher* hatte durch einen Unfall seinen Schnabel verloren und war gänzlich auf die Fütterung durch andere Vögel angewiesen. Dieser Vogel behielt zwei Jahre lang das Betteln, also das Ernährungsverhalten des Jungvogels, bei und wurde daraufhin auch von seinem Käfiggenossen, einem Haubenstärling, gefüttert[1]. Entsprechendes ist auch in freier Natur, z. B. in Vogelkolonien, beobachtet worden. Infantiles Verhalten kann also länger überdauern, falls es unter besonderen Umständen lebensnotwendig ist.

Verzögerte Verhaltensentwicklung durch verlängertes Auslösen von Jugendverhalten. Nicht nur durch die Unmöglichkeit des Erwachsenenverhaltens, sondern auch durch verlängertes Auslösen des Jungenverhaltens kann sich die Verhaltensentwicklung verzögern. Ein Beispiel: In einem Experiment wurden zwei Gruppen von jungen Staren gebildet, denen dauernd genügend Futter zum Selbstfressen zur Verfügung stand. Die eine Gruppe wurde im Alter von dreieinhalb bis vier Wochen fast ganz sich selbst überlassen und nur noch einmal täglich geatzt; diese Tiere waren also gezwungen, sich selbst den größten Teil ihres Futters zu suchen. Die zweite Gruppe wurde vom menschlichen Pfleger durchschnittlich alle ein bis zwei Stunden in den geöffneten Schnabel hinein gefüttert. Das Ergebnis war folgendes: Bei den täglich nur einmal geatzten Vögeln, die sonst immer allein waren und selbständig fressen mußten, erlosch das Betteln viel früher als bei den anderen, die das Sperren mehrere Wochen länger beibehielten. Die

Dauer der Wirksamkeit des kindlichen Antriebs zum Betteln erwies sich also als abhängig von der Dauer der elterlichen Fürsorge. Je länger diese andauerte, um so stärker wurde die Verselbständigung hintangehalten[1]. Die Schweizer Zoologin Monika MEYER-HOLZAPFEL, die diese und ähnliche Experimente durchführte, bemerkte im Anschluß an die Schilderung ihrer Versuche: »Ein Vergleich mit verwöhnten, lange behüteten Menschenkindern drängt sich auf . . . Die Triebe, die auf Verselbständigung hintendieren, werden bei ihnen nicht aktiviert.«

Rückschritte der Verhaltensentwicklung durch vorübergehendes Verlassensein. Ein 36 Tage altes Rhesusaffen-Kind mußte von seiner Mutter getrennt werden. Nach drei Tagen wurde es zurückgegeben. Daraufhin zeigte das Jungtier ein viel ausdauernderes Anklammern an die Mutter, als es dieser Altersstufe gemäß ist, und dieses übersteigerte Kontaktverhalten hielt einen weiteren Monat an. Selbst wenn solche Trennungen von Mutter und Kind erst 6 Monate nach der Geburt erfolgen, folgt darauf eine erneute frühkindliche Kontaktphase[2]. Hier wird also der Prozeß des Selbständigwerdens dadurch zurückgeworfen, daß das Tierkind in einer Entwicklungsphase allein gelassen wird, in der es noch auf den schützenden Mutterkontakt angewiesen ist. Dieser Zusammenhang ist in vielen Versuchen gründlich untersucht und immer wieder bestätigt worden[3].

C 2. Fehlprägung

Vorgänge der Prägung sind am besten bei Vögeln und Säugetieren bekannt. Für viele Jungtiere der genannten Tierklassen wird durch Prägung festgelegt: 1. wer als Elternkumpan und 2. wer als Geschlechtskumpan angenommen wird. Da bei diesem Vorgang Information von außen her aufgenommen und dann gespeichert wird, ist hier auch die Möglichkeit für abweichende Information und deren Wirksamkeit gegeben. In freier Natur hat man so etwas kaum jemals beobachtet; um so mehr hat man Tieren im Experiment abweichende Information geboten und das Ergebnis beobachtet. Dabei entwickelten sich Tiere mit fehlgerichtetem Verhalten, das sie in freier Natur unfähig zum Überleben oder zur normalen Paarbildung gemacht hätte.

Das junge Gänschen Martina, das kurz nach dem Schlüpfen als erstem lebenden Wesen Konrad Lorenz begegnete und daraufhin sein ganzes Leben lang an ihn gebunden blieb, hat weltweiten literarischen Ruhm erlangt[1]. Eine ähnliche Eltern- oder Nachlaufprägung auf den Menschen oder auf Tiere einer anderen Art hat sich bei vielen (besonders nestflüchtenden) Vögeln und bei vielen Säugetieren, z. B. bei Schafen, Pferden, Hunden und Eisbären, erzielen lassen[2].

Auch die sexuelle Prägung, die wohl meist in einem späteren Alter als die Elternprägung erfolgt, läßt sich unter experimentellen Bedingungen auf andere Partner als gegengeschlechtliche Artgenossen lenken. Von Vertretern zahlreicher Tierarten wurde berichtet, daß sie nach isolierter Aufzucht durch den Menschen später nur diesen (oder einen Teil von ihm, z. B. die Hand) anbalzten oder zu begatten versuchten, z. B. Haushuhn, Dohle, Rohrdommel, Purpurreiher, Gimpel[3]. Zu einem eigentümlichen Auseinanderfallen des Sexualverhaltens im Hinblick auf die Antriebsziele kann es kommen, wenn unter den auslösenden Reizen einige den Charakter von *Schlüssel*reizen haben, die zu einem *angeborenen* auslösenden Mechanismus passen, andere aber auf *geprägte* Reizkombinationen ansprechen. So richtete ein menschengeprägter Truthahn seine *Balz* allein auf den Menschen, während er weibliche Tiere der eigenen Art oder ähnlich gestaltete Attrappen *zu begatten* versuchte[4].

Rehböcke, die in der Brunftzeit Menschen angreifen und sie dabei eventuell schwer verletzen können, sind vermutlich in der Regel handaufgezogene Tiere, die nach ihrer Kindheit in die Freiheit entlassen wurden. Sie sind sexuell fehlgeprägt und sehen zur Brunftzeit im Menschen einen sexuellen Rivalen, den sie nach Rehbockart mit gesenktem Gehörn angreifen.

Tiere, deren Geschlechtspartner durch Prägung festgelegt wird, kann man im Experiment für das ganze Leben nicht nur auf Tiere anderer Arten, sondern auch – statt auf den gegengeschlechtlichen Artgenossen – auf den *gleichgeschlechtlichen*

Artgenossen prägen. Dies ist besonders eingehend an der Stockente untersucht worden: Werden männliche Küken der Stockente in gleichgeschlechtlichen Gruppen aufgezogen und dabei bis zu einem Alter von 75, besser von 100 Tagen von anderen Enten abgeschirmt gehalten, so sind diese Tiere hierdurch auf Männchen der eigenen Art geprägt. Sie bilden dann bei freier Wahl trotz zahlreich verfügbarer Weibchen nur Paare mit anderen Männchen. Dabei übernimmt keiner der Partner die Rolle des Weibchens: Bei der Balz und der Einleitung der Paarung zeigen beide männliches Verhalten; zur eigentlichen Paarung kommt es dann nicht, weil das Zusammenspiel jeweils in dem Augenblick abbricht, in dem eines der Tiere die weibliche Rolle übernehmen müßte[1].

C 3. Fehlender Elternkumpan

Tiere, bei denen zum normalen Aufwachsen die vorübergehende Bindung an einen Elternkumpan, meist an das Muttertier, gehört, entwickeln langdauernde oder irreversible Störungen ihres Verhaltens, falls sie diesen Kontakt entweder dauernd oder vorübergehend entbehren müssen. Tiere, die von vornherein ohne Eltern und Gefährten aufgezogen werden, bezeichnet man als »Kaspar-Hauser-Tiere«. Bei diesen Tieren ist die Prägungsperiode für das Knüpfen einer Bindung zu Elterntieren vorübergegangen, ohne daß eine Prägung möglich war. Gleichartige oder ähnliche Störungen des Verhaltens stellen sich ein, wenn zwar eine Prägung auf ein Muttertier erfolgte, dieses dann aber von dem Jungtier getrennt wird. Im folgenden werden beide Situationen gemeinsam abgehandelt.

Man kann Graugans-Junge als Kaspar-Hauser-Tiere in einer Kiste aufziehen, in der sie stets genug Nahrung und Wasser finden und in der durch eine Wärmelampe für geeignete Temperatur gesorgt ist. Diese Tiere sind – im Vergleich zu den gemeinschaftlich aufgezogenen – schweigsamer. In fast allen Lebenssituationen sind sie weniger aktiv – *außer im Fluchtverhalten*: Schon auf geringste fluchtauslösende Reize reagieren sie mit heftiger Flucht und intensivem Verlassenheitslaut. Als erwachsene Tiere in eine Schar normal aufgezogener Graugänse entlassen, bleiben sie stets scheu und sind unfähig, durch Obsiegen in einer sozialen Auseinandersetzung einen höheren Platz in der Rangordnung zu erreichen. Sie nehmen stets die Unterwürfigkeitshaltung ein[1].

Im Verhalten aller betreuungsbedürftigen, aber mutterlos aufwachsenden Tiere dominiert übersteigertes Fluchtverhalten, vielfach einschließlich der Aggressivität im Sinne der »kritischen Reaktion«. Ein Beispiel hierfür liefert das 5½ Wochen lang isoliert aufgezogene Rhesusaffenbaby, von dem bereits in Abschnitt A 4 die Rede war. Es wurde gegen ein gleichaltriges Junges ausgetauscht, das von seiner Mutter aufgezogen worden war. Das Kaspar-Hauser-Tier ließ sich von der vorgesehenen Pflegemutter nicht zur Kontaktaufnahme bewegen, obwohl sich diese vier Tage lang intensiv darum bemühte. Das Jungtier rollte sich zusammen und schrie, wenn es berührt wurde; es war zu keinem Verhalten außer den Angstreaktionen fähig[2].

Wie ist das Überwiegen der Angst bei isoliert aufgezogenen Jungtieren zu erklären? Es gibt bei Tieren zwei Arten von Fluchtverhalten: 1. ein Sich-Abwenden und Wegstreben von der Gefahrenquelle (eine »negative Taxis«), 2. ein Sich-Zuwenden und Hinstreben zu einem schützenden Ort, z. B. zur eigenen Höhle. Im ersten Fall ist das Antriebsziel (der antriebsbedingte Ruhezustand) erreicht, wenn die Gefahr außer Reichweite ist; im zweiten Fall, wenn der schützende Ort erreicht ist. Jede Flucht eines Jungtiers, das an einen betreuenden erwachsenen Artgenossen gebunden ist, gehört zur zweiten Kategorie: Die angestrebte, die Bedürfnisspannung befriedigende Situation ist die Anwesenheit beim schützenden Muttertier. Diese Situation ist nun für alle nicht geprägten Lebewesen nirgendwo erreichbar, weil es für sie den individuell bekannten schützenden Kumpan nicht gibt. Für das prägemutterlose Tierjunge oder Kind bleibt bei Angst nur die Flucht »weg von der Gefahrenquelle«, nicht mehr »hin zur Prägemutter«. Angst ohne wahrgenommene Gefahrenquelle führt zum ziellosen panischen Hin und Her oder zu Schock und Bewegungsunfähigkeit.

Das beschriebene Sich-Selbst-Umarmen und Sich-Hinkauern auf den Käfigboden ist die regelmäßige Körperhaltung von mutterlosen Rhesusaffen-Kindern. Die Tiere suchen gleichsam Geborgenheit bei sich selbst. Das gleiche Verhalten zeigen solche Jungtiere, die an sich mit ihrer Mutter aufwachsen, aber vorübergehend von ihr getrennt wurden. Ein solches Sich-Selbst-Umarmen zeigen Rhesusaffen-Kinder *nicht*, wenn ihnen eine mit rauhem Tuch bespannte Mutter*attrappe* zur Verfügung steht; an diese klammern sie sich an – vor allem, wenn Gefahr droht. Dies ist eine Aktion am Ersatzobjekt. Eine Attrappe *ohne* rauhes Tuch oder Fell ist zum Ersatzobjekt nicht geeignet, auch wenn an ihr die Nahrungsquelle für das Jungtier angebracht ist: Sie hat so wenig »Geborgenheitsqualität« für die kleinen Rhesusaffen, daß diese sich *vor* die Attrappe auf den Boden legen und sich selbst mit den Armen umschlingen[1].

An älteren mutterlos aufwachsenden Rhesusaffen-Kindern beobachtet man folgende Verhaltenseigentümlichkeiten: monotones periodisches Zucken und Schaukeln (Stereotypien), keine oder wenig Aufmerksamkeit gegenüber anderen Lebewesen, Ins-Leere-Starren, Lutschen an Händen (Daumen) und Füßen, Beißen in den eigenen Arm etc., und dies alles verstärkt bei angstauslösenden Ereignissen. Werden sie älter, so machen sie einen depressiven Eindruck, interessieren sich nicht für die Umwelt, bewegen sich kaum, und wenn, dann langsam wie in Zeitlupe. Vor gleichaltrigen Gefährten, die man zu ihnen setzt, haben sie lange Zeit Angst. Haben sie diese Angst schließlich verloren, so reagieren sie doch kaum je auf deren Aufforderung zum Spielen[2]. Auf diese Weise gehen ihnen zusätzlich auch noch alle diejenigen Entwicklungsmöglichkeiten des Verhaltens verloren, die bei normalem Aufwachsen durch das Spielen mit Gleichaltrigen und mit Erwachsenen gewonnen werden.

C 4. Spätere Folgen isolierter Aufzucht

Werden erwachsene Graugänse, die als Kapsar-Hauser-Tiere hatten aufwachsen müssen, zu einer Schar von Graugänsen mit normalem Verhalten gesellt, so benehmen sie sich auf eigenartige Weise »taktlos«; sie beachten nicht die »ungeschriebenen Gesetze« des sozialen Zusammenspiels und erfahren daher fortwährende Zurückweisung: Graugänse werben mit einer bestimmten Gebärde (»Winkelhals«) um sozialen Anschluß. Diese Verhaltensweise besitzen auch die Kaspar-Hauser-Tiere; sie üben sie sogar häufiger aus als sonstige Graugänse. Aber sie gehen damit immer wieder an Scharmitglieder heran, die in ihrer gerade ausgeübten sozialen Rolle gar nicht auf solche Annäherungsversuche reagieren können, z. B. an solche, die sich gerade inmitten ihrer Schar aufhalten, oder an solche, die sich in der Phase der Werbung befinden. Das Verhalten der isoliert aufgezogenen Vögel ist also nicht an die soziale Situation angepaßt, und die Tiere sind nur unzureichend in der Lage, diese Anpassung nachzuholen[1].

Gestörtes Lernvermögen. Eine häufige Folge isolierter Aufzucht besteht darin, daß die Tiere kaum oder gar nicht fähig sind, aufgrund von Erfahrungen ihr Verhalten zu ändern. Ein Beispiel: Vom 1. bis 8. Lebensmonat isoliert gehaltene junge Hunde vermieden im Durchschnitt erst nach 25 schlechten Erfahrungen ein Spielauto, bei dessen Berührung sie einen elektrischen Schock erhielten, während normal aufgewachsene dazu nur 6 Erfahrungen brauchten. Das hing damit zusammen, daß die zuvor isoliert gehaltenen Tiere nach einem solchen elektrischen Reiz in panische Angst gerieten, wild herumliefen und dabei leicht wieder das Spielauto berührten; die normal aufgewachsenen Tiere waren in dieser Situation gar nicht aufgeregt und reagierten daher viel sinnvoller[2]. Wie diese Beschreibung andeuten soll, ist durch die isolierte Aufzucht nicht das Lernvermögen an sich beeinträchtigt; sondern die Angst ist so groß, daß sich keine Lernbereitschaft einstellt oder daß das Erlernte keinen Einfluß auf das Verhalten nehmen kann.

Gestörtes Sexualverhalten. Rhesusaffen, die von der Geburt an mutterlos – ohne oder mit Mutterattrappen – aufwuchsen, sind in ihrer Sexualentwicklung schwer gestört. Bei normalen Tieren sind sexuelle Verhaltenselemente »von Anfang an in die Sozialspiele einbezogen. Nach den Berichten von H. F. HARLOW und Mitarbeitern kam es bei isoliert aufgewachsenen Tieren kaum einmal zu den üblichen heterosexuellen Spielen, selbst wenn sie nach der Isolierung jahrelang bis zur Geschlechtsreife mit Partnern zusammenlebten. Sie zeigten keinerlei Interesse am anderen Geschlecht und wurden in sieben Beobachtungsjahren niemals bei normalem Paarungsverhalten beobachtet. Auch wenn die Weibchen läufig waren, näherten sich die Männchen nicht in normaler Weise. Sie attakkierten vielmehr die Weibchen, und zwar so heftig, daß diese von ihnen getrennt werden mußten, um Verletzungen zu vermeiden. Unter den an Drahtmüttern aufgezogenen Tieren, die dabei am ungestümsten waren, gehörten oft umgekehrt sogar die Weibchen zu den Aggressoren.

Große Schwierigkeiten ergaben sich, als man die isoliert gewesenen geschlechtsreifen Affen mit wild aufgewachsenen Affen zusammenbrachte. Die normalen Tiere stießen auf Unverständnis, wenn sie als Männchen die Paarungsposition einnehmen wollten oder sich als Weibchen in entsprechender Weise präsentierten. Die unerfahrenen isolierten Tiere zeigten sich über die Annäherung der anderen erstaunt und manchmal bestürzt, entzogen sich ihnen und brachten dann allenfalls Kümmerformen ihrer Geschlechtsrolle zustande. Sie benahmen sich so ungeschickt, daß es oft Mißverständnisse gab und sogar die geduldigsten normalen Tiere die ungeschickten schließlich angriffen.

Die an Stoffmüttern aufgezogenen Tiere verhielten sich nur wenig erfolgreicher: Anfangs wurden 18 von ihnen, drei bis fünf Jahre alt, in einen Zoo gebracht, wo sie auf einer Affeninsel unter Artgenossen lebten. Zwar entwickelten die Tiere nach einer gewissen Zeit der Mißverständnisse einige positive soziale Verhaltensmuster, aber das Sexualverhalten war minimal und absolut erfolglos. Die Weibchen blieben unbeweglich, teilnahmslos, starrten ins Leere oder teilten sogar Abwehrbisse aus. Wenn die Männchen ihre Versuche trotzdem fortsetzten, fielen manche Weibchen buchstäblich in Ohnmacht und legten sich flach auf den Boden. Jedenfalls sah keiner der Beobachter je eine echte Paarung.« (Bericht, etwas verändert, von E. SCHMALOHR[1]).

Unfähigkeit zum normalen Umgang mit den Jungen. Nach

langen Bemühungen gelang es, Paarungen zwischen isoliert aufgezogenen Rhesusaffen-Weibchen und erfahrenen Männchen zu erzielen. Als die Weibchen ein Junges gebaren, offenbarten sich neue Störungen. Die Mütter waren unfähig zum normalen Umgang mit den eigenen Jungen. Sie wehrten die Jungen ab, wenn diese sich, wie sonst üblich, an ihrem Leib festhalten wollten; das Kleine klammerte sich dann bisweilen am Rücken des Muttertiers fest. Die verhaltensgestörten Muttertiere behandelten die Kleinen ohne Sorgfalt und Geschick, ja bisweilen sogar grausam, und reagierten dann auch nicht auf deren Schmerzensschreie. Sie machten – anthropomorph gesprochen – einen gemütlosen Eindruck, vor allem wenn man sie mit den normalen Affenmüttern verglich, die ihre Jungen überaus zart und vorsichtig behandeln. – Beim zweiten und dritten Kind kann sich das Verhalten der zuerst grausamen Muttertiere dem normalen Verhalten mehr und mehr annähern[1].

C 5. Aggressives Muttertier anstelle von Spielgefährten

Den in Isolierung aufgezogenen Tieren fehlt der Verhaltenskontakt zum Elternkumpan; zusätzlich entbehren sie aber noch eine weitere Gelegenheit zur Wechselwirkung, nämlich die mit gleichaltrigen Artgenossen (Geschwistern oder Kindern anderer Eltern). Bei den späteren Folgen isolierter Aufzucht kann man daher nicht ohne weiteres wissen, wieweit sie auf dem Fehlen der Mutter oder auf dem Fehlen der Spielgefährten beruhen. Die einzigen, jedoch eindrucksvollen Hinweise in dieser Frage stammen wiederum aus Untersuchungen des amerikanischen Psychologen HARLOW über die Verhaltensentwicklung von Rhesusaffen in Gefangenschaft[1].

Junge Rhesusaffen wurden von ihrer natürlichen Mutter aufgezogen, konnten aber vom 3. bis 7. Lebensmonat keine Spielgefährten kennenlernen; statt dessen blieb jedes Jungtier mit seiner Mutter allein. Gegen Junge dieses Alters sind Muttertiere in der Gefangenschaft jedoch schon vorwiegend aggressiv. Die so aufgewachsenen Rhesusaffen erwiesen sich später als schwer gestört in ihrem Verhältnis zu Artgenossen und kamen zu keinem Sexualverhalten; der entsprechende Antrieb war zwar vorhanden, aber die darauf hinzielenden Situationen führten zu keinem Zusammenspiel der Partner, sondern allein zu gegenseitiger Aggression. Das partnerschaftliche Verhalten der nur mit der Mutter aufgewachsenen Rhesusaffen war beinahe so unzulänglich wie das der völlig isoliert aufgewachsenen Tiere.

In Vergleichsversuchen wurden Rhesusaffen-Kinder ohne Mutter, dagegen mit drei gleichaltrigen Jungen zusammen aufgezogen. Die Jungtiere klammerten sich fortwährend aneinander an. Somit diente ein Tier dem anderen als lebendiger Mutterersatz. Die Verhaltensentwicklung dieser Tiere war verlangsamt: Beispielsweise spielten sie weniger als gleichaltrige, von Muttertieren aufgezogene Junge, sondern blieben in gegenseitiger Umklammerung sitzen; die zum Spielverhalten notwendige Angstfreiheit war nicht gewährleistet, sicherlich weil der von den Altersgenossen gewährte Mutterersatz nicht vollwertig gewesen war. Doch schien das *Ergebnis* der Entwicklung dieser Jungtiere, gemessen an den anderen in Gefangenschaft aufgezogenen Rhesusaffen, so gut wie normal.

Beim Vergleich aller Rhesusaffen-Versuche mit den Verhältnissen beim Menschen muß man jedoch im strengen Sinne kritisch sein: Das Verhaltenssystem des Rhesusaffen ist weniger differenziert als dasjenige des Menschen; und das Aufwachsen der Tiere in Käfigen, die in der Sicht des Verhaltensbiologen für die Bedürfnisse der Tiere viel zu klein sind, schafft von vornherein unnormale Verhältnisse. Auch wird den Tieren vermutlich ein großer Teil derjenigen Fähigkeiten, die sie in ihrer natürlichen Umwelt zum Überleben benötigen, in ihrer gesicherten Käfigumwelt gar nicht abverlangt. Daher können feinere Verhaltensstörungen, die sich erst bei höheren Anforderungen an das Verhalten offenbaren würden, leicht der Beobachtung entgehen. Um so ernster sind daher jedoch die Verhaltensschäden zu werten, die sogar unter Gefangenschaftsbedingungen zutage treten. Die starke Beachtung, die die HARLOWschen Untersuchungen gefunden haben, ist daher berechtigt.

D. Gestörte Verhaltensbeziehungen zwischen Artgenossen

Das Thema dieses Abschnitts sind gestörte Sozialbeziehungen aufgrund von besonderen Verhaltensweisen von Einzeltieren. Eine Fülle von Beispielen hierfür gibt es bei staatenbildenden Insekten. An dieser Stelle sollen jedoch nur Krisen des Soziallebens von Wirbeltieren Behandlung finden.

D 1. Krisen aufgrund von frühzeitiger Teilreifung

Der Weiße Storch ist gewöhnlich erst mit 4 Jahren erwachsen und fähig, Junge aufzuziehen. Zwar kommen schon ein Jahr früher Bruten vor; doch geht ein verhältnismäßig hoher Prozentsatz dieser Jungen vor dem Flüggewerden zugrunde.

Zum Bereich des Fortpflanzungsverhaltens gehört bei männlichen Störchen das Besetzen und das Verteidigen eines Nistplatzes, und zwar *bevor* das Weibchen vom Zug aus dem Winterquartier zurückkehrt. Ein Weibchen gesellt sich dann jeweils einem Männchen zu, das bereits einen Nistplatz im Besitz hat. Jungstörche im Alter von 2 oder 3 Jahren kommen oft später vom Winterzug zurück als die erwachsenen Tiere. In Einzelfällen ist bei männlichen Jungstörchen jedoch ein bestimmter Anteil des Fortpflanzungsverhaltens bereits entwickkelt: das Kämpfen um einen zukünftigen Nistplatz. Dieses Einzelverhalten ist aber noch nicht harmonisch in das Gesamtgeschehen eingefügt. So kommt es immer wieder vor, daß einzelne männliche Jungstörche zu *Brutstörenfrieden* werden: Sie greifen bereits brütende oder Junge aufziehende Paare an, so als ob sie deren Nest erobern wollten. Bei den Kämpfen kommen bisweilen Eier und Jungvögel zu Schaden. Mit einem womöglich erfolgreich besetzten Nistplatz kann ein solcher noch unreifer Vogel dann aber gar nichts anfangen; es kommt weder zur Paarbildung noch zur Brut. – Störche, die sich in dieser Weise abnorm benehmen, sind regelmäßig ein Jahr später normal veranlagte, zur Paarbildung und Jungenaufzucht fähige Erwachsene; die zuvor noch fehlenden Anteile des Fortpflanzungsverhaltens haben dann »aufgeholt«, und der aggressive Reviererwerb ist sinnvoller Anteil des Gesamtsystems der Verhaltensweisen geworden[1].

D 2. Disharmonie zwischen angeborener Verhaltensstruktur und individueller Verhaltensanpassung

In den Kolonien der Silbermöwe leben erwachsene Vögel, jugendliche unreife Tiere und ganz junge Küken auf engem Raum beieinander. Die halbwüchsigen Vögel sind an ihrem noch bräunlich gefleckten Jugendkleid zu erkennen. An Körpergröße und -kraft gleichen sie schon den Altvögeln. Doch stehen sie in der Rangordnung der Kolonie noch unter den Erwachsenen, zumal sie kein Brutrevier besitzen. Dementsprechend nehmen sie dauernd eine geduckte Haltung ein, wobei sie den Kopf auf gleicher Höhe mit dem Körper tragen, den Hals einziehen und den Schnabel waagerecht nach vorn halten. Diese Haltung ist das »negative Gegenstück« zur Drohhaltung; sie drückt dauernde Unterwerfung aus und ist darauf angelegt, keinen Auslöser für einen Angriff seitens eines Artgenossen zu bieten.

Von diesen jugendlichen Möwen spezialisiert sich nun dann und wann ein einzelnes Tier auf eine besondere Nahrung: auf Eier und Küken der eigenen Kolonie. Es nähert sich in Demutshaltung einer Familie mit Jungen und raubt eines von diesen, ohne daß die Eltern es verhindern, in blitzschnellem Vorstoß[2]. Würde ein älterer Vogel einen Jungenraub in der Kolonie versuchen, so würde er infolge seiner andersartigen Körperhaltung schon bei seiner Annäherung die Gegenwehr der schützenden Eltern herausfordern und in einen aussichtslosen Kampf verwickelt werden – aussichtslos, weil die Kampfkraft von Vögeln im eigenen Revier und bei der Verteidigung der eigenen Familie stets größer ist als die Kampfkraft, die für andere Ziele aktiviert werden kann. Die Halberwachsenen aber lösen wegen ihrer Unterwerfungshaltung keine Verteidigung bei den Eltern aus; diese sind gleichsam die Betrogenen. Hier besteht somit ein soziologisches Ungleichgewicht innerhalb der Art: Die Fähigkeit der Silbermöwen, neue Nahrungsquellen zu erschließen, ist so groß, daß sie das kraß sozialparasitische Verhalten möglich macht; und die Beziehungen *zwischen den Angehörigen der verschiedenen Generationen* sind so starr festgelegt und so wenig anpassungsfähig, daß die Elterntiere das antisoziale Verhalten der Jungmöwen ohne wirksame Gegenwehr geschehen lassen müssen.

Es mutet unheimlich an, daß neuerdings bei *Schimpansen* in freier Natur etwas Ähnliches beobachtet wurde[1]: Ein erwachsenes Weibchen und zwei ihrer Söhne raubten im Laufe von etwa 2 Jahren mindestens 3 Säuglinge aus der Obhut ihrer Mütter, töteten sie und verzehrten sie gemeinsam. Auch der Schimpanse ist ein Tier mit ungewöhnlich anpassungsfähigem Verhalten.

D 3. *Disharmonisches Sozialverhalten von Artbastarden*

Nur in seltenen Fällen gelingt es, im Experiment Bastarde aus verschiedenen Arten zu züchten; noch seltener aber hat man das Verhalten solcher Bastarde studieren und es mit dem Verhalten der beiden Ursprungsarten vergleichen können. Wenn es darüber hinaus noch gelingt, die Bastarde der F_1-Generation unter sich zu kreuzen und eine F_2-Generation zu erhalten, so kann man an dieser nach der Merkmalsverteilung die Frage beantworten: Wird das System der Verhaltenssteuerung als Ganzes (als »Block«) vererbt, oder erscheinen bei den Nachkommen die angeborenen Anteile der Verhaltenssteuerung *beider* Herkunftsarten in unterschiedlichen Kombinationen? Erwartungsgemäß scheint stets das letztere der Fall zu sein: So kommen unter den Abkömmlingen aus der Kreuzung zweier nahe verwandten, aber unterschiedlich stridulierenden *Heuschrecken*arten solche Tiere vor, die das angeborene Gesangsmuster der einen Elternart, aber die Reaktionsfähigkeit auf das Gesangsmuster nur der *anderen* Elternart besitzen[2]. Die Verhaltenssteuerung dieser Bastarde ist also in sich äußerst unharmonisch.

Welche Folgen sich daraus für das Sozialleben ergeben können, geht aus Untersuchungen über Bastarde zwischen Zwergpudeln (also Abkömmlingen des Wolfes) und Goldschakalen hervor[1]: Jeder Mischling aus der F_2-Generation ist in seinen sozialen Signalen und seinem Reagieren anders geartet; kaum einer versteht die Gesten eines anderen oder kann sich ihm »verständlich machen«. Als Folge ständig wiederholter sozialer Mißverständnisse steigert sich die gegenseitige Aggressivität, und es bildet sich, wenn mehrere Tiere zusammen gehalten werden, keinerlei geordnetes Sozialgefüge, etwa in Form einer Rangordnung, aus. In der Regel macht sich dann das stärkste Tier durch Aggression gegen alle anderen zum unumschränkten Despoten und unterdrückt die anderen dermaßen, daß sie nicht einmal zur Nahrungsaufnahme kommen. Diese Tiere sind zum Sozialleben nicht mehr fähig und können schließlich nur in Einzelkäfigen überleben. In freier Natur wären sie niemals existenzfähig.

D 4. Soziale Krisen bei Übervölkerung

Im Tierreich gibt es nach heutigem Wissen zwei Mittel, um die Bevölkerungsdichte auch bei Nahrungsüberschuß zu begrenzen:

– die Bindung der Fortpflanzung an den Besitz eines Reviers (Nicht-Revierinhaber kommen nicht zur Paarbildung oder werden sogar getötet); und

– die Drosselung der Nachkommenzahl bei zu häufigen Begegnungen mit Artgenossen, sei es durch Unterdrückung des Sexualverhaltens, durch Einschmelzen schon gebildeter Embryonen, durch geringere Wurfgröße oder sogar (bei Tupajas) durch das Töten von Jungen (Abschnitt II C). Einige Tierarten machen hiervon jedoch eine Ausnahme und neigen zu Massenvermehrungen. Am bekanntesten ist unter den Säugetieren der *Lemming*, eine in den Tundren von Nordeuropa und Nordasien heimische Wühlmaus. Alle paar Jahre erfolgen Massenvermehrungen und daraufhin Massenauswanderungen, die für fast alle Tiere mit dem Tode durch Hunger oder durch Ertrinken enden.

Zu den »soziologisch instabilen« Arten gehört auch die Feldmaus. Während sie in nahrungsarmen Gebieten eine etwa gleichbleibende Bevölkerungsdichte einhält, reagiert sie in Getreidefeldern auf das überreichliche Nahrungsangebot mit unbeschränkter Vermehrung. Jedes Weibchen kann alle 20 Tage Junge werfen, und die Wurfgröße steigt an. Wenn sich die Anzahl der Tiere vermehrt, verlassen die Weibchen das Prinzip der Eigenreviere: Bis zu vier von ihnen ziehen ihre Jungen in gemeinsamen Nestern auf (Beispiel: ein 10er-, ein 9er-, ein 8er- und ein 6er-Wurf zusammen in einem Nest!). Eigentümlicherweise behalten die Männchen ihr territoriales Verhalten bei, und da ihre Rivalenkämpfe durch Bisse in den Rücken tödlich ausgehen können, bleibt ihre Dichte geringer und beträgt im Extrem nur ein Drittel von derjenigen der Weibchen.

Wenn durch die Massenvermehrung die Bevölkerungsdichte zu groß wird und Nahrungsmangel eintritt, beginnt zwar eine Verlangsamung der Fortpflanzung (beispielsweise gehen einzelne Embryonen in der Gebärmutter zugrunde und werden resorbiert).

Trotzdem treten Erscheinungen auf, wie sie folgende Schilderung[1] wiedergibt: »Nur wer die Erregung, die in übervölkerten Feldmauspopulationen herrscht, selbst gesehen hat, vermag sich ihr Ausmaß vorzustellen. Dann huschen die Tiere durch die Gänge, einzeln und zu mehreren, begegnen sich, weichen aus, stürzen hintereinander aus den Bauen, drängen sich an den Eingängen, um wieder hineinzugelangen, fahren zurück, weil andere gerade herauswollen oder ein Baubewohner sich entgegenstellt, und das alles vollzieht sich am hellen Tage vor den Augen des Zuschauers. Offenbar ist der Rhythmus zwischen Nahrungsaufnahme und Ruhe gänzlich gestört.«

Ist es so weit gekommen, so nimmt der Zusammenbruch der Bevölkerung einen beinahe gesetzlichen Verlauf: Ein Tier nach dem anderen verfällt aus der Übererregung in Erschöpfung. Zunächst tritt an die Stelle zügigen Laufens eine Art Trippeln mit verkürzter Schrittlänge. Gleichzeitig neigen die Tiere zum Buckelmachen, zum Haaresträuben und Augenschließen. Viele kriechen zu großen Klumpen zusammen. Danach folgen Gleichgewichtsstörungen, Lähmungen des Hinterkörpers, Wegstrecken der Hintergliedmaßen beim sitzenden Tier, Zittern, Krämpfe und Abnahme der Körpertemperatur – wahrscheinlich lauter Folgen fortschreitenden Nierenversagens. Dieses wieder ist Bestandteil des allgemeinen Streß-Syndroms. Auf diese Erscheinungen am Einzeltier folgt als soziales Phänomen ein massiver Kannibalismus: Die aktiveren Tiere fressen die erschöpften bereits an, während diese noch leben, und sie verzehren sehr schnell alle Kadaver so vollständig, daß davon nur Fellreste übrigbleiben. Das Ergebnis all dieser Vorgänge ist eine fast völlige Vernichtung der gesamten Bevölkerung, so daß die Feldmäuse in dem betreffenden Landstrich im darauffolgenden Jahr extrem selten sind und erst innerhalb des übernächsten Jahres wieder eine mittlere Bestandsdichte erreichen. Oft folgt innerhalb von zwei weiteren Jahren wiederum eine Massenvermehrung, die dann auf die gleiche Weise zusammenbricht. – Parasiten und Seuchen spielen beim Zusammenbruch von Feldmaus-Bevölkerungen erwiesenermaßen keine ursächliche Rolle.

Nach den Lehren der Kybernetik[1] muß ein Regelprozeß versagen, wenn die Gegenwirkungen gegen Regelabweichungen bei der vorgegebenen Reaktionsgeschwindigkeit *zu stark* sind: Bei zu hoher »innerer Verstärkung« hält ein sonst normal funktionierendes Regulationssystem keinen Sollwert mehr ein, sondern produziert *eigengesetzliche Schwingungen* zwischen den möglichen Extremlagen. Dem entspricht die häufig beobachtete *Periodizität* von Massenvermehrung und Bevölkerungszusammenbruch der Feldmäuse, deren Wiederkehrzeitspanne etwa 4 Jahre beträgt. Die Ursache für die Anfälligkeit gegen Massenvermehrungen liegt hiernach nicht im völligen Fehlen von dichtestabilisierenden Reaktionsweisen, sondern darin, daß diese zwar vorhanden, aber nicht auf ein derart großes Nahrungsangebot eingestellt sind, wie es ein Getreidefeld darbietet. Dieser Überfluß wirkt so massiv auf die Bevölkerungsvermehrung ein, daß die in der Fortpflanzungssteuerung vorgebildeten Stabilisierungsmechanismen zu spät kommen und überspielt werden. Das Resultat ist eine so hohe Bevölkerungsdichte, daß der soziale Zusammenbruch erfolgt, wiederum eine extrem *starke* Wirkung. Wegen der Stärke von Wirkung *und* Gegenwirkung ist die innere Verstärkung des Systems so groß, daß sich kein Gleichgewichtszustand einstellen *kann*. Das Wechseln zwischen Überbevölkerung und Zusammenbruch ist danach ein Beispiel für Störungen nicht aufgrund von disharmonischer Verhaltenssteuerung im Individuum, sondern aufgrund von tiersoziologischen Systemeigenschaften, die durch eine *Umweltbedingung*: zuviel Nahrung pro Flächeneinheit, überfordert werden. Die Verhaltensstörungen beim Einzelwesen sind zunächst *Folgen* dieser Systemstörungen, tragen dann aber auch selbst zu deren Eskalation bei.

Anmerkungen

Nur mit der Jahreszahl zitierte Bücher siehe Lehr- und Handbuchverzeichnis
S. 248

15[1] HOLST, E. VON: Das Muskelspindelsystem der Säuger. Fortschr. d. Zool. *10*, 381–390, 1956

16[1] SEITZ, A.: Paarbildung bei einigen Cichliden. Z. f. Tierpsychol. *4*, 40–84, 1940

18[1] LEHRMAN, D. S.: Das Fortpflanzungsverhalten der Lachtaube. In: WICKLER, W. und SEIBT, U. (Hrsg.) 1973

20[1] HESS, W. R.: Das Diencephalon. Zürich (Benno Schwabe) 1949

22[1] HEINROTH, O. nach TINBERGEN (1969, S. 73)
  [2] TINBERGEN, N. und KUENEN, D. J.: Über die auslösenden und die richtunggebenden Reizsituationen der Sperrbewegung von jungen Drosseln. Z. f. Tierpsychol. *3*, 37–60, 1939

23[1] TINBERGEN, N. (1969)
  [2] TINBERGEN, N.: Social Behaviour in Animals. London (Methuen) 1954
    TINBERGEN, N.: Tiere untereinander. Berlin (Parey) 1955

24[1] LORENZ, K.: Evolution and Modification of Behavior. (The Univ. of Chicago Press) Chicago 1965

25[1] MAGNUS, D.: Beobachtungen zur Balz und Eiablage des Kaisermantels Argynnis paphia L. Z. f. Tierpsychol. 7, 435–449, 1950
  [2] SCHÜZ, E.: Nesterwerb und Nestbesitz beim Weißen Storch. Z. f. Tierpsychol. 6, 1–25, 1944
  [3] MAGNUS, D.: Experimentelle Untersuchungen zur Bionomie und Ethologie des Kaisermantels Argynnis paphia L. I. Über optische Auslöser von Anfliegereaktionen und ihre Bedeutung für das Sichfinden der Geschlechter. Z. f. Tierpsych. *15*, 397–426, 1958

27[1] ANDRES, G. und ROESSLER, E.: Übertragung von artspezifischen Verhaltenskomponenten durch xenoplastische Transplantation von Gehirnanlagen zwischen Xenopus laevis und Hymenochirus boettgeri (Amphibia, Anura). Revue Suisse de Zoologie *77*, 959–962, 1970

28[1] LEYHAUSEN, P.: Verhaltensstudien an Katzen. Berlin/Hamburg (Parey) 1975[4]
  [2] HOLZAPFEL, M.: Triebbedingte Ruhezustände als Ziel von Appetenzhandlungen. Die Naturwissensch. *28*, 273–280, 1940
  [3] TSCHANZ, B.: Fitness – aus der Sicht des Biologen. In: Fitness als Begriff und Ziel. Basel/Stuttgart (Birkhäuser) 1971

31[1] DREES, O.: Untersuchungen über die angeborenen Verhaltensweisen bei Springspinnen. Z. f. Tierpsychol. *9*, 169–207, 1952

35[1] wie vor

37[1] HARTLINE, H. K., WAGNER, H. G. und RATTLIFF, F.: Inhibition in the eye of Limulus. J. of General Physiology *39*, 651–673, 1956

39[1] LORENZ, K. (1963)

40[1] EIBL-EIBESFELDT, I.: Zur Ethologie des Hamsters (Cricetus cricetus L.). Z. f. Tierpsychol. *10*, 204–254, 1953

[2] HANSEN → 176[1]

42[1] TINBERGEN, E. A. und N.: Early Childhood Autism – an Ethological Approach. Berlin/Hamburg (Parey) 1972, ausführlich referiert in HASSENSTEIN, B. (1973) S. 132–136

[2] STEINIGER, F.: Beiträge zur Soziologie und sonstigen Biologie der Wanderratte. Z. f. Tierpsychol. *7*, 356–379, 1950

43[1] FISCHER, H.: Das Triumphgeschrei der Graugans (Anser anser L.). Z. f. Tierpsychol. *22*, 247–304, 1965

45[1] BASTOCK, M., MORRIS, D. and MOYNIHAN, M.: Some Comments on Conflict and Thwarthing in Animals. Behaviour *6*, 66–84, 1954

46[1] KORTLANDT, A.: Handgebrauch bei freilebenden Schimpansen. In: RENSCH, B. (Hrsg.): Handgebrauch und Verständigung bei Affen und Frühmenschen. Bern (Huber) 1968

[2] IERSEL, J. J. A. VAN and BOL, A. A. C.: Preening in two tern species. A study on displacement activities. Behaviour *13*, 1–88, 1958

[3] TINBERGEN, N.: Die Übersprungbewegung. Z. f. Tierpsychol. *4*, 1–40, 1940

KORTLANDT, A.: Wechselwirkung zwischen Instinkten. Arch. neerl. Zool. *4*, 442–520, 1940

49[1] ASCHOFF, J.: Tierische Periodik unter dem Einfluß von Zeitgebern. Z. f. Tierpsychol. *15*, 1–30, 1958

51[1] FRISCH, K. VON: Tanzsprache und Orientierung der Bienen. Berlin/Heidelberg/New York (Springer) 1965, S. 351–372

[2] MORATH, M.: Endogener Rhythmus des Nahrungsverlangens beim Säugling im 4-h-Bereich. In: SCHARF, J. H. (Hrsg.): Die Zeit und das Leben (Chronobiologie). Halle (Deutsche Akademie der Naturforscher LEOPOLDINA) 1977

52[1] PEIPER, A.: Die Eigenart der kindlichen Hirntätigkeit. Leipzig (Thieme) 1961

[2] MORATH, M.: Beobachtungen, referiert in HASSENSTEIN, B.: Kindliche Entwicklung aus der Sicht der Verhaltensbiologie. Der Kinderarzt *21*, 191–192 und 262, 1973

57[1] FRANZISKET, L.: Gewohnheitsbildung und bedingte Reflexe bei Rückenmarksfröschen, Z. f. vergl. Physiol. *33*, 142–178, 1951

63[1] FRISCH, K. VON: Aus dem Leben der Bienen. Heidelberg (Springer) 1969[8]

64[1] KENDLER, H. H.: The influence of simultaneous hunger and thirst drives upon the learning of two opposed spatial responses of the white rat. J. exp. Psychol. *36*, 212–220, 1946

SEEMANN, W. and WILLIAMS, H.: An experimental note on a Hull-Leeper-difference, J. exp. Psychiat. *44*, 40–43, 1952

YOUNG, P. T.: Motivation and Emotion. New York/London (Wiley) 1961

[2] HEDIGER, H. (1954)

³ FRISCH, K. VON: Ein Zwergwels, der kommt, wenn man ihm pfeift. Biolog. Zbl. *43*, 439–446, 1923

65¹ HASSENSTEIN, B.: Bedingungen für Lernprozesse – teleonomisch gesehen. In: SCHARF, J. H. (Hrsg.): Informatik. Leipzig (Joh. Ambr. Barth) 1972

² OPFINGER, E.: Über die Orientierung der Biene an der Futterquelle. Z. vergl. Physiol. *15*, 431–487, 1931

GROSSMANN, K. E.: Erlernen von Farbreizen an der Futterquelle durch Honigbienen während des Anflugs und während des Saugens. Z. f. Tierpsychol. *27*, 553–562, 1970

GROSSMANN, K. E.: Belohnungsverzögerung beim Erlernen einer Farbe an einer künstlichen Futterquelle durch Honigbienen. Z. f. Tierpsychol. *29*, 28–41, 1971

66¹ PAWLOW, I. P.: Die höchste Nerventätigkeit (das Verhalten) von Tieren. München (Bergmann) ³1926

PAWLOW, I. P.: Conditioned Reflexes. New York (Dover Publications) 1960

FOPPA, K. (1965)

67¹ LIDDELL, H.: persönliche Mitteilung nach K. Lorenz in PRIBRAM, K. H. (Ed.): On the Biology of Learning. New York (Harcourt, Brace & World) 1969

73¹ HASSENSTEIN, B.: Biologische Kybernetik. Eine elementare Einführung. Heidelberg (Quelle & Meyer) 1965, 1977⁵

74¹ STEINBUCH, K.: Automat und Mensch. Heidelberg (Springer) ⁴1971

75¹ SKINNER, B. F.: Eine Fallstudie zur wissenschaftlichen Methode in der Psychologie (anschauliche Darstellung seiner wichtigsten operant-conditioning-Experimente bis 1956). In: CORELL, W. (Hrsg.): Programmiertes Lernen und Lehrmaschinen. Braunschweig (Westermann TB) 1965

CORELL, W.: Pädagogische Verhaltenspsychologie. München/Basel (Reinhardt) 1965

FOPPA, K. (1965)

² FRISCH, K. VON: Erinnerungen eines Biologen. Berlin (Springer) 1957, ³1973

³ GROSSMANN, K. E.: Lernversuche an Tieren. In: Kybernetik 1968. München (Oldenbourg) 1968

76¹ WINKELSTRÄTER, K. H.: Das Betteln der Zootiere. Bern/Stuttgart (Huber) 1960

² SKINNER, B. F.: Cumulative record. New York (Appleton-Century-Croffts) 1961 (Bericht über Experimente von KONORSKI und MILLER)

82¹ FABRICIUS, E.: Zur Ethologie junger Anatiden. Acta Zool. Fennica *68*, 1–178, 1951

² GARCIA, J. et al.: Cues: Their relative effectiveness as a function of the reinforcer. Science *160*, 794–795, 1968

86¹ FLEINER, M.: Lernverhalten von Hunden aus der Sicht der modernen Verhaltensbiologie. Staatsexamensarbeit Freiburg 1975

88¹ HASSENSTEIN, B. (1973, S. 145, 295)

91[1] MASSERMAN, J. H.: Experimental Neuroses. In: COOPERSMITH, ST. (Ed): Frontiers of Psychological Research. Readings from Scientific American. San Francisco/London (Freeman) o. J.

94[1] MILLER, N. E.: Learnable drives and rewards. In: STEVENS, S. S.: Handbook of Experimental Psychology. New York (Wiley) 1951
BLOUGH, S. S. und P. M.: Psychologische Experimente mit Tieren. Frankfurt (Suhrkamp) 1970
GROSSMANN, K. E.: Psychologie des Verhaltens. Bild der Wissenschaft 5, 1051–1061, 1968
FOPPA, K. (1965)

96[1] BLEST, A. D.: The function of eyespot patterns in the Lepidoptera. Behaviour 11, 209–255, 1957

98[1] WOLFE, J. B.: Effectiveness of token rewards in chimpanzees. Comp. psych. monogr. 12, Nr. 5, 1936
FISCHEL, W.: Vom Leben zum Erleben. München (Joh. A. Barth) 1967
[2] GARDNER, R. A. und GARDNER, B. T.: Ein Schimpanse lernt die Zeichensprache. In: LEUNINGER, H., MILLER, M. H. und MÜLLER, F. (Hrsg.): Linguistik und Psychologie Bd. II: Zur Psychologie der Sprachentwicklung. Frankfurt/M. (Athenäum Fischer Taschenbuchverlag) o. J., S. 3–29
[3] PREMACK, D.: Sprache bei Schimpansen? In: SCHWIDETZKY, I. (Hrsg.): Über die Evolution der Sprache. Frankfurt/M. (Fischer) 1973, S. 91–131
PREMACK, A. J. und D.: Sprachunterricht für einen Affen, in: WICKLER, W. und SEIBT, U. (Hrsg.) 1973
[4] PATTERSON, F.: Conversations with a Gorilla. National Geographic Magazine 154, 438–465, 1978

99[1] LORENZ, K.: Der Kumpan in der Umwelt des Vogels. J. Ornith. 83, 137–413, 1935. Neudruck in: LORENZ, K. (1972/73)
HESS, E.: Prägung. München (Kindler) 1975
[2] FREUD, SIGMUND: Vorlesungen zur Einführung in die Psychoanalyse. Studienausgabe Band I. Frankfurt (S. Fischer) 1969

100[1] IMMELMANN, K.: Zur Irreversibilität der Prägung. Naturwiss. 53, 209, 1966

101[1] ZIPPELIUS, H.: Die Karawanenbildung bei Feld- und Hausspitzmaus. Z. f. Tierpsychol. 30, 305–320, 1972

102[1] LORENZ, K. (1978)

104[1] HEDIGER, H. (1954)
[2] FISCHER, J. and HINDE, R.: The opening of milk bottles by birds. Brit. Birds 42, 347–358, 1949

105[1] GWINNER, E. und KNEUTGEN, J.: Über die biologische Bedeutung der »zweckdienlichen« Anwendung erlernter Laute bei Vögeln. Z. f. Tierpsychol. 19, 692–696, 1962
[2] HESS, J.: Persönliche Mitteilung

106[1] EIBL-EIBESFELDT, I. (1978)

107[1] THORPE, W. H.: Learning and Instinct in Animals. London (Methuen) 1956, 1969

² RENSCH, B.: Die höchsten Hirnleistungen der Tiere. Naturwiss. Rundschau *18*, 91–101, 1965

³ KOEHLER, O.: »Zähl«-versuche an einem Kolkraben und Vergleichsversuche am Menschen. Z. f. Tierpsychol. *5*, 575–712, 1943

⁴ RENSCH, B.: Malversuche mit Affen. Z. f. Tierpsychol. *18*, 347–364, 1961

108¹ MENZEL, R., ERBER, J. and MASUHR, T.: Learning and Memory in the Honeybee. In: BROWNE, B. (Ed.): Experimental Analysis of Insect Behaviour. Berlin/Heidelberg/New York (Springer) 1974

109¹ LAUDIAN, H.: Physiologie des Gedächtnisses. Heidelberg (Quelle & Meyer UNI-Taschenbuch) 1977

110¹ MEINEKE, H.: Umlernen einer Honigbiene zwischen Gelb- und Blau-Belohnung im Dauerversuch. J. Insect Physiol. *24*, 155–163, 1978

112¹ JOHST, V.: Erkundungsverhalten – grundlegendes Verfahren organismischen Informationsgewinns. Biol. Rdsch. *13*, 161–173, 1975

² EIBL-EIBESFELDT, I.: Über die Jugendentwicklung des Verhaltens eines männlichen Dachses (Meles meles L.) unter besonderer Berücksichtigung des Spieles. Z. f. Tierpsychol. *7*, 327–355, 1950

113¹ KNOPP, J.: Untersuchungen über das Farben- und Formensehen bei Goldhamstern. Zool. Beiträge *1*, 219–239, 1954

114¹ MEYER-HOLZAPFEL, M.: Über die Bereitschaft zu Spiel- und Instinkthandlungen. Z. f. Tierpsychol. *13*, 442–462, 1956

² CRISLER, L.: Wir heulten mit den Wölfen. Wiesbaden (Brockhaus) 1960; TB dtv Nr. 74 (gekürzt)

115¹ EIBL-EIBESFELDT, I.: Beobachtungen zur Fortpflanzungsbiologie und Jugendentwicklung des Eichhörnchens (Sciurus vulgaris L.). Z. f. Tierpsychol. *8*, 370–400, 1951

² SCHNEIDER, K. M.: Vom südafrikanischen Seebären. Der Zool. Garten *NF 14*, 69, 1942

³ SCHENKEL → 189¹

125¹ KÖHLER, W.: Intelligenzprüfungen an Menschenaffen. Berlin/Heidelberg (Springer) 1921, 1973³

126¹ HASSENSTEIN, B.: Das Spezifisch-Menschliche in der Sicht der Verhaltensbiologie. In: GADAMER, H. und VOGLER, P. (Hrsg.): Neue Anthropologie Band II. Stuttgart (Thieme) 1972

² TINKLEPAUGH, O. L.: An experimental study of representative factors in monkeys. J. comp. psychol. *8*, 197–236, 1928

FISCHEL → 98¹

128¹ KOEHLER, O.: Vom unbenannten Denken. In: WICKLER, W. und SEIBT, U. (Hrsg.) 1973

² KÖHLER, W. → 125¹

KÖHLER, W.: The Mentality of Apes. Penguin Book 1925

129¹ GRZIMEK, B.: Beobachtungen an einem kleinen Schimpansenmädchen. Z. f. Tierpsychol. *4*, 295–306, 1941

² GALLUP, G. G.: Chimpanzees: Self-Recognition. Science *167*, 86–87, 1970

LETHMATE, J. und DÜCKER, G.: Untersuchungen zum Selbsterkennen im

Spiegel bei Orang-Utans und einigen anderen Affenarten. Z. f. Tierpsych. *33*, 248–269, 1973

131[1] SCHALLER → 189[1]

138[1] LORENZ, K. (1978)

140[1] LORENZ, K. (1963)

[2] HASSENSTEIN, B.: Mittel der Verhaltenslenkung: Aggression und Information. Neue Sammlung *8*, 399–421, 1968

HASSENSTEIN, B.: Wesensverschiedene Formen menschlicher Aggressivität. Universitas *28*, 287–295, 1973

[3] MILGRAM, ST.: Some Conditions of Obedience and Disobedience. Human Relations *18*, 57–76, 1965

EIBL-EIBESFELDT, I. (1978)

141[1] LORENZ, K. (1963)

LORENZ, K.: Das sogenannte Böse. Eine Naturgeschichte der Aggression. Wien (Borotha-Schoeler) 1963

142[1] SCHENKEL → 197[2]

143[1] HEDIGER, H. (1954)

144[1] HOLST, D. VON: Sozialer Stress bei Tupajas (Tupaia belangeri). Z. f. vergl. Physiol. *63*, 1–58, 1969

145[1] SCHÜZ → 25[2]

146[1] EIBL-EIBESFELDT → 115[1]

147[1] HEINROTH, O. und M.: Die Vögel Mitteleuropas Bd. III. Berlin (Verlag Bermühler) 1928

148[1] EIBL-EIBESFELDT, I.: Beobachtungen zur Fortpflanzungsbiologie und Jugendentwicklung des Eichhörnchens (Sciurus vulgaris L.). Z. f. Tierpsychol. *8*, 370–400, 1951

149[1] KOEHLER, O.: Instinkt und Erfahrung im Brutverhalten des Sandregenpfeifers. Sitzungssber. Ges. f. Morph. u. Physiol. München *49*, 1–31, 1940

150[1] NEUMANN, F., ELGER, W. und STEINBECK, H.: Die Bedeutung der Androgene für die »Prägung des Gehirns«. J. of Neuro-Visceral Relations, Suppl. X: Zentralnervöse Sexualsteuerung. Wien/New York (Springer) 1971, 296–309

151[1] JOLLY, A.: The Evolution of Primate Behaviour. New York/London (Mac-Millan) 1972

[2] BAEUMER, E.: Das »dumme« Huhn. Verhalten des Haushuhns. Stuttgart (Franckh) 1964

152[1] ROSENBLATT, J. S.: Prepartum and postpartum regulation of maternal behaviour in the rat. In: CIBA-Foundation (Ed.): Parent-Infant-Interaction. Amsterdam (Associated Scientific Publishers) 1975

154[1] KLOPFER, P. H. und M. S.: Maternal »imprinting« in goats: fostering of alien young. Z. f. Tierpsychol. *25*, 862–866, 1968

158[1] SCHENKEL → 160[1]

159[1] EIBL-EIBESFELDT, I. (1978)

[2] RASA, O. A. E.: Aspects of social organisation in captive dwarf mongooses. J. Mammol. *53*, 181–185, 1972

[3] ROTHE, H.: Beobachtungen zur Geburt beim Weißbüscheläffchen. Folia

primat. *19*, 257–285, 1973

160[1] SCHENKEL, R.: Ausdrucksstudien an Wölfen. Behaviour *I*, 81–129, 1947

162[1] KUMMER, H.: Primate Societies. Chicago/New York (Aldine Atherton) 1971

  [2] SCHALLER → 189[1]

  [3] CARPENTER, C. R.: Social Behavior of Non-human Primates. In: GRASSÉ, P. P. (Ed.): Structure et Physiologie des Sociétés Animales. Paris (Centre National de la Recherche scientific) 1952

  [4] DEVORE, I.: Primate Behavior. New York/London (Holt, Rinehart and Winston) 1965

  [5] CARPENTER → 162[3]

  [6] SCHENKEL → 197[2]

163[1] VOGEL, CHR.: Persönl. Mitteilung

164[1] FRISCH, K. VON → 63[1]

  [2] WILSON, E. O.: The Insect Societies. Cambr./Mass. (Harvard Univ. Press) 1971

165[1] LINDAUER, M.: Schwarmbienen auf Wohnungssuche, Z. f. vergl. Physiol. *37*, 263–324, 1955

166[1] STEINIGER → 42[2]

  [2] STEINIGER, F.: Ratten-Überfall auf die Hamburger Hallig. Natur u. Volk *80*, 94–99, 1950

168[1] WICKLER, W.: Sind wir Sünder? Naturgesetze der Ehe. München/Zürich (Droemer-Knaur) 1969

169[1] MÜLLER, F.: Zur stammesgeschichtlichen Veränderung der Eutheria-Ontogenesen. Rev. Suisse de Zoologie *79*, 1–97, 501–611, 1599–1685, 1972/73

  [2] LAWICK-GOODALL, J. VAN: Mother Offspring Relationship in Freeranging Chimpanzees. In: MORRIS, D. (Ed.): Primate Ethology. London (Weidenfeld and Nicolson) 1967

171[1] OSCHE, G.: Vom Tier zum Menschen – Schlüsselereignisse der morphologischen und verhaltensbiologischen Evolution. In: HASSENSTEIN, B. (Hrsg.) 1979, S. 7–32

172[1] HUBER, F.: Untersuchungen über die Funktion des Gehirns bei der Fortbewegung und der Lauterzeugung der Grillen. Z. f. vergl. Physiol. 44, 60–132, 1960

  [2] PORTMANN, A.: Zerebralisation und Ontogenese. In: Zoologie aus 4 Jahrzehnten. München (Piper) 1967

173[1] HEDIGER, H. (1954)

  [2] LAWICK-GOODALL → 169[2]

174[1] PUKOWSKI, E.: Untersuchungen an Necrophorus. Z. f. Morph. u. Oekol. d. Tiere *27*, 518–586, 1933

  [2] KOENEN, F.: Der Feldhase (Neue Brehm-Bücherei Nr. 169). Wittenberg-Lutherstadt (A. Ziemsen) 1956

175[1] HEDIGER, H. (1954)

  [2] GOOD, R. A. und PAPERMASTER, B. W.: Ontogeny and Phylogeny of Adoptive Immunity. Advances in Immunology *4*, 1–96, 1966

243

176[1] HANSEN, E. W.: The development of maternal and infant behavior in the Rhesus monkey. Behaviour *27*, 107–149, 1966

180[1] MORATH, M., beschrieben in: HASSENSTEIN, B. und MORATH, M.: Ergebnisse der Verhaltensforschung für die Mutter-Kind-Beziehung. Der Kinderarzt *10*, 553–557, 1979

182[1] TSCHANZ, B.: Trottellummen. Berlin/Hamburg (Parey) 1968

183[1] LORENZ, K. (1963)

185[1] HANSEN → 176[1]

186[1] HARLOW, H. F. → SCHMALOHR, E. (1968)
  [2] LORENZ, K.: mündliche Mitteilung

187[1] HARLOW → SCHMALOHR, E. (1968)

188[1] RAMSAY, A. O.: Familial recognition in domestic birds. Auk *68*, 1–16, 1951
  SLUCKIN, W.: Imprinting and Early Learning. London (Methuen) 1964, TB 1972

189[1] SCHENKEL, R.: Play, exploration and territoriality in the wild lion. In: JEWELL, P. A. und LOIZOS, C.: Play, Exploration and Territory in Mammals. London/New York (Academic Press) 1966
  SCHALLER, G. B.: Life with the King of Beasts. National Geographic Magazine *135*, 494–519, 1969
  SCHALLER, G. B.: The Serengeti Lion. Chicago (The University of Chicago Press) 1972

191[1] SCHENKEL, R.: Verständigungsmöglichkeiten zwischen Mensch und Tieren. Universitas *23*, 1045–1054, 1968

192[1] wie vor

194[1] SCHUTZ, F.: Sexuelle Prägung bei Anatiden. Zschr. f. Tierpsych. *22*, 50–103, 1965
  SCHUTZ, F.: Homosexualität und Prägung. Psycholog. Forsch. *28*, 439–463, 1965
  SCHUTZ, F.: Sexuelle Prägungserscheinungen bei Tieren. In: GIESE, H. (Hrsg.): Die Sexualität des Menschen. Handbuch der medizin. Sexualforschung, Stuttgart (Enke) 1968

196[1] BISCHOF, N.: The biological foundations of the incest taboo. Soc. sci. inform. *11*, 7–36, 1972
  [2] LORENZ, K., mündliche Mitteilung
  [3] LAWICK-GOODALL → 169[2]

197[1] DIETERLEN, F.: Das Verhalten des syrischen Goldhamsters (Mesocricetus auratus). Z. f. Tierpsychol. *16*, 47–103, 1959
  [2] SCHENKEL, R.: Töten Löwen ihre Artgenossen? Umschau *68*, 172–174, 1968
  [3] JAY, PH.: Mother-Infant-Relations in Langurs. In: RHEINGOLD, H. (Ed.): Maternal Behavior in Mammals, New York (Wiley) 1963
  [4] JOLLY → 151[1]

198[1] LAWICK-GOODALL, J. VAN: My Friends the Wild Chimpanzees. Washington D. C. (National Geographic Society) 1967
  [2] LORENZ, K., mündliche Mitteilung

244

199[1] SACKETT, G. P.: Monkeys Reared in Isolation with Pictures as Visual Input. Science *154*, 1468–1473, 1966
  [2] LAWICK-GOODALL → 198[1]
  [3] SCHENKEL → 189[1]
200[1] PLOOG, D., HOPF, S. und WINTER, P.: Ontogenese des Verhaltens von Totenkopf-Affen (Saimiri sciureus). Psychol. Forschg. *31*, 1–41, 1967
202[1] HOLZAPFEL, M.: Über Bewegungsstereotypien bei gehaltenen Säugern. Z. f. Tierpsychol *2*, 46–71, 1939
  MEYER-HOLZAPFEL, M.: Abnormal Behavior in Zoo Animals. In: Fox, M. W. (Ed.): Abnormal Behavior in Animals. Philadelphia (W. B. Saunders) 1968
  [2] INHELDER, E.: Zur Psychologie einiger Verhaltensweisen – besonders des Spiels – von Zootieren. Z. f. Tierpsychol. *12*, 88–144, 1955
203[1] THORPE, W. H.: Learning and Instinct in Animals. London (Methuen) 1956
  [2] HARLOW → SCHMALOHR, E. (1968)
  [3] INHELDER, E.: Skizzen zu einer Verhaltenspathologie reaktiver Störungen bei Tieren. Schweiz. Arch. Neurol. Psychiat. *89*, 276–326, 1962
205[1] LEVY, M.: Experiments on the sucking reflex and social behavior of dogs. Amer. J. Orthopsychiat. *4*, 203–224, 1934
  [2] HARLOW → SCHMALOHR, E. (1968)
206[1] wie vor
  [2] EIBL-EIBESFELDT, I.: Angeborenes und Erworbenes im Nestbauverhalten der Wanderratte. Naturwiss. *42*, 633–634, 1955
207[1] HASSENSTEIN, B.: Verhaltensentwicklung des Kindes in der Sicht der Verhaltensbiologie und der Psychoanalyse – ein Vergleich. In: HASSENSTEIN, B. (Hrsg.) 1979
208[1] HEILIGENBERG, W.: Ein Versuch zur ganzheitsbezogenen Analyse des Instinktverhaltens eines Fisches (Pelmatochromis subocellatus). Z. f. Tierpsychol. *21*, 1–52, 1964
209[1] HARLOW → SCHMALOHR, E. (1968)
211[1] LORENZ, K.: Das Jahr der Graugans. München (Piper) 1979 S. 38
  [2] MEYER-HOLZAPFEL, M.: Verhaltensstörungen bei Hunden. Schweizer Hunde-Sport *74*, 121–127, 1958
212[1] RENSCH, B. und ALTEVOGT, R.: Visuelles Lernvermögen eines indischen Elefanten. Z. f. Tierpsychol. *10*, 119–134, 1953
213[1] MASSERMAN → 91[1]
  [2] MAIER, N. R. F.: Frustration: The study of behaviour without a goal. New York (Mc Graw-Hill) 1949
214[1] MASSERMAN → 91[1]
  [2] wie vor
  [3] LIDELL, H. S.: Conditioning and emotions. In: COOPERSMITH, S. (Ed.): Frontiers of Psychological Research. San Francisco und London (Freeman) o. J.
  [4] SCHMIDT, J. P.: Psychosomatics in Veterinary Medicine. In: Fox, M. W.:

Abnormal Behavior in Animals. Philadelphia (W. B. Saunders) 1968

[5] BRADY, J. V.: Ulcers in »executive« monkeys. Scientific American 199, 95–100, 1958

[6] ADER, R.: Social factors affecting emotionality and resistance to disease in animals (III). Early weaning and susceptibility to gastric ulcers in the rat. A control for nutritional factors. J. comp. phys. Psychol. 55, 600–602, 1962

CALHOUN, J. B.: Population Density and Social Pathology. Scientific American 206, 139–148, 1962

BARNETT, S. A.: Social stress. Viewpoints in Biology 3, 170–218, 1964

CHRISTIAN, J. J.: Endocrine adaptive mechanisms and the physiologic regulation of population growth. In: MAYER, W. V. and GELDER, R. G. VAN (Ed.): Physiological Mammology I. New York/London (Academic Press) 1963

HOLST, D. VON: Renal Failure as the Cause of Death in Tupaia belangeri Exposed to Persistent Social Stress. J. comp. Physiol. 78, 236–273, 1972

215[1] LORENZ, K.: Die angeborenen Formen möglicher Erfahrung. Z. f. Tierpsychol. 5, 235–409, 1943

216[1] FESTER, C. B. und SKINNER, B. F.: Schedules of Reinforcement. New York (Appleton-Century-Crofts) 1957

FOPPA, K. (1965)

[2] GROSSMANN, K. E.: Bienen in der Dressur. Bild der Wissenschaft 8, 21–27, 1971

217[1] OLDS, J.: Self Stimulation of the Brain. Science 127, 315–324, 1958

OLDS, J.: Pleasure Centers in the Brain. In: THOMPSON, R. F.: Physiological Psychology. San Francisco (Freeman) o. J.

218[1] SKINNER, B. F.: Beschrieben in GROSSMANN → 94[1]

220[1] MEYER-HOLZAPFEL, M.: Die Beziehungen zwischen den Trieben junger und erwachsener Tiere. Schweiz. Z. f. Psychol. 8, 32–60, 1949

221[1] HOLZAPFEL, M.: Analyse des Sperrens und Pickens in der Entwicklung des Stars. J. Orn. 87, 525–553, 1939

[2] HARLOW → SCHMALOHR, E. (1968)

[3] HINDE, R. A. and SPENCER-BOOTH, Y.: Effects of Brief Separation from Mother on Rhesus Monkeys. Science 171, 11–118, 1971

HINDE, R. A. and DAVIES, L.: Removing Infant Rhesus from Mother for 13 Days compared with Removing Mother from Infant. J. Child Psychol. Psychiat. 13, 227–237, 1972

222[1] LORENZ, K. (1963)

[2] GRABOWSKI, U.: Prägung eines Jungschafs auf den Menschen. Z. f. Tierpsychol. 4, 326–329, 1941

SCOTT, J. P.: Critical periods in behavioral development. Science 138, 949–958, 1962

FAUST, R. und J.: Bericht über Aufzucht und Entwicklung eines isolierten Eisbären. Der Zool. Garten 25, 143, 1959

[3] LORENZ → 99[1]

FRISCH, O. VON: Mit einem Purpurreiher verheiratet. Z. f. Tierpsychol.

14, 233–237, 1957

⁴ Räber, H.: Analyse des Balzverhaltens eines domestizierten Truthahns (Meleagris). Behaviour *1*, 237–266, 1948

223¹ Schutz → 194¹

224¹ Fischer → 43¹

² Harlow → Schmalohr, E. (1968)

225¹ wie vor

² wie vor

226¹ Lorenz, K. → 186²

² Hebb, D. O.: The Mammal and his invironment. Am. J. Psychiat. *111,* 1955

227¹ Harlow → Schmalohr, E. (1968)

231¹ Schütz → 25²

² Tinbergen, N.: The Herring Gull's World. London (Collins) ³1963
Tinbergen, N.: Die Welt der Silbermöwe. Göttingen (Musterschmidt) 1958

232¹ Goodall, J.: Life and Death at Gombe. National Geographic *155*, 592–621, 1979

² Helversen, D. und O. von: Verhaltensgenetische Untersuchungen am akustischen Kommunikationssystem der Feldheuschrecken (Orthoptera, Acrididae). J. comp. Physiol *104*, 273–299, 1975

233¹ Feddersen, D.: Verhaltensuntersuchungen an Bastarden zwischen Zwergpudeln und Goldschakalen. In Vorbereitung.

234¹ Stein, G. H. W.: Über Massenvermehrung und Massenzusammenbruch bei der Feldmaus. Zool. Jb. Abt. Syst. *81*, 1–26, 1952/53
Stein, G. H. W.: Über Umweltabhängigkeit bei der Vermehrung der Feldmaus Microtus arvalis. Zool. Jb. Abt. Syst. *81*, 527–547, 1952/53
Stein, G. H. W.: Über das Zahlenverhältnis der Geschlechter bei der Feldmaus Microtus arvalis. Zool. Jb. Abt. Syst. *82*, 137–156, 1953/54
Frank, F.: Zur Entstehung übernormaler Populationsdichten im Massenwechsel der Feldmaus Microtus arvalis. Zool. Jb. Abt. Syst. *81*, 610–624, 1952/1953
Frank, F.: Untersuchungen über den Zusammenbruch von Feldmausplagen. Zool. Jb. Abt. Syst. *82*, 95–136, 1953/54
Frank, F.: Beiträge zur Biologie der Feldmaus. Zool. Jb. Abt. Syst. *82*, 354–404, 1953/54 und *84*, 32–74, 1956
Stein, G. H. W.: Die Feldmaus. Wittenberg-Lutherstadt (Die Neue Brehm-Bücherei Heft 225) (A. Ziemsen) 1958

235¹ → 73¹

Zitierte und weiterführende Lehr- und Handbücher (Auswahl)

BUCHOLTZ, CHR.: Das Lernen bei Tieren. Stuttgart (Gustav Fischer) 1973

EIBL-EIBESFELDT, I.: Grundriß der vergleichenden Verhaltensforschung. München (Piper) 1978[5]

FOPPA, K.: Lernen, Gedächtnis, Verhalten. Köln/Berlin (Kiepenheuer & Witsch) 1965

FRISCH, K. VON: Tanzsprache und Orientierung der Bienen. Berlin/Heidelberg/New York (Springer) 1965

HEDIGER, H.: Skizzen zu einer Tierpsychologie im Zoo und im Zirkus. Zürich (Büchergilde Gutenberg) 1954

HASSENSTEIN, B.: Verhaltensbiologie des Kindes. München (Piper) 1973

– (Hrsg.): Freiburger Vorlesungen zur Biologie des Menschen. Heidelberg (Quelle & Meyer) 1979

HINDE, R. A.: Das Verhalten der Tiere. Frankfurt/M. (Suhrkamp) 1973

IMMELMANN, K. (Hrsg.): Verhaltensforschung. Sonderband von GRZIMEKS Tierleben. Zürich (Kindler) 1974

LAMPRECHT, J.: Verhalten. Freiburg/Basel/Wien (Herder) 1972[2]

LORENZ, K.: Er sprach mit dem Vieh, den Vögeln und den Fischen. Wien (Borotha-Schoeler) 1963, TB dtv 173

–: Über tierisches und menschliches Verhalten, Bd. I und II. München (Piper) I 1972[15], II 1973[10]

–: Vergleichende Verhaltensforschung. Wien/New York (Springer) 1978

MARLER, P. R. und HAMILTON, W. J.: Tierisches Verhalten. München (BLV) 1972

SCHMALOHR, E.: Frühe Mutterentbehrung bei Mensch und Tier. München/Basel (Reinhardt) 1968, TB München (Kindler) o. J.

STAMM, R. A. und ZEIER, H.: Lorenz und die Folgen. Tierpsychologie, Verhaltensforschung, Physiologische Psychologie. Bd. VI der »Psychologie des 20. Jahrhunderts«. Zürich (Kindler) 1978

TEMBROCK, G.: Grundriß der Verhaltenswissenschaften. Stuttgart (Fischer) 1973

TINBERGEN, N.: Instinktlehre. Berlin (Parey) 1972[5]

WICKLER, W.: Verhalten und Umwelt. Hamburg (Hoffmann und Campe) 1972

– und SEIBT, U. (Hrsg.): Vergleichende Verhaltensforschung. Hamburg (Hoffmann und Campe) 1973

Kurzgefaßte Einführungen
in die Verhaltensbiologie (Auswahl)

APFELBACH, R. und DÖHL, J.: Verhaltensforschung. Eine Einführung. Stuttgart/New York (Fischer) 1976, Uni-Taschenbuch 210

DANZER, A.: Verhalten. Stuttgart (Metzlersche Verlagsbuchhdl.) 1977

EWERT, J. P.: Neuro-Ethologie. Einführung in die neurophysiologischen Grundlagen des Verhaltens. Berlin/Heidelberg/New York (Springer) 1976, Heidelberger Taschenbuch 181

FRANCK, D.: Verhaltensbiologie: Einführung in die Ethologie. Stuttgart (Thieme) 1979

IMMELMANN, K.: Wörterbuch der Verhaltensforschung. München (Kindler) 1975, Kindler Taschenbuch

LAMPRECHT, J.: Verhalten. Grundlagen – Erkenntnisse – Entwicklungen der Ethologie. Freiburg/Basel/Wien (Herder) 1972[2]

MANNING, A.: Verhaltensforschung. Eine Einführung. Berlin/Heidelberg/New York (Springer) 1979

PLOOG, D. und GOTTWALD, P.: Verhaltensforschung. Instinkt – Lernen – Hirnfunktion. München/Berlin/Wien (Urban & Schwarzenberg) 1974, U & S Taschenbuch 1005

SKRZIPEK, K. H.: Praktikum der Verhaltenskunde. Stuttgart (Teubner) 1978, Teubner Studienbücher der Biologie.

Nachwort

Zwei Teile dieses Taschenbuchs nehmen eine Sonderstellung ein. Der eine von ihnen ist Kapitel IV »Verhaltensstörungen bei Tieren«. Es handelt sich – soweit mir bekannt ist – um die erste systematische Darstellung einer Verhaltens-*Pathologie* der Tiere in deutscher Sprache. Sie ist durch Auslesen und Ordnen der in der Literatur verstreuten einschlägigen Angaben zustande gekommen und soll für den psychopathologisch Interessierten Vergleichsbeispiele aus dem Tierreich leichter als bisher zugänglich machen.

Der andere Teil des Textes, auf dem ein besonderes Gewicht liegt, besteht in den Abschnitten über das *Lernen aus Erfahrung* (Kapitel I B 1 bis B 6). Als sie 1973 erstmalig erschienen, war das dort verwendete Begriffssystem in wesentlichen Aspekten für die Wissenschaft neu, vor allem durch das Prägen des Begriffs der bedingten Appetenz und deren Abtrennung vom bedingten Reflex – sowie durch das Zurückführen der unterschiedlichen Lernarten auf jeweils spezifische erfahrungsbedingte *Neuverknüpfungen* zwischen bestimmten Elementen der Verhaltenssteuerung. Hierdurch wurde eine überzeugendere Aufgliederung und funktionelle Deutung der Lernprozesse angestrebt, als dies mit Hilfe der bisher üblichen Konzepte der *Verstärkung* sowie des klassischen oder operanten Konditionierens möglich ist. Die neue, auf systemtheoretische Formulierungen gegründete Konzeption war ursprünglich zur theoretischen Analyse milieubedingter kindlicher Verhaltensstörungen erarbeitet worden. Inzwischen hat sie sich in der Verhaltensbiologie als allgemein anwendbar erwiesen und wurde in die führenden Lehrbücher von KONRAD LORENZ (Vergleichende Verhaltensforschung, Wien, Springer Verlag, 1978) und IRENÄUS EIBL-EIBESFELDT (Grundriß der vergleichenden Verhaltensforschung, München, Piper Verlag, 1978[5]) übernommen.

Frau M. KLINGE führte die Zeichnungen aus. Frau U. BOCK schrieb das Manuskript ins reine, erstellte das Register, las

Korrektur und erfüllte zahlreiche weitere Aufgaben bei der Entstehung dieses Taschenbuches. Diesen beiden sowie allen anderen, hier ungenannt bleibenden Helfern danke ich herzlich.

Register

Zusammengesetzte Ausdrücke suche bei dem Wort mit der speziellsten Bedeutung, z. B. »sexuelle Prägung« bei »sexuelle«.

Ein *Punkt auf halber Höhe* »·« bedeutet: *Vor* ihm stehen die wichtigsten Bezugsstellen (z. B. Begriffserklärungen), hinter ihm die anderen.

Das Register enthält *keine* Hinweise auf das Literaturverzeichnis.

A

AAM → angeborener auslösender Mechanismus

abbildendes Gestalten 107 f.

Abneigungen → Aversion

Adoption bei Tieren 187 f. · 197

Affen 46, 75 f., 131, 149 f., 151, 160, 162 f., 168, 175, 178 f., 189, 197, 219 – siehe auch Rhesusaffen, Paviane usw.

afferent (von außen ins Zentrum führend) 71

Aggressionstrieb 139

Aggressivität, aggressives Verhalten 136 ff., 208 · 41, 212

–, spezifisch für den Menschen 140

–, von der Ernährungsbereitschaft abhängig 136

– bei verhinderter Flucht 136

–, Antwort auf Frustration 138

– gegen Gruppenfeinde 137 f., 139, 162

– beim Rangstufenkampf 137, 138, 157 f., 233

– zur Revierbehauptung 137, 143 ff.

– zur Selbstverteidigung 136, 138

– bei sexueller Rivalität 136 f., 138 · 20 f., 222, 234

– als soziale Exploration 137, 191

– im Spiel 115 f., 138, 190

–, umorientierte(s) 45, 203, 206

Aktion → spontane Aktion

Aktion, bedingte → bedingte Aktion

Aktivitätsperiodik 48 ff.

Alarmruf 41, 180, 181

Alpha-Tier 157 ff.

»Altersprachtkleid« 159

Ameisen 164 f., 174

Amphibien 174

Amsel 189, 197

ANDRES, G. 27

angeborener auslösender Mechanismus (AAM) 22 · 194 – siehe auch auslösende Reize

angeborenes Schema 23

– Verhalten 11 f., 26 ff., 165

»Angstbeißen« 136, 160

Angstruf 137

Anklammern, Affenjunge 168 f., 221

Annäherung, gerichtete 25

Antrieb 21, 30 ff., 39 ff., 42 f., 69, 74 ff., 88, 96, 208 ff. – siehe auch Bereitschaft

–, sekundärer 94

Antriebsatrophie 208 ff.

antriebsbedingte Ruhezustände 28

Antriebsstau 88

Antriebssteigerung 17, 29, 40 ff.

Appetenz, bedingte → bedingte Appetenz

Appetenzverhalten 24 f. · 65 ff., 83 ff., 88, 92, 112

Artbastarde 232

ASCHOFFsche Regel 50

Assoziationen 97

Atemdrang 39

Atemnot 39

Atmen 11, 39

Attrappen 23, 31 f., 35, 186 f., 222

–, überoptimale 23

Attrappenversuch 22 · 186 f.
Ausführungsorgan 73 f. · 14, 192
auslösende Reize 21 ff. · 194
Aversion, bedingte → bedingte Aversion

B
Balz 146 ff. · 31, 134 f., 223
Bastard → Artbastarde
»bedingt« 59
bedingte Aktion 74 ff., 88 ff., 216 ff.
– Appetenz 63 ff., 88 ff. · 79, 100, 186
– Aversion 81 ff., 85, 88, 93 f.
– Hemmung 85 ff., 94
bedingte Verknüpfung 62
bedingter Reflex 56 ff., 66, 81, 103 f.
bedingter Reiz 59, 66 f.
Bedingungen, innere → innere Bedingungen
Bedürfnisse, naturgegebene des Kindes 172
Begattung 148
Behaviorismus → Lerntheorie
Beißhemmung 116
Belohnung 67 ff., 77
Belohnungsdressur 186 – siehe auch bedingte Appetenz und bedingte Aktion
Belohnungsfolgen 216 ff.
Bereitschaft 15 ff., 25, 29 ff., 41 f., 69, 74, 147, 208 f.
Bernhardiner 188
Beschädigungskampf 141
Betteln 75 f. – siehe auch Sperren
Beuteltiere 168 f.
Bevölkerungsdichte 144 f., 233 ff.
Bewegungsdrang 203
Bewegungseinschränkung 202
Bienen 50 f., 63, 65, 97, 108 f., 110, 159, 164 f., 174
Bindung, individuelle 182 f., 186 ff.
biologische Bedeutung 55 f. · 11, 33 f., 121 f.
biologische Uhr → Aktivitätsperiodik

black box 60 f.
Blumenau-Sittich 75
Brunst 149 · 17, 146, 222
Brüten 19, 28, 45 f., 96 f., 193
Buchfink 12
Buntbarsch 208

C
circulus vitiosus → Teufelskreise
CRISLER, C. und L. 114 f

D
Dachs 118
Datenspeicherung 62 f., 70, 73
Daumenlutschen 225
Delphine 75, 161 f.
Demutshaltung 141 f.
Denken 126
Differenzdressur 93 f.
Dohle 127 f., 160, 162, 188, 222
doppelte Quantifizierung der Reaktionsstärke 15 ff., 37 f., 43, 204, 207
Drahtmutterattrappe 186 f., 225
DREES, O. 31, 35
Drohen 140 f. · 135, 199, 231

E
Effektor → Ausführungsorgan
efferent (nach außen führend) 71, 79
Ehe 198, 210 f.
EIBL-EIBESFELDT, I. 206
Eichhörnchen 113, 115, 122, 146, 168, 170, 171, 189
Eidechse 50
Einschleifen → Lernen, motorisches
Einsicht 126 f.
Eisprung → Ovulation
Ejakulation 43
Elch 184
Elefant 107, 162, 212
Endhandlung, instinktive 25 f., 30 ff. · 15, 54, 47, 91
Engramm (Gedächtnisspur) 55, 108 ff., 125 ff.
Enten 82, 107, 148, 151, 188, 194, 223

Enthemmungshypothese (Über-
sprungverhalten) 46 f.
»entspanntes Feld« 191
ERBER, J. 108
Erbkoordination 27
Erektion 46
erfahrungsbedingtes Verhalten 12,
55 ff.
Erfinden von Spielen 118
Erkunden 112 f., 189 f.
Ersatzbefriedigung, Ersatzhandlung
205 ff.
Ersatzobjekt, Ersatzreiz 203 ff. · 17,
45
Ethologie 58
Eulen 140, 167 f.
experimentelle Neurose → Überfor-
derungskrise
Extinktion 110

F
Familie 189, 198
Faultier 169
feed back, negatives → Regelpro-
zesse
–, positives 42, 124
– siehe auch Teufelskreise
Fehlprägung 221 ff.
Feldgrille 171 f.
Feldhasen → Hase
Feldmaus → Mäuse
Fische 151
– siehe auch Stichling, Buntbarsch
usw.
Fischotter 118
Fischreiher 193
fixieren (starr anblicken) 158
Fixierung 99
Fledermäuse 168, 179
Fluchtbereitschaft 43, 185
Fluchtdistanz 151
Flüchten 28, 43, 83, 145, 224
–, spielerisches 116
FREUD, S. 99, 186
FRISCH, K. von 64, 75
frühzeitige Teilreifung 193, 230

Fuchs 122, 149, 193
»Führung durch den schnellsten Pro-
zeß« 44
Funktionsschaltbild 70 ff.
Furcht 94 · 70
Füttern 19, 133, 193

G
Galapagos-Leguan 141
GALLUP, G. G. 129
Gans, Graugans 42 f., 135, 147, 151,
188, 198, 210 f., 223 f., 225 f.
– Gössel 160, 167, 183, 210, 223 f.
GARDNER, R. A. und B. T. 98 f.
Gazellen 64, 146, 162 f., 175
Gedächtnis 108 ff.
Gehirnreizung 20, 217
Gehorsam 140
Gemse 118
genetische Information 11 f.
geschlechtsspezifische Verhaltens-
richtung 150
Gesellschaftsbalz 148
Gibbon 162
Giraffe 137
Gnu 133
Goldammer 96
Goldhamster 113, 197
Goldschakal 233
Gorilla 105
Gössel → Gans
Graugans → Gans
Greifreflex 170
Grille 25, 171 f.
Gruppierungstendenz 163

H
Häher 220
Halbaffen 169 ff.
Hamster 40, 161
HARLOW, H. F. 186 f., 226 f.
Harnabgabe 174
HARTLINE, H. K. 37
Hase 149, 168, 174
Haushuhn → Huhn
Haushund → Hund

Hauskatze → Katze
Hausrind 168, 175, 192f., 203f.
Hecht 25
HEINROTH, O. 22, 147
Heißhunger 20
Hemmung 81ff.
–, bedingte → bedingte Hemmung
–, gegenseitige, zwischen Verhaltenstendenzen 35ff. · 83f., 125f., 177f.
Herzmuskelzelle 43f.
HESS, J. 105
HESS, W. R. 20
Heuschrecken 232
Hilfeleistung für Artgenossen 161f.
Hirsche 149, 157, 159
Höchstwertdurchlaß 35ff.
HOLST, D. von 144
Homosexualität bei Tieren 194
Hormone 17ff., 152f., 219 – siehe auch Sexualhormone
Huhn (Haushuhn) 77, 107, 151, 188, 222
Hund (Haushund) 16f., 27, 33, 66ff., 75, 85f., 95, 113, 116, 129, 136, 146, 148, 176, 188, 203, 204, 212, 214, 226, 233

I
IERSEL, J. J. A. van 46
IMMELMANN, K. 100f.
Immun-Globuline 175f.
Imponiergehabe 140f.
Individualdistanz 143
individuelle Bindung → Bindung
Informationsbegriff 12
Informationserwerb, aktiver 120f.
Informationsübertragung 151f.
innere Bedingungen 17ff. · 12f., 15f., 208f.
innere Uhr 48ff.
Insektenstaaten 164f., 230
instinktive Endhandlung → Endhandlung
Instinktlehre → Ethologie
Instinktreduktion 92f.

Instinktsicherheit 93
Instinktverhalten → angeborenes Verhalten
Instinktverlust 93
Intellekt 92f.
Intentionsbewegungen 44
Inzesthemmung 192, 195f.

J
Jähzorn 88

K
Käfer 165f., 174
Kaisermantel (Tagfalter) 24f.
Kalb → Hausrind
Kampf 136ff., 144f.
– -bereitschaft → Aggressivität
Känguruh 179
Kaspar-Hauser-Aufzucht 185f., 223f. · 191
Katze 28, 89ff., 141, 175, 188, 205, 213f.
Kaulquappen 27
Klammerreflex 171 – siehe auch Anklammern
KLOPFER, P. H. 154
Kniesehnenreflex 14f., 62
Koala 169
KOEHLER, O. 107, 127f.
KÖHLER, W. 128f.
Koinzidenzelement 71f., 74
Kommando (unmittelbar verhaltensauslösendes Nervensignal) 77f., 104
Kontaktbedürfnis 39, 100
–, juveniles 179f.
Kontaktrufe 39
–, Säugling 180f.
–, Tiere 183f.
Kontiguität 60f.
Kormoran 107
Körperschema 129f.
KORTLANDT, A. 46
Kotabgabe 75
Krallenäffchen 151, 159
Krallenfrosch 27

KRAMER, G. 117
krankhaft (Begriff) 201
Kreuzspinne 25
Kriechtiere → Reptilien
»kritische Distanz« bzw. »Reaktion«
 41 f., 104, 136, 224
Kuckuck 23, 187 f.
Kurzzeitspeicher 74, 94

L
Lachtaube 18 ff., 148 f.
Leerlauf-Aktion 42 f.
LEHRMANN, D. 18 ff.
Leittier 161
Lemming 233
Leopard 132
Lernbereitschaft 95 f.
Lernen 92 f., 96 f.
– am Erfolg 89 ff., 94
– aus Erfahrung 88, 95 ff. · 64 f.
—, gestörtes 226
—, latentes 112 f.
—, motorisches 103 f.
Lerntheorie (Behaviorismus) 58 f.
»Lernzeitpunkt« 60 f., 66 ff.
Lidschlußreflex 13 f., 56 f. · 66
Lippenkontakt (mit Saugwarze)
 178 f.
Locken, Lockruf 152, 185, 188
LORENZ, K. 39, 99, 102, 178, 183 f.
Löwe 29, 115 f., 132, 143 ff., 157,
 162, 176, 189 f., 197, 203
LUCY 99
Lurche → Amphibien

M
Makaken (Affenart) 105 f., 219
Mamilla → Saugwarze
Mäuse 49 f., 94, 103, 113, 150, 168,
 234 ff.
Meisen 45, 104
Mensch 51, 122, 140, 163, 165
Menschenaffen 149, 151, 159, 169,
 175, 189, 191 f. – siehe auch
 Schimpanse, Orang Utan usw.
Menschwerdung 93, 171 f.

Menstruationszyklus 149 f.
MENZEL, R. 108
MEYER-HOLZAPFEL, M. 114 ff.,
 221
Milch 175
Milchbildung 175 ff.
Milchentnahme 174 f. · 219
mimischer Ausdruck 198 f.
MORATH, M. 54, 180
Motivation → Bereitschaft, Antrieb
Möwen 41, 45 f., 96 f., 134, 146, 168,
 192, 231 f.
Mutterkuchen → Placenta

N
Nabelschnur 173
Nachahmen 104 ff., 119 · 107, 140
–, Tiere 189
Nachahmungsvorbild 189 f.
Nachgeburt 173 f.
Nachlaufprägung → Prägung
Nachtpause (Trinken des Säuglings)
 53
Nahrungsverlangen (Säugling) 51 ff.
Nashorn 45, 202
Nestbau(verhalten) 12, 19, 46, 122,
 206
Nestflüchter 167 ff. · 64, 154
Nesthocker 167 ff., 174 · 154
—, sekundärer 172
Neugierverhalten 112 ff., 189 f.

O
Oestrogene 18 f., 152 f.
OKEN, L. 167
OLDS, J. 217
Onanie 206
Orang Utan 159
Orts- und Geländekenntnis 125 f.
Ovulation 19

P
Paarbildung 146 ff.
Paarung → Begattung
Panik → Angst
Papageien 105

Partnerverlust 210 f.
Paviane 135, 149 f., 157, 162
PAWLOW, I. P. 33, 66 ff., 212
Pendelflucht 145
Pfau 146
Pfauenauge 96
Pferd 64, 82, 86, 107, 136, 151, 157, 168, 175, 202, 215
Pflegebereitschaft 152 f.
Pilzmücken 192
Placenta 173 f., 175
Pollution 43
PORTMANN, A. 172
Prachtfinken 100 f.
Prägung 99 ff.
–, Kind-Mutter 99 ff., 183 f., 194 · 186 f., 221 f.
–, sexuelle 100 ff., 193 ff., 222 f.
Prägungsengramm 100 ff.
Prägungshandlung 100 ff.
PREMACK, A. J. und D. 98
Problemlösung 131 f.
Progesteron 19, 176
Prolaktin 19, 152
Psychoanalyse 58 f.
psychosomatische Erkrankungen 214 f.

R
Rabe 105, 117
Rangordnung 157 ff. · 198 f., 233
Rangstufe → sozialer Rang
Rangstufenkampf 158, 137 f.
Ratte (Laborratte) 65 f., 82, 94, 113, 152 ff., 206, 213 – siehe auch Wanderratte
Raubtiere 24, 29, 133, 136, 140 f., 189 f. – siehe auch Löwe, Wolf usw.
Raubvögel 22, 143, 167 f.
Reaktion (Begriff) 12 f.
–, kritische → kritische Reaktion
Reaktionsbereitschaft → Bereitschaft
Reaktionsstärke 15 ff.
Rebhuhn 145

Reflex (Begriff) 14
–, angeborener 13 f.
–, bedingter → bedingter Reflex
–, unbedingter → Reflex, angeborener
Reflexzeit 60 · 58
Regelprozesse 13 f., 29, 235 f.
Regenpfeifer 146, 149
Regression 220 f.
Reh 149
Reifung 55 – siehe auch frühzeitige Teilreifung
Reptilien 151, 174
Retardation 220 f.
Retrojektion 205 ff. · 45
Revierverhalten 143 ff., 233 ff. · 137, 230 f.
Rhesusaffen 40, 126, 135, 176, 184 ff., 198 f., 205 f., 209 f., 221, 224–229
Rhythmus, endogener 27
Rinder → Hausrind
Ritualisierung 134 f., 140 f., 146, 158, 214
Rivalenkampf 193
Robben 115, 118, 143 f., 168, 179
ROSENBLATT, J. 152
Rückenmarks-Reflex, bedingter 57
Rückkoppelung → feed back
Ruhezustände, antriebsbedingte → antriebsbedingte Ruhezustände

S
SARAH 98 f.
Saugdrang 176 f.
Säugling (Mensch) 51 ff., 169 ff., 180 ff.
Saugreflex 17
Saugwarze (Zitze, Mamilla) 179 – siehe auch Lippenkontakt
Schaf 212 f., 222
Schakal 233
SCHALLER, J. B. 131 f.
SCHENKEL, R. 160
Schimpanse 46, 97 ff., 107 f., 118,

128 f., 129 ff., 157 f., 169, 173, 196, 232

Schlaf 28, 51, 181

Schlüsselreize 21 f., 25

SCHMALOHR, E. 227

Schmerz 136

Schutzreflexe, schnelle 13 f. · 56 ff.

Schwalbe 143, 193

Schwein 173, 193

Seeschwalbe 134, 146

Seestern 103

Seidenraupe 26 f.

Selbstaggression 206

Selbstbeschädigung 206, 225

sensible Phase bei der Prägung 155, 183, 194

–, versäumte 185 f.

Sexualentwicklung 192 ff.

Sexualhormone 18 f., 148

Sexuallockstoff 21, 146

Sexualstörungen 214, 226 f.

Sexualverhalten 146 ff. · 162 – siehe auch Balz, Begattung usw.

sexuelle Prägung → Prägung, sexuelle

Singvögel 22, 140, 143, 146, 167, 176 f., 189, 197 – siehe auch Goldammer, Prachtfinken, Star usw.

Sinneselement 73

SKINNER, B. F. 75, 89, 218

soziale Anregung 104

– Auslöser 133 f., 150

– Exploration → soziales Erkunden

– Gruppierungstendenz 163

soziale Signale 157 f., 164, 179 ff., 188

sozialer Gradient 158

– Rang 158 ff. · 211, 224

— Zusammenbruch 234 ff.

soziales Erkunden 191 f.

Sozialparasiten 165 f., 232

Sozialverhalten 133 ff., 199, 230 ff.

–, disharmonisches 231, 232 f.

Soziohormone 159, 164 f.

Speicheldrüsenreflex 15

Speicherung von Information → Datenspeicherung

Sperren (Betteln der Singvogeljungen) 22, 134, 176 ff., 197

Spezialhunger 24

Spielalter 189

Spielbereitschaft 123 f., 190

Spielen 112, 114 f. · 189 f., 225

Spitzmäuse 101 f.

spontane Aktion 12 f., 25, 39, 43

Spötter (Vögel) 105

Springspinnen 31 f., 35 f.

Star 220 f.

STEINBUCH, K. 74

Stereotypien 202 f., 225

Stichling 20 f., 133 f., 141, 144, 151

Stockente → Enten

Stoffmutterattrappe (Rhesusaffen) 186 f., 225, 227

Storch 25, 135, 145, 230 f.

Strauß 151, 171 f.

Streß 144, 234 f.

Suchen 24 f., 112

Suchterscheinungen 217 f.

Symbol 97 ff.

T

Tagesrhythmus 48 ff. · 18

Tannenhäher 125

Tauben 117, 141, 158 f., 174, 216, 218 f. – siehe auch Lachtaube

Teilreifung, frühzeitige → frühzeitige Teilreifung

teleologische Betrachtungsweise 55

teleonomische Betrachtungsweise 55 f., 63, 74 f., 81, 85

– siehe auch biologische Bedeutung

Termiten 164 f., 174

Testosteron 136, 150

Teufelskreise 42, 236

Tiersoziologie 133 ff., 230 ff. · 198 f.

Totenkopfäffchen 200

Tötungshemmung 141 f.

Tradition 104 ff., 166

Tragling 167 ff.

–, aktiver 172
–, ehemaliger 171 f.
–, passiver 172
Tragstarre 170
Trauma 214 f.
Trinken (Säugling) 51 ff., 174 f., 182
Triumphgeschrei (Graugans) 42 f.,
    198
Trottellumme 182
Truthahn 21, 222
TSCHANZ, B. 182
Tupaja (Spitzhörnchen) 144

U
Überforderungskrisen 212 f.
Überlegenheitsgeste 135
Übersprung(verhalten) 45 ff.
Übertragungskanal 73 · 14
Umlernen 110
umorientiertes Verhalten 45, 135,
    203
Umwegversuch 125 f.
Unterlegenheitsgeste 135, 231

V
Valenz 28 f., 116
–, negative 82, 85, 152, 206 f.
–, positive 206 f.
Valenzunterschied 95
Verdauungsdrüsenreflex 66
Vergessen 108 ff.
Verhalten, angeborenes → angebo-
    renes Verhalten
–, erfahrungsbedingtes → erfah-
    rungsbedingtes Verhalten
Verhaltenselement 74 ff., 85 ff.
Verhaltensforschung, vergleichende
    → Ethologie
Verhaltenskommando → Kom-
    mando
Verhaltenspathologie → Verhaltens-
    störungen

Verhaltensstörungen 201 ff. · 101,
    185 f., 191, 194
Verhaltenstendenz 35 ff. · 86
Verhaltenstherapie 58 f.
Versiegen von Antrieben → An-
    triebsatrophie
Versorgungszustand 17, 29 f.
Verwöhnung 220 f.
Vogelzug 164

W
Wale 168
Wanderfalk 22
Wanderheuschrecken 164
Wanderratte 42, 142, 164, 166
Wapiti (Hirschart) 184
Warnrufe 152
WASHOE 98 f.
Weckreize 12 f., 17
Weinen (Säugling) 39, 181
Weinen des Verlassenseins (Gössel)
    39, 82, 184
Wiederkäuer → Hausrind
Wildente → Ente
Wolf 113 ff., 135, 147, 151, 157 f.,
    160
WOLFE, J. B. 97 f.

Z
Zebra 184
Zeitgeber 50
Zeitsinn 50
Ziege 154 f., 176
zielbedingt neukombiniertes Verhal-
    ten 126 ff.
Zimmerreinlichkeit 211
ZIPPELIUS, H. 101
Zitze → Saugwarze
Zwangshandlungen 213 f.
Zwerg-Mungo 159
Zwergwels 64 ff.

Bernhard Hassenstein

Verhaltensbiologie des Kindes
2. Aufl., 22. Tsd. 1978.
459 Seiten mit 29 Abbildungen. Geb.

Das erste verhaltensbiologische Handbuch für alle, die mit
Kindern zu tun haben.
»Hassensteins Buch gibt in vieler Hinsicht Anlaß zu
eingehender Diskussion. Es wäre zu wünschen, daß dieser
Band eine neue Diskussion über ein neues empirisches
Bemühen um kindliches Verhalten in Gang setzt,
damit würde man dem Autor am besten gerecht; kindliches
Verhalten aus seinem biologischen Sinn heraus zu
verstehen.«   Bild der Wissenschaft

Bernhard Hassenstein
Helma Hassenstein
Was Kindern zusteht
2. Aufl., 14. Tsd. 1978. Serie Piper 169.
188 Seiten. Kart.

». . . in seiner Verbindung wissenschaftlicher Erkenntnisse
und ihrer Anwendung auf praktische Probleme eine
wissenschaftlich klärende, die Diskussion versachlichende
und für viele Eltern hilfreiche Publikation.«
                                    Prof. Dr. Hermann Schubnell

---

Serie Piper:

Abitur-Normen gefährden die Schule Hrsg. v. A. Flitner u. D. Lenzen. SP 160

Albers, Gerd Was wird aus der Stadt? SP 27

Albert, Hans Plädoyer für kritischen Rationalismus. SP 10

Ammon, Günter Psychoanalyse. SP 70

Andres, Stefan Wir sind Utopia. SP 95

Ansermet, Ernest/Piguet, Jean Claude Gespräche über Musik. SP 74

Arendt, Hannah Macht und Gewalt. SP 1

Arendt, Hannah Über die Revolution. SP 76

Arendt, Hannah Wahrheit und Lüge in der Politik. SP 36

Arendt, Hannah Walter Benjamin – Bertolt Brecht. SP 12

Autrum, Hansjochem Menschliches Verhalten als biologisches Problem. SP 148

Ayer, Alfred Jules Die Hauptfragen der Philosophie. SP 133

Bachmann, Ingeborg Die gestundete Zeit – Anrufung des Großen Bären. SP 78

Bachmann, Ingeborg Die Hörspiele. SP 139

Barlach, Ernst Drei Dramen. SP 163

Bender, Hans Telepathie, Hellsehen und Psychokinese. SP 31

Bettelheim, Bruno Gespräche mit Müttern. SP 155

Beyme, Klaus von Das politische System der Bundesrepublik Deutschland. SP 186

Beyme, Klaus von Sozialismus oder Wohlfahrtsstaat? SP 170

Bockelmann, Paul Einführung in das Recht. SP 123

Bracher, Karl Dietrich Zeitgeschichtliche Kontroversen. SP 142

Bronnen, Barbara/Henny, Franz Liebe, Ehe, Sexualität in der DDR. SP 132

Canitz, Hanne-L. von Hochleistungssport Sex. SP 149

Dahrendorf, Ralf Pfade aus Utopia. SP 101

Domin, Hilde Von der Natur nicht vorgesehen. SP 90

Domin, Hilde Wozu Lyrik heute. SP 65

Eggers, Hans Jürgen Deutsche Sprache im 20. Jahrhundert. SP 61

Eggers, Hans Jürgen Einführung in die Vorgeschichte. SP 93

Eibl-Eibesfeldt, Irenäus Liebe und Haß. SP 113

Esslin, Martin Was ist ein Drama? SP 181

Fatke, Reinhard Phantasien bei Kindern. SP 187

Federspiel, Jürg Orangen und Tode. SP 119

Fetscher, Iring Herrschaft und Emanzipation. SP 146

Fetscher, Iring Modelle der Friedenssicherung. SP 41

Finzen, Asmus Die Tagesklinik. SP 158

Flitner, Andreas Mißratener Fortschritt. SP 166

Flitner, Andreas Spielen – Lernen. SP 22

Gauger, Hans-Martin Sprachbewußtsein und Sprachwissenschaft. SP 144

Glück – Gerechtigkeit Hrsg. v. A. Mitscherlich/G. Kalow. SP 137

Goffman, Erving Interaktion: Spaß am Spiel/Rollendistanz. SP 62

Greiffenhagen, Martin Das Dilemma des Konservatismus in Deutschland. SP 162

Grundprobleme der Politischen Ökonomie. Hrsg. v. M. Hereth. SP 152

Haben wir die richtige Medizin? Hrsg. v. J. Schlemmer. SP 118

Serie Piper:

Hädecke, Wolfgang   Eine Rußlandreise. SP 91
Hassenstein, Bernhard   Instinkt, Spielen, Lernen, Einsicht. SP 193
Hassenstein, Bernhard und Helma   Was Kindern zusteht. SP 169
Havemann, Robert   Rückantworten an die Hauptverwaltung.
Ewige Wahrheiten. SP 8
Hoffmann, Peter   Widerstand gegen Hitler. SP 190
Hospitalisierungsschäden in psychiatrischen Krankenhäusern   Hrsg. v.
A. Finzen. SP 82
Huxley, Aldous   Die Pforten der Wahrnehmung – Himmel und Hölle. SP 6
Illies, Joachim   Kulturbiologie des Menschen. Der Mensch zwischen Gesetz
und Freiheit. SP 182
Jaspers, Karl   Augustin. SP 143
Jaspers, Karl   Chiffren der Transzendenz. SP 7
Jaspers, Karl   Einführung in die Philosopie. SP 13
Jaspers, Karl   Kant. SP 124
Jaspers, Karl   Kleine Schule des philosophischen Denkens. SP 54
Jaspers, Karl   Lao-tse/Nagarjuna. SP 180
Jaspers, Karl   Die maßgebenden Menschen. SP 126
Jaspers, Karl   Philosophische Autobiographie. SP 150
Jaspers, Karl   Der philosophische Glaube. SP 69
Jaspers, Karl   Plato. SP 147
Jaspers, Karl   Die Schuldfrage. Für Völkermord gibt es keine Verjährung.
SP 191
Jaspers, Karl   Spinoza. SP 172
Jaspers, Karl   Strindberg und van Gogh. SP 167
Jaspers, Karl   Von der antiken zur christlichen Metaphysik. SP 192
Jens, Walter   Die Verschwörung – Der tödliche Schlag. SP 111
Jesus und Freud   Hrsg. v. H. Zahrnt. SP 29
». . . Keiner, dem Geschichte nicht etwas Wichtiges zu sagen hätte«.
Hrsg. v. U. Reiter. SP 159
Kolakowski, Leszek   Die Gegenwärtigkeit des Mythos. SP 49
Kolakowski, Leszek   Gespräche mit dem Teufel. SP 109
Kolakowski, Leszek   Der Mensch ohne Alternative. SP 140
Kolakowski, Leszek   Die Philosophie des Positivismus. SP 18
Konjetzky, Klaus   Poem vom Grünen Eck. SP 121
Kornilow, Wladimir   Mädchen und Dämchen. SP 131
Koschel, Christine   Zeit von der Schaukel zu springen. SP 130
Krahmer, Catherine   Der Fall Yves Klein. SP 105
Krockow, Christian Graf von   Mexiko. SP 85
Krockow, Christian Graf von   Nationalismus als deutsches Problem. SP 4
Krockow, Christian Graf von   Reform als politisches Prinzip. SP 136
Kühn, August   Westend-Geschichte. SP 38
Vergißt die Schule unsere Kinder?   Hrsg. v. F. Kümmel, F. Maurer,
W. Popp, H. Schaal. SP 176
Küng, Hans   Die Kirche. SP 161
Landmann, Salcia   Der ewige Jude. SP 97
Lenk, Hans   Wozu Philosophie? SP 83
Lorenz, Konrad   Die acht Todsünden der zivilisierten Menschheit. SP 50

Serie Piper:

Menschenrechte in Südafrika   Hrsg. v. W. Baßmann. SP 179
Meves, Christa   Verhaltensstörungen bei Kindern. SP 20
Mitscherlich, Alexander   Auf dem Weg zur vaterlosen Gesellschaft. SP 45
Mitscherlich, Margarete   Das Ende der Vorbilder. SP 183
Mitscherlich, Alexander und Margarete   Eine deutsche Art zu lieben. SP 2
Mitscherlich, Alexander und Margarete   Die Unfähigkeit zu trauern. SP 168
Montale, Eugenio   Die Straußenfeder. SP 145
Ossowski, Leonie   Mannheimer Erzählungen. SP 88
Ossowski, Leonie   Zur Bewährung ausgesetzt. SP 37
Piaget, Jean   Das Recht auf Erziehung und Die Zukunft unseres Bildungssystems. SP 128
Politische Gefangene in der Sowjetunion   Hrsg. v. W. Baßmann/ A.-H. Horbatsch im Auftrag von amnesty international. SP 151
Pollmann, Wolfgang   Viren – Botschaften lebender Systeme. SP 153
Rausch, Ludwig   Strahlenrisiko!? SP 194
Redl, Fritz   Erziehungsprobleme – Erziehungsberatung. Hrsg. v. R. Fatke. SP 173
Redl, Fritz/Wineman, David   Steuerung des aggressiven Verhaltens beim Kind. Hrsg. u. m. e. Einleitung v. R. Fatke. SP 129
Rendtorff, Trutz   Gesellschaft ohne Religion? SP 117
Rössler, Dietrich   Der Arzt zwischen Technik und Humanität. SP 157
Rössler, Dietrich   Die Vernunft der Religion. SP 135
Sachsse, Hans   Was ist Sozialismus? SP 188
Schmidbauer, Wolfgang   Emanzipation in der Gruppe. SP 81
Schmidbauer, Wolfgang   Heilungschancen durch Psychotherapie. SP 127
Schmidbauer, Wolfgang   Sensivitätstraining und analytische Gruppendynamik. SP 56
Schwan, Alexander   Grundwerte der Demokratie. SP 185
Sontheimer, Kurt   Die verunsicherte Republik. SP 189
Der SPD-Staat   Hrsg. v. F. Grube/G. Richter. SP164
Stössel, Jürgen-Peter   Psychopharmaka – die verordnete Anpassung. SP 33
Stössel, Jürgen-Peter   Staatseigentum Gesundheit. SP 184
Der Verlust der Intimität   Hrsg. v. J. Schlemmer. SP 141
Wachstum oder Sicherheit? Beiträge zur Frage der Kernenergie. Hrsg. v. C. Eisenbart u. G. Picht. SP 178
Wandruszka, Mario   Interlinguistik: Umrisse einer neuen Sprachwissenschaft. SP 14
Watzlawick, Paul   Wie wirklich ist die Wirklichkeit? SP 174
Werkkreis Literatur der Arbeitswelt: Ein Baukran stürzt um. Hrsg. v. K. D. Bredthauer, H. Pachl, E. Schöfer. SP 58
Wickler, Wolfgang   Die Biologie der Zehn Gebote. SP 72
Wieser, Wolfgang   Konrad Lorenz und seine Kritiker. SP 134
Wohmann, Gabriele   Heiratskandidaten. SP 175
Wohmann, Gabriele   Sieg über die Dämmerung. SP 98
Worringer, Wilhelm   Abstraktion und Einfühlung. SP 122